JOÃO FRANCISCO PINTO LUCAS

INTRODUÇÃO AO CÁLCULO NUMÉRICO EM UMA ÚNICA VARIÁVEL COMPLEXA

VIA O PRINCÍPIO DA CONSERVAÇÃO DAS PROPRIEDADES FUNCIONAIS

EDITORA CIÊNCIA MODERNA

Introdução ao Cálculo Numérico em Uma Única Variável Complexa - Via o Princípio da Conservação das Propriedades Funcionais

Editor: Paulo André P. Marques
Produção Editorial: Dilene Sandes Pessanha
Capa: Daniel Jara
Copidesque: Equipe Ciência Moderna

FICHA CATALOGRÁFICA

LUCAS, João Francisco Pinto.

Introdução ao Cálculo Numérico em Uma Única Variável Complexa - Via o Princípio da Conservação das Propriedades Funcionais

Rio de Janeiro: Editora Ciência Moderna Ltda., 2022.

1. Matemática – Cálculo Numérico
I — Título

ISBN: 978-65-5842-187-0 CDD 510

Editora Ciência Moderna Ltda.
R. Alice Figueiredo, 46 – Riachuelo
Rio de Janeiro, RJ – Brasil CEP: 20.950-150
Tel: (21) 2201-6662/ Fax: (21) 2201-6896
E-MAIL: LCM@LCM.COM.BR
WWW.LCM.COM.BR **07/22**

Este livro é dedicado aos animais.

"Em minha solidão, vi coisas
muito claras que não são
verdadeiras."

Antonio Machado

Prefácio

Esse texto contém uma singela introdução ao cálculo numérico em uma variável complexa. Mais precisamente, vamos estudar um pouco o ponto fixo da função exponencial complexa e um ponto fixo da função exponencial matricial complexa. Para isso, vamos precisar de elementos de cálculo numérico, variáveis complexas, teoria de grupos e um pouco de teoria dos conjuntos, pois vamos utilizar o Princípio da Conservação das Propriedades Funcionais (PCPF). O livro não contém desenhos, pois todos eles são simples e, uma vez que tenham sido feitos, os leitores terão uma compreensão melhor do assunto estudado. Em alguns poucos momentos do texto os leitores são convidados a terminarem alguns itens parcialmente concluídos bem como resolver alguns exercícios, alguns com sugestões de solução.

João Francisco Pinto Lucas

São José do Rio Pardo, 28/06/2022

Conteúdo

CAPÍTULO 1

Pré-requisitos - Conjuntos Numéricos e Símbolos Matemáticos

Neste capítulo, definiremos os principais símbolos e conjuntos numéricos que serão utilizados nesse livro. Daremos, também, exemplos de como utilizar tal simbologia. Além disso, destacamos que: ao escrever "i.e" queremos dizer "isto é", e também ao escrever sentenças simbólicas, o ponto e vírgula ";" significará "tal que". Ainda, o símbolo " $:=$ *" será usado para designar "por definição". Por sua vez, os símbolos "* $\Rightarrow$ *", "* $\Leftrightarrow$ *" e "* $\nRightarrow$ *" significarão, respectivamente, "implica", "se, e só se" e "não implica". De maneira geral, a simbologia matemática facilita a organização e a resolução de equações matemáticas que são relativamente extensas, possibilitando um melhor entendimento entre suas "passagens" ou "passos", que são realizados a cada etapa de resolução das mesmas.*

Vamos então às definições:

DEFINIÇÃO 1.1. *Os principais símbolos matemáticos utilizados nesse livro são:*

(1) O símbolo " $\forall$ *" significa: "para todo".*

(2) O símbolo " $\exists$ *" significa: "existe".*

(3) O símbolo " $\exists m$ *" significa: "existem".*

(4) O símbolo " $\nexists$ *" significa: "não existe".*

(5) O símbolo " $\nexists m$ *" significa: "não existem".*

(6) O símbolo " $\exists!$ *" significa: "existe um único".*

(7) O símbolo " $\exists! m$ *" significa: "existem únicos".*

(8) O símbolo " $\in$ *" significa: "pertence".*

(9) *O símbolo "* $\notin$ *" significa: "não pertence".*

(10) *O símbolo "* $\subset$ *" significa: "contido".*

(11) *O símbolo "* $\subseteq$ *" significa, também: "contido" (mas aqui no sentido de que pode ser o conjunto todo).*

(12) *O símbolo "* $\subsetneq$ *" significa: "contido propriamente".*

(13) *O símbolo "* $\approx$ *" significa: "aproximadamente igual".*

Definição 1.2. *Os principais conjuntos numéricos utilizados nesse livro são:*

(1) *Naturais -* $\mathbb{N} := \{1, 2, 3, 4, 5, 6, ..., n, ...\}$.

(2) *Inteiros -* $\mathbb{Z} := -\mathbb{N} \cup \{0\} \cup \mathbb{N} = \{..., -n, ..., -2, -1, 0, 1, 2..., n, ...\}$.

(3) *Racionais -* $\mathbb{Q} := \{\frac{p}{q}, p \in \mathbb{Z}, q \in \mathbb{N}\}$ *= conjunto das dízimas periódicas.*

(4) *Irracionais -* $\mathcal{I} := \mathbb{R}/\mathbb{Q} = \{x; \nexists p \in \mathbb{Q}, \nexists q \in \mathbb{N}; x = \frac{p}{q}\}$.

(5) *Reais -* $\mathbb{R} := \mathcal{I} \cup \mathbb{Q}$.

(6) *Complexos -* $\mathbb{C} := \mathbb{R} + i\mathbb{R} = \{z = x + iy, x, y \in \mathbb{R}, i := \sqrt{-1}; i^2 := -1\}$.

Observação 1.1. *Os números naturais* $\mathbb{N}$ *foram desenvolvidos para problemas de contagem, i.e, para que sejam efetuadas contagens. Por exemplo, tenho 6 canetas verdes e 2 azuis. Logo, tenho ao todo* $6 + 2 = 8$ *canetas. Já os números inteiros* $\mathbb{Z}$ *foram criados pois a subtração de determinados números naturais não necessariamente é, ainda, um número natural, i.e, a operação de subtração entre números naturais não é uma operação "fechada". Por exemplo,* $2 - 6 = -4 \notin \mathbb{N}$. *Como um exemplo de utilização desses números: Meu saldo de conta limite no cartão de crédito é negativo no valor de* $-26u.m.$ *(26 unidades monetárias). Já os números racionais* $\mathbb{Q}$ *foram desenvolvidos pois não necessariamente o quociente (resultante da operação de divisão) entre dois números inteiros é ainda um número inteiro. De fato,* $\frac{2}{6} = \frac{\not 2}{\not 2.3} = \frac{1}{3} \notin \mathbb{Z}$. *Como um exemplo:* $\frac{3}{4}$ *(três quartos) dessa pizza é para você. Logo, se a pizza foi dividida, por exemplo, em 8 pedaços, você ficará com um total de* $\frac{3}{4}.8 = \frac{3}{\not{4}}.2.\ \not{4} = 2.3 = 6$ *(pedaços). Por sua vez, os números irracionais* $\mathcal{I}$ *foram "criados-descobertos", pois existem números que não podem ser escritos como quociente de dois números inteiros, i.e, números que vão além do conjunto dos números racionais* $\mathbb{Q}$*. Mais precisamente, algumas equações* $f(x) = 0$*, não possuem solução (raiz) no conjunto dos racionais* $\mathbb{Q}$*, como as equações* $x^2 = 2$ *e* $x^2 = 3$*, por exemplo. Isso significa que a operação de radicação em* $\mathbb{Q}$ *não é fechada. Os primeiros matemáticos a perceberem esse fato foram os geômetras gregos ancestrais. Ainda, o sistema de números reais* $\mathbb{R} := \mathbb{Q} \bigcup \mathcal{I}$ *foi desenvolvido para se efetuarem medidas em geral. Por exemplo: a altura daquela parede é de* $10,66$ *m (metros), ou, ainda, a área daquele terreno é de* $55\sqrt{22}\ m^2$ *(metros quadrados). Finalmente, o sistema de números complexos* $\mathbb{C}$ *foi construído baseando-se no fato de que algumas equações (polinomiais, por exemplo) não tem solução no conjunto dos números reais* $\mathbb{R}$*, como, por exemplo, a equação* $x^2 + 1 = 0$*. As soluções desta última equação são definidas por* $\pm i := \pm\sqrt{-1}$*, onde* i *é um número imaginário que satisfaz a condição* $i^2 = -1$*, e portanto, não pode ser real, já que o quadrado de qualquer número real não nulo é estritamente positivo, i.e,* $x \in \mathbb{R}/\{0\} \Rightarrow x^2 > 0$ *(mais geralmente, para* $x \in \mathbb{R} \Rightarrow x^2 = 0 \Leftrightarrow x = 0$*, ou seja, se um número real é não nulo então seu quadrado é não nulo). Na verdade, historicamente, sabe-se que os números complexos começaram a, efetivamente, ser considerados a partir da solução geral para a equação polinomial de grau igual a 3,* $ax^3 + bx^2 + cx + d = 0$*,* $a \in \mathbb{R}/\{0\}$*,* $b, c, d \in \mathbb{R}$*, constantes reais arbitrárias, desenvolvida por Cardano e Tartaglia, dois (grandes) matemáticos italianos do período da renascença.*

Outro fato importante a se notar é que $\mathbb{Q} \cap \mathcal{I} = \emptyset$ *(conjunto vazio), i.e, se um número é racional então (por definição) ele não é irracional e, alternadamente (recíprocamente), se um número é irracional (por definição) então ele não é racional.*

Para estudar alguns conceitos de cálculo numérico no capítulo 2, vamos precisar relembrar o conceito de intervalo da reta real $\mathbb{R}$*.*

Definição 1.3. *(Os tipos de intervalos da reta real* $\mathbb{R}$*). Um intervalo fechado da reta é um subconjunto (da reta) da forma*

$$[a, b] := \{x \in \mathbb{R}; a \leq x \leq b\} \subsetneq \mathbb{R}.$$

Já um intervalo aberto da reta é um subconjunto (da reta) da forma

$$(a, b) := \{x \in \mathbb{R}; a < x < b\} \subsetneq [a, b].$$

Por sua vez, um intervalo semiaberto à direita, é um subconjunto (da reta) da forma

$$[a, b) := \{x \in \mathbb{R}; a \leq x < b\} \subsetneq [a, b].$$

Analogicamente, um intervalo semiaberto à esquerda, é um subconjunto (da reta) da forma

$$(a,b] := \{x \in \mathbb{R}; a \leq x \leq b\} \subsetneq [a,b].$$

A semireta "positiva" é um subconjunto (da reta) da forma

$$[0,+\infty) := \{x \in \mathbb{R}; x \geq 0\} \subsetneq \mathbb{R}.$$

A semireta "negativa" é um subconjunto (da reta) da forma

$$(-\infty,0] := \{x \in \mathbb{R}; x \leq 0\} \subsetneq \mathbb{R}.$$

Finalmente, a própria reta real $\mathbb{R}$ *pode ser vista como um intervalo, sendo este, no caso, o seguinte:* $\mathbb{R} := (-\infty,+\infty)$.

Para encerrar esse capítulo, vamos a seguir, exemplificar o uso dos símbolos matemáticos, para isso, utilizando alguns casos sólidos (dentro da própria matemática).

EXEMPLO 1.1. *Vamos dar um conjunto de exemplos:*

(1) "$\forall x \in \mathbb{R}/\{0\}, \exists! y \in \mathbb{R}/\{0\}; xy = 1$". *Leia-se: "Para todo número real não nulo x, existe um único número real não nulo y tal que seu produto é o número real 1". Equivalentemente: "Todo número real não nulo possui um único inverso aritimético (que também é não nulo)".*

(2) "$\exists x \in \mathbb{R}; x^2 = 6685$". *Leia-se: "Existe um número real x tal que seu quadrado é igual ao número real* $x^2 = 6685$".

(3) "$I_1 := (-\sqrt{6}, \sqrt{6}) \subseteq I_2 := (-2\sqrt{2}, 2\sqrt{2})$". *Leia-se: "O intervalo aberto* $I_1 := (-\sqrt{6}, \sqrt{6})$ *está contido propriamente no intervalo aberto* $I_2 := (-2\sqrt{2}, 2\sqrt{2})$".

(4) "$f(x) \neq 0 \Leftrightarrow x \notin [\sqrt{66}, 2\sqrt{22}]$". *Leia-se: "A função* $f(x)$ *é diferente de 0 se, e só se, x não pertence ao intervalo fechado* $[\sqrt{66}, 2\sqrt{22}]$". *Equivalentemente: "A função f é identicamente nula no intervalo fechado* $[\sqrt{66}, 2\sqrt{22}]$".

(5) "$x \approx 0 \Rightarrow sen(x) \approx 0$". *Leia-se: "Se o número x é aproximadamente igual a 0, então o número* $sen(x)$ *também é aproximadamente igual a 0."*

(6) "$\forall z \in \mathbb{C}/\{0\}, \exists! w \in \mathbb{C}/\{0\}, |w| = 1, \exists! r > 0; z = rw$". *Leia-se: "Para todo número complexo não nulo z existe um único número complexo w de módulo unitário (que necessariamente é não nulo) e um único número real positivo r tal que seu produto rw é igual a z". Equivalentemente: "Um número complexo não nulo é sempre o produto entre um único número real positivo e um único número complexo de módulo unitário, i.e, de módulo*

igual a 1".

OBSERVAÇÃO 1.2. *Existem outros símbolos matemáticos que também são muito utilizados. Dentre eles destacamos: " $\cong$ " que significa "congruente" e " $\equiv$ " que significa "equivalente" ou "identicamente igual". De maneira geral, o símbolo " $\equiv$ " é usado para designar quando duas funções, digamos, f e g, possuem o mesmo domínio, o mesmo contradomínio e a mesma regra de associação, e escrevemos $f \equiv g$. Já o símbolo " $\cong$ " não será utilizado aqui, já que seu uso é feito em outras áreas da matemática (como a geometria, por exemplo) que não são (diretamente) estudadas nesse livro.*

1. Exercícios referentes ao Capítulo 1

Exercício 1) *Demonstre que a soma de um número racional com um número irracional é um número irracional. Demonstre, também, que o produto de um número racional ($\neq 0$) com um número irracional é, também, um número irracional. (Sugestão: Pela técnica de redução ao absurdo).*

Exercício 2) *Demonstre que a soma entre dois números irracionais pode ser um número racional. Demonstre, também, que o produto entre dois números irracionais pode, também, ser um número racional. (Sugestão: Sejam $x_1 := 2 + \sqrt{10}$ e $x_2 := 2 - \sqrt{10}$. Ambos são irracionais de acordo com o Exercício 1 acima. Calcule a soma $x_1 + x_2$ e o produto $x_1.x_2$ e aqui está dado um exemplo onde ambos, a soma e o produto, entre dois números irracionais resulta em um número racional - crie os seus próprios exemplos também, pois isso é importante!)*

Exercício 3) *Sejam os seguintes subconjuntos da reta real $\mathbb{R}$ dados por: $A := \{x \in \mathbb{R}; x^2 < 11\}$ e $B := \{x \in \mathbb{R}; (x-1)^2 < 9\}$. Mostre que sua intersecção $A \bigcap B$ e sua união $A \bigcup B$ são, ambos, intervalos da reta. (Sugestão: Verifique que, ambos, A e B são intervalos da reta, mas lembre-se que nem sempre intersecções e uniões de intervalos são, ainda, intervalos - é importante verificar esse fato.)*

Exercício 4) *Usando o mesmo tipo de notação simbólica do Exemplo 1.1 descreva o seguinte fato: a função $f : \mathbb{R} \to [-1, 1]$ dada por $f(x) := sen(x)$ é uma função sobrejetiva. (Sugestão: $\forall x \in \mathbb{R}, \exists\ y \in [-1, 1]; sen(x) = y$. Mostre, também, que a expressão simbólica $\forall x \in \mathbb{R}, \exists!\ y \in [-1, 1]; sen(x) = y$ é falsa. Justifique.)*

CAPÍTULO 2

Elementos de Cálculo Numérico

Neste capítulo vamos estudar uma (pequena) parte do cálculo numérico que se ocupa (preocupa) em desenvolver técnicas e métodos para se obter soluções aproximadas (reais - o caso complexo veremos no capítulo 4) de equações envolvendo funções reais de uma única variável real. Estudaremos algumas técnicas de isolamento de raizes reais de equações, o método da bissecção, o método de Newton, o método das séries e também vamos apresentar algumas motivações para se estudar tais métodos, apresentando algumas classes de equações que não possuem soluções explícitas e também exibindo e resolvendo algumas equações que possuem métodos e soluções explícitas de resolução, chegando a conclusão de que o conjunto dessas últimas equações é relativamente "pequeno". Tal estudo será útil para desenvolvermos parte das ideias que serão apresentadas no capítulo 4.

1. Estimativas de Raízes Enésimas de Números Reais e Propagação de Erros

Vamos, nesta seção, por meio de alguns procedimentos práticos, determinar intervalos abertos $I := (a, b)$ *da reta real* $\mathbb{R}$, *que contenham determinadas combinações (lineares) inteiras (i.e, sobre o conjunto dos números inteiros* $\mathbb{Z}$*) envolvendo raízes n-ésimas de números reais (um exemplo:* $2\sqrt{2} + 5\sqrt{7} \in I$*). Faremos comparações entre valores devolvidos por calculadoras científicas e também alguns comentários sobre propagação de erros (acumulados pelos nossos processos de estimativas).*

Exemplo 2.1. *Neste exemplo, vamos, inicialmente, mostrar que a soma* $\sqrt{6} + \sqrt{7} \in (4, 6)$, *i.e,* $4 < \sqrt{6} + \sqrt{7} < 6$, *e depois fazer uma análise geral do problema, como uma estimativa efetiva e o erro cometido. Para isso, vamos relembrar que a função raiz quadrada de um número real (não negativo, i.e,* ≥ 0*)* $f : [0, +\infty) \to \mathbb{R}$, $[0, +\infty) \ni x \mapsto f(x) := \sqrt{x} \in \mathbb{R}$, *onde "*$\sqrt{x}$*" é a solução positiva da equação* $y^2 = x$ *(a solução negativa é* $-\sqrt{x}$*), é estritamente crescente, i.e,* $x_2 > x_1 \Rightarrow \sqrt{x_2} > \sqrt{x_1}$. *Por exemplo,* $\sqrt{64} = \sqrt{8^2} = 8$, $\sqrt{81} = \sqrt{9^2} = 9$ *e* $8 < 9$, *já que* $64 < 81$. *Agora, temos que* $2^2 = 4 < 6 < 9 = 3^2 \Rightarrow 2 = |2| = \sqrt{2^2} = \sqrt{4} < \sqrt{6} < \sqrt{9} < \sqrt{3^2} = |3| = 3 \Rightarrow \sqrt{6} \in (2, 3)$. *Analogicamente,* $2^2 = 4 < 7 < 9 = 3^2 \Rightarrow 2 = |2| = \sqrt{2^2} = \sqrt{4} < \sqrt{7} < \sqrt{9} = \sqrt{3^2} = |3| = 3 \Rightarrow \sqrt{7} \in (2, 3)$. *Portanto, somando membro a membro nossas duas estimativas obtidas acima, iremos obter que* $4 = 2 + 2 < \sqrt{6} + \sqrt{7} < 3 + 3 = 6 \Rightarrow \sqrt{6} + \sqrt{7} \in (4, 6)$. *Em um primeiro momento, uma estimativa que podemos pensar é tomar o ponto médio do intervalo aberto* $(4, 6) \subseteq \mathbb{R}$, *que é o* *número natural* $\dfrac{4+6}{2} = \dfrac{10}{2} = \dfrac{2.5}{2} = 5 \in \mathbb{N}$. *Dessa forma, podemos escrever* $\sqrt{6} + \sqrt{7} \approx 5$. *Usando uma calculadora científica, por exemplo, encontramos as aproximações* $\sqrt{6} \approx 2,45$ *e* $\sqrt{7} \approx 2,65$. *Logo,* $\sqrt{6} + \sqrt{7} \approx 2,45 + 2,65 = 5,1$. *Podemos, então, notar que nossa estimativa em aproximar* $\sqrt{6} + \sqrt{7}$ *como sendo o ponto médio do intervalo* $(4,6)$ *que é* 5, *é "boa", no sentido de que a diferença entre a estimativa feita por nós e a aproximação encontrada pela calculadora científica é dada por* $5,1 - 5 = 0,1$, *que é um número "relativamente pequeno". Nesse caso, isso ocorreu pois os erros cometidos nas diversas aproximações feitas são pequenos e também pouco acumularam e propagaram ao longo das nossas manipulações algébricas.*

Exemplo 2.2. *Neste exemplo, vamos incialmente mostrar que a soma* $7\sqrt{6}+6\sqrt{7} \in (26,39)$ *(que é uma combinação ("linear") entre as raízes quadradas* $\sqrt{6}$, $\sqrt{7} \in \mathcal{I}$*), e depois fazer uma análise geral do problema, como uma estimativa efetiva e o erro cometido, bem como a propagação desse erro, de acordo com o exemplo anterior. Para esse caso, vamos ver que, procedendo da mesma forma como no exemplo acima, os erros vão acumular e propagar de maneira mais acentuada, quando comparados com o do exemplo anterior. Temos que* $2 < \sqrt{6} < 3 \Rightarrow 14 = 7.2 < 7\sqrt{6} < 7.3 = 21 \Rightarrow 6\sqrt{7} \in (14,21)$. *Além disso,* $2 < \sqrt{7} < 3 \Rightarrow 12 = 6.2 < 6\sqrt{7} < 6.3 = 18 \Rightarrow 6\sqrt{7} \in (12,18)$. *Portanto, somando membro a membro as inequações acima obtemos que* $26 = 14 + 12 < 7\sqrt{6} + 6\sqrt{7} < 21 + 18 = 39 \Rightarrow 7\sqrt{6} + 6\sqrt{7} \in (26,39)$. *Analogamente ao que foi realizado no exemplo acima, vamos tomar como uma aproximação para o número irracional algébrico* $7\sqrt{6}+6\sqrt{7} \in \mathcal{I}$ *como sendo o ponto médio do intervalo aberto* $(26,39)$, *que é o número racional* $\dfrac{26+39}{2} = \dfrac{65}{2} = \dfrac{64+1}{2} = \dfrac{64}{2} + \dfrac{1}{2} = 32 + 0,5 = 32,5 \in \mathbb{Q}$. *A propagação de erro neste exemplo é um pouco maior do que a do item anterior. De fato, o comprimento dos intervalos em questão são maiores e as aproximações tomadas se tornam mais grosseiras.*

Exemplo 2.3. *Como um exercício, encontre uma aproximação inicial para o número real* $\sqrt{2}+2\sqrt[3]{3}+3\sqrt[4]{5}$. *Podemos notar que, conforme os índices das raízes aumentam, as aproximações se tornam cada vez mais grosseiras.*

2. Necessidade de Métodos Numéricos e Alguns Casos Explícitos

Definição 2.1. *Seja* $f : X \longrightarrow \mathbb{R}$, $X \subset \mathbb{R}$, $x \mapsto f(x)$, *uma função real de uma única variável real definida em um subconjunto* X *da reta real* $\mathbb{R}$. *Consideramos a equação associada a* f, *que é:* $f(x) = 0$. *Assim, dizemos que o número* $\widetilde{x}$ *é uma raiz dessa equação se* $f(\widetilde{x}) = 0$, *i.e, se o número* $\widetilde{x}$ *satisfazer a equação* $f(x) = 0$.

A "grande maioria" das equações do tipo $f(x) = 0$ *envolvendo funções reais de uma única variável real não podem ser resolvidas "analiticamente", i.e, não podemos encontrar explicitamente suas soluções tentando manipulá-las algebricamente de algum modo, ou seja, realizando um número finito de etapas nas quais utilizamos, por exemplo, as operações de adição, subtração, multiplicação, divisão, potenciação, radiciação, exponenciação, logaritmação, dentre outras. Por exemplo, ao se tentar resolver explicitamente equações como* $e^x = x^2$, $\ln(x) = sen(x)$, $\arctan(x) = x^2$ *e* $\sqrt{x^2 + 6x} = x^3 + 5$ *ou equivalentemente as equações* $e^x - x^2 = 0$, $\ln(x) - sen(x) = 0$, $\arctan(x) - x^2 = 0$ *e* $\sqrt{x^2 + 6x} - x^3 + 5 = 0$, *somos levados a questões como: esta equação admite uma solução? Em caso afirmativo, essa solução é única ou existe mais de uma? Se existe mais de uma solução elas são em um número finito ou infinito? Se são em um número infinito, este infinito é enumerável (i.e, existe uma bijeção entre o conjunto formado por essas soluções e o conjunto dos números naturais* $\mathbb{N}$*) ou não enumerável? Além disso, quem são essas soluções e como encontrá-las? Ou mesmo no caso em que a equação não tenha solução, como provar esse fato? Vamos ver mais adiante como solucionar parcialmente algumas dessas questões. Entretanto, para uma "gama considerável" de equações temos soluções explícitas para as mesmas e métodos tambem explícitos para encontrar suas soluções. Vamos a seguir, então exibir, e resolver certos tipos dessas equações. A ordem em que elas aparecem é relativamente aleatória. Alguns serão resolvidos integralmente, outros parcialmente e outros ficam a cargo dos leitores. Depois disso, vamos apresentar também alguns (poucos) tipos de sistemas (algéricos, diferenciais, dentre outros) que possuem soluções explícitas e métodos explícitos de resolução.*

Exemplo 2.4. *Vejamos alguns casos explícitos:*

(1) $3x^2 + 2x + 6 = 0$.

(2) $8x^2 + 6x + 7 = 0$.

(3) $x^3 + x^2 + x = 0$.

(4) $x^4 - 5x^2 + 6$.

(5) $e^{2x+2} = e^{6x-6}$.

(6) $\ln(\frac{x-1}{2}) = 2$.

(7) $sen(x) = \frac{\sqrt{3}}{2}$.

(8) $\sqrt{4x+6} = 6x + 5$.

(9) $sen^6(x) - \cos^6(x) = 0.$

(10) $sen^4(x) + \cos^4(x) = \frac{6}{7}.$

(11) $6z + 7\overline{z} = 55 + \sqrt{55}i$, $z = x + iy \in \mathbb{C}$, $\overline{z} := x - iy \in \mathbb{C}$.

(12) $2z + 7i\overline{z} = 6i$, $z = x + iy \in \mathbb{C}$, $\overline{z} := x - iy \in \mathbb{C}$. *(Exercício.)*

(13) $8x^3 + 6x^2 + 7x - 21 = 0$. *(Exercício.)*

(14) $7x^3 + 7x^2 + 6x - 20 = 0$. *(Exercício.)*

(15) $x^2 = |x|$, $x \in \mathbb{R}$. *(Exercício.)*

(16) $z^2 = |z|$, $z \in \mathbb{C}$. *(Exercício.)*

(17) $z = |z|$, $z \in \mathbb{C}$. *(Exercício.)*

(18) $az + b = 0$, $a \in \mathbb{C}/\{0\}, b \in \mathbb{C}$. *(Exercício.)*

(19) $z^2 - 1 = 0$, $z \in \mathbb{C}$. *(Exercício.)*

(20) $z^3 - 1 = 0$, $z \in \mathbb{C}$. *(Exercício.)*

(21) $z^4 - 1 = 0$, $z \in \mathbb{C}$. *(Exercício.)*

(22) $z^6 - 1 = 0.$

(23) $z^8 - 1 = 0.$

(24) $z^n - 1 = 0$, $z \in \mathbb{C}$, $n \in \mathbb{N}$. *(Exercício.)*

(25) $z^2 + iz + 6 = 0$, $z = x + iy \in \mathbb{C}$, $x, y \in \mathbb{R}$, $i := \sqrt{-1}$; $i^2 = -1$

(26) $2\,sen(x) + 7\cos(x) = 6$. *(Exercício.)*

(27) $x^3 + 77x^2 + x + 77 = 0$. *(Exercício.)*

(28) $x^4 - x^2 + 14x - 49 = 0$. *(Exercício.)*

(29) $4(\ln(x))^4 + (\ln(x))^2 - 2 = 0$

(30) $\ln^4(x) - \ln^2(x) + 18\ln(x) - 81 = 0$. *(Exercício.)*

(31) $(x^2 - 5x + 6)^2 - 5(x^2 - 5x + 6) + 6 = 0$. *(Exercício.)*

(32) $(x^2 - 6x + 7)^2 - 6(x^2 - 6x + 12) + 7 = 0$.

(33) $\sqrt{x^2 + 6x + 7} = x^2 + 6x + 7$, *i.e, encontrar todas as raízes (se existirem) da função real de uma única variável real*

$$f : (-\infty, -3 - \sqrt{2}] \cup [-3 + \sqrt{2}, +\infty) \to \mathbb{R}^+ \cup \{0\},$$
$$x \mapsto f(x) := \sqrt{x^2 + 6x + 7} - (x^2 + 6x - 7) = 0.$$

(34) $6z^6 - 54z^3 + 48 = 0$.

(35) $\sqrt{x^2 - x + 6} = x^2 - x + 5 = 0$.

(36) $az^n + b = 0,\ a \in \mathbb{R}/\{0\},\ b \in \mathbb{R},\ n \in \mathbb{N}$. *(Exercício.)*

(37) $2x^2 + 6|x| - 1 = 0$. *(Exercício.)*

(38) $\mathbb{R} \ni a, k > 0,\ az^4 - kb^2z^2 - 2kbcz - kc^2 = 0 \Leftrightarrow$

$$\Leftrightarrow z \in \left\{ \frac{-\sqrt{k}b \pm \sqrt{kb^2 - 4\sqrt{akc}}}{2\sqrt{a}}, \frac{\sqrt{k}b \pm \sqrt{kb^2 + 4\sqrt{akc}}}{2\sqrt{a}} \right\} \subsetneq \mathbb{C}.$$ *(Podemos observar que se trata de uma equação polinomial nem muito restritiva nem muito geral, a qual tem uma fórmula resolutiva explícita).*

(39) $\log_{(2x)}\left(\frac{2}{x}\right) + (\log_2(x))^2 = 1$. *(Parcialmente resolvido).*

(40) $\log_{(3x)}\left(\frac{3}{x}\right) + (\log_3(x))^2 = 1$. *(Exercício.)*

(41) $\log_{(ax)}\left(\frac{a}{x}\right) + (\log_a(x))^2 = 1$. *(Exercício.)*

(42) $\log_{(77x)}\left(\frac{77}{x}\right) + (\log_{77}(x))^2 = 1$. *(Exercício.)*

(43) Resolver em $\mathbb{C}$ *(i.e, neste caso, usando as propriedades da função logaritmo complexo) a equação polinomial logarítmica de grau igual a 2 dada por* $\ln^2(z) - 2\ln(z) + 2 = 0$. *(Exercício.)*

(44) Mostre que a equação polinomial de grau igual a 2 na variável complexa $z \in \mathbb{C}$ *e cujos coeficientes sejam números reais não nulos (no caso* $a \in \mathbb{R}/\{a\}$*) dada por* $z^2 - az + a = 0$*, possui duas raízes complexas (não reais) conjugadas quando* $a \in (0, 4) \subsetneq \mathbb{R}$*, uma única raiz (no caso esta raiz é o número real* $2 \in \mathbb{R}$*) quando* $a = 4$ *(de fato, a equação se reduz a* $z^2 - 4z + 4 = (z-2)^2 = 0 \Leftrightarrow z = 2$*) e duas raízes reais distintas (podendo ser racionais ou irracionais conjugadas) quando* $a \in (-\infty, 0) \bigcup (4, +\infty) \subsetneq \mathbb{R}$. *(Exercício.)*

(45) $2(\cos(x))^2 + 7\cos(x) + 3 = 0$

(46) Para quais valores de $\theta \in \mathbb{R}$ *a equação* $\cos(\theta)z^2 + sen(\theta)z - 4\cos(\theta) = 0$ *corresponde a uma equação polinomial de grau igual a 2 na variável complexa* $z = x + iy \in \mathbb{C}$*? Para esses valores de* θ *mostre que as raízes dessa equação são dadas por* $\frac{1}{2}(-\,tg(\theta) \pm \sec(\theta))$*. Determine explicitamente essas raízes para quando* $\theta = \frac{11\pi}{12} = 165°$. *(Exercício.)*

(47) $2^x = 3^x$ *(e também o caso geral* $a^x = b^x$*, para* $a \neq b$ *onde* a *e* b *são ambos não iguais a 0, 1 e −1.)*

(48) $\ln(x^2 - 6x) = \ln(x - 6)$ *(Equação sem solução.)*

(49) $tg(x) = -\cos(x)$ *(As soluções dessa equação possuem relação com o chamado "número áureo"*[1] *ou também chamado de "número de ouro", que é o número irracional algébrico*

[1]Em homenagem ao escultor da Grécia antiga chamado Phideas (que viveu aproximadamente cerca de 500 a.C), já que, geralmente, o número áureo é descrito com a letra grega "phi" = $\phi = \frac{1+\sqrt{5}}{2} \approx 1,618$. Este número aparece sob diversos aspectos nas ciências e na natureza como: definições algébricas, sequência de

$\frac{1+\sqrt{5}}{2} \in \mathcal{I}$. *Uma aproximação do número áureo com três casas decimais exatas seria o número* $\frac{1+\sqrt{5}}{2} \approx 1,618$.*)*

(50) Mostre que a equação na variável complexa $z = x + iy \in \mathbb{C}$ *dada por* $4e^{i\theta}z^2 + e^{-i\theta} = 0$ *corresponde a uma equação polinomial em* $z \in \mathbb{C}$, $\forall\theta \in \mathbb{R}$. *Mostre que suas raízes são dadas por* $4e^{i\theta}z^2 + e^{-i\theta} = 0 \Leftrightarrow z^2 = \frac{-e^{-2i\theta}}{4} = \frac{\pm ie^{-i\theta}}{2}$. *Determine explicitamente essas raízes para quando* $\theta = \frac{2\pi}{3} = 120°$. *(Exercício.)*

(51) (Fractália de Equações) $(\ln^2(z^2+6z-7)+6\ln(z^2+6z-7)-7)^2+6(\ln^2(z^2+6z-7)+6\ln(z^2+6z-7)-7)-7=0$. *(Exercício.)*

(52) Mostre que, dado $x \in [0,\pi/2]$, *então* $\cos(x) = \frac{6}{7} \Rightarrow x = \frac{1}{2}\arctan\left(\frac{12\sqrt{13}}{23}\right)$. *Mostre, também, que a recíproca da implicação dada anteriormente não é verdadeira, i.e, dado* $x \in [0,\pi/2]$, *então sendo* $x = \frac{1}{2}\arctan\left(\frac{12\sqrt{13}}{23}\right) \not\Rightarrow \cos(x) = \frac{6}{7}$. *De maneira mais profunda, mostre que se* $x = \frac{1}{2}\arctan\left(\frac{12\sqrt{13}}{23}\right) \Rightarrow \cos(x) = \frac{6}{7}$ *ou* $\cos(x) = \frac{\sqrt{13}}{7}$. *(Exercício.)*

(53) Resolver a equação exponencial em duas variáveis reais dada por $2^{x+y} = 1$. *(Exercício. Reposta: A solução é a bissectriz dos quadrantes pares.)*

(54) Generalizando o item anterior, dados $\mathbb{R} \ni r_1 < r_2$ *e* $a,b,c,d \in \mathbb{R}$; $\mathbb{R} \ni c \neq 0$ *e* $d \notin \{0,1\}$, *resolva a equação exponencial generalizada em duas variáveis reais dada por* $r_1 + cd^{ax+by} = r_2$. *Devemos observar que devemos considerar os dois casos (distintos) a seguir, em que* $d = -1$ *e* $d \notin \{-1,0,1\}$. *(Exercício.)*

(55) Encontrar as soluções da equação diferencial dada por

$$(f'(x))^4 - (f'(x))^2 - 42 = 0,$$

i.e, encontrar funções complexas de uma única variável real $f : \mathbb{R} \to \mathbb{C}$, $x \mapsto f(x) := u(x) + iv(x)$, $u, v : \mathbb{R} \to \mathbb{R}$, $x \mapsto u(x), v(x)$, $u(x) = Re(f(x))$, $v(x) = Im(f(x))$, *que possuem a*

Fibonacci (em homenagem ao matemático italiano Leonardo Fibonacci - 1170-1250), frações contínuas, séries de radicais (ou também chamados séries de raízes), desenhos geométricos, estrutura física de vegetais, animais e do corpo humano, nas artes (como na pintura, por exemplo, o caso da obra "Mona Lisa" desenhada pelo cientista renascentista italiano Lenardo da Vinci - 1452-1519), na música (presente, por exemplo, nas obras de Mozart), no processo de confecção de alguns tipos de objetos utilizados no dia a dia, dentre outros *primeira derivada e que satisfaçam a equação diferencial ("altamente" não linear) dada anteriormente.*

(56) $x' = e^x \Leftrightarrow x = x(t) = \ln\left(\frac{-1}{t+k}\right)$, $\forall t \in (-\infty, -k) \subsetneqq \mathbb{R}$. *(Exercício. Dica: Use a técnica da separação de variáveis para E.D.O.s)*

(57) *Seja* $f : I \subsetneqq \mathbb{R} \to \mathbb{R}$, $I \ni x \mapsto f(x) \in \mathbb{R}$, *uma função real de uma única variável real definida e derivável em um intervalo (aberto) I da reta real* $\mathbb{R}$. *Resolva a seguinte equação integro diferencial real dada por* $(\int f).f' = 0$, *i.e, encontrar o conjunto das funções diferenciáveis (em I) cujo produto da primitiva dessas funções pela derivada dessas mesmas funções seja a função identicamente nula (em I, ou seja,* $f(x) = 0_{\mathbb{R}}$, $\forall x \in I$). *(Exercício.)*

(58) *Seja* $f : Z \subsetneqq \mathbb{C} \to \mathbb{C}$, $Z \ni z \mapsto f(z) \in \mathbb{C}$, *uma função complexa de uma única variável complexa definida e holomorfa em todos os pontos de um subconjunto (aberto) Z do plano complexo* $\mathbb{C}$. *Resolva a seguinte equação integro diferencial complexa dada por* $(\int f).f' = 0$, *i.e, encontrar o conjunto das funções holomorfas (em Z) cujo produto da primitiva dessas funções pela derivada dessas mesmas funções seja a função identicamente nula (em Z, ou seja,* $f(z) = 0_{\mathbb{C}}$, $\forall z \in Z$). *Podemos observar que, como se trata de um problema concernente a funções, este item pode ser "derivado" a partir do item anterior mediante o Princípio da Conservação das Propriedades Funcionais (PCPF). (Exercício.)*

(59) *(Equação Integro-Diferencial).* $f' = \int f$. *(Exercício. Dica: Derive ambos os membros para recair em uma EDO (equação diferencial ordinária) cuja solução é a função exponencial.)*

(60) $\int f(x)\,dx + \int_a^b f(x)\,dx = x$, $f : \mathbb{R} \to \mathbb{R}$ *contínua (em todo* $\mathbb{R}$) *(Equação Integral Paramétrica).*

Antes de resolver as equações do exemplo dado acima, vamos precisar (para resolver algumas delas) enunciar e provar uma das fórmulas mais conhecidas e importantes da matemática: A Fórmula de Bhaskara (que foi um matemático indiano que viveu entre os anos de 1114 e 1185). Além disso, também vamos relembrar os conceitos de função injetiva e sobrejetiva por meio de uma observação.

Teorema 2.1. *Considere a equação polinomial de grau 2 dada por*

$$ax^2 + bx + c = 0$$

onde $a \neq 0, b, c$ *são constantes reais (também chamados de coeficientes da equação), i.e,* $a \in \mathbb{R}/\{0\}, b, c \in \mathbb{R}$. *Defina*

$$\Delta := b^2 - 4ac$$

o qual é chamado de "discriminante" da equação. Dessa forma, a equação descrita acima possui raízes e essas são dadas por

$$x_{1,2} = \frac{-b \pm \sqrt{\Delta}}{2a} = \frac{-b \pm \sqrt{b^2 - 4ac}}{2a}$$

onde:

(1) *Se* $\Delta > 0$ *a equação possui duas raízes distintas que são*

$$x_1 = \frac{-b + \sqrt{\Delta}}{2a} \text{ e } x_2 = \frac{-b - \sqrt{\Delta}}{2a}.$$

(2) *Se* $\Delta = 0$ *a equação possui uma única raiz que é* $x = \frac{-b}{2a}$, *a qual é chamada de raiz dupla da equação.*

(3) *Se* $\Delta < 0$ *temos que as raízes são dadas pelos números complexos conjugados.*

$$z_1 = \frac{-b + \sqrt{-\Delta} i}{2a} \quad \text{e} \quad z_2 = \frac{-b - \sqrt{-\Delta} i}{2a}$$

onde $i := \sqrt{-1}; i^2 := -1$.

DEMONSTRAÇÃO. Sendo $a \neq 0$ então

$$ax^2 + bx + c = 0 \Rightarrow a(x^2 + \frac{b}{a}x + \frac{c}{a}) = 0 \Rightarrow x^2 + \frac{b}{a}x + \frac{c}{a} = 0 \Rightarrow x^2 + \frac{b}{a}x = \frac{-c}{a}.$$

Notamos que

$$(x + \frac{b}{2a})^2 = x^2 + \frac{b}{a}x + \frac{b^2}{4a^2}, \forall x \in \mathbb{R} \Rightarrow (x + \frac{b}{2a})^2 - \frac{b^2}{4a^2} = x^2 + \frac{b}{a}x, \forall x \in \mathbb{R}.$$

Logo, obtemos que:

$$x^2 + \frac{b}{a}x = \frac{-c}{a} \Rightarrow x^2 + \frac{b}{a}x + \frac{b^2}{4a^2} = \frac{b^2}{4a^2} + \frac{-c}{a} \Rightarrow (x + \frac{b}{2a})^2 = \frac{b^2}{4a^2} + \frac{-c}{a} \Rightarrow (x + \frac{b}{2a})^2 = \frac{b^2}{4a^2} + \frac{(4a).(-c)}{(4a).(a)} = \frac{b^2}{4a^2} - \frac{4ac}{4a^2} = \frac{b^2 - 4ac}{4a^2} = \frac{b^2 - 4ac}{(2a)^2} \Rightarrow (x + \frac{b}{2a})^2 = \frac{b^2 - 4ac}{(2a)^2} \Rightarrow \sqrt{(x + \frac{b}{2a})^2} = \sqrt{\frac{b^2 - 4ac}{(2a)^2}} \Rightarrow |x + \frac{b}{2a}| = \frac{\pm\sqrt{b^2 - 4ac}}{|2a|} \Rightarrow |2a|.|x + \frac{b}{2a}| = |2a(x + \frac{b}{2a})| = \pm\sqrt{b^2 - 4ac} \Rightarrow 2a(x + \frac{b}{2a}) = \pm\sqrt{b^2 - 4ac} \Rightarrow x + \frac{b}{2a} = \pm\frac{\sqrt{b^2 - 4ac}}{2a} \Rightarrow x = \frac{-b}{2a} \pm \frac{\sqrt{b^2 - 4ac}}{2a} \Rightarrow x = \frac{-b \pm \sqrt{b^2 - 4ac}}{2a} = \frac{-b \pm \sqrt{\Delta}}{2a}$$

onde $\Delta := b^2 - 4ac$. Podemos notar que, em algumas das passagens acima, i.e, em alguns símbolos de " $\Rightarrow$ ", usamos os fatos de que $\sqrt{t^2} = |t|, \forall t \in \mathbb{R}$, e que $|t_1| = |t_2| \Leftrightarrow t_1 = \pm t_2$, onde a função módulo de um número real $|.| \to \mathbb{R}$, $t \mapsto |t|$, é definida como sendo

$$|t| := \begin{cases} t, & \text{se } t > 0 \\ -t, & \text{se } t < 0 \end{cases}$$

Além disso, vamos verificar que se $x_1 := \dfrac{-b + \sqrt{\Delta}}{2a}$ e $x_2 := \dfrac{-b - \sqrt{\Delta}}{2a}$, onde $\Delta := b^2 - 4ac$, e sendo $p(x) := ax^2 + bx + c$, $a \in \mathbb{R}/\{0\}$, $b, c \in \mathbb{R}$, então $p(x_1) = p(x_2) = 0$. Vamos considerar o caso em que $x_1 = \dfrac{-b + \sqrt{\Delta}}{2a}$, já que o caso em que $x_2 = \dfrac{-b - \sqrt{\Delta}}{2a}$ é semelhante. Assim, temos que

$$p(x_1) = ax_1^2 + bx_1 + c = a(\frac{-b + \sqrt{\Delta}}{2a})^2 + b\frac{(-b + \sqrt{\Delta})}{2a} + c = a\frac{(b^2 - 2b\sqrt{\Delta} + \Delta)}{4a^2} + b\frac{(-b + \sqrt{\Delta})}{2a} + c =$$
$$\frac{b^2 - 2b\sqrt{\Delta} + \Delta}{4a} + 2b\frac{(-b + \sqrt{\Delta})}{4a} + \frac{4ac}{4a} = \frac{b^2 - 2b\sqrt{\Delta} + \Delta}{4a} + \frac{-2b^2 + 2b\sqrt{\Delta}}{4a} + \frac{4ac}{4a} =$$
$$\frac{b^2 - 2b\sqrt{\Delta} + \Delta - 2b^2 + 2b\sqrt{\Delta} + 4ac}{4a} = \frac{-b^2 + 4ac + \Delta}{4a} = \frac{-(b^2 - 4ac) + \Delta}{4a} = \frac{-\Delta + \Delta}{4a} = \frac{0}{4a} = 0.$$

Portanto, se $a \in \mathbb{R}/\{0\}$, obtemos que

$$ax^2 + bx + c = 0 \Leftrightarrow x = \frac{-b \pm \sqrt{\Delta}}{2a} \quad , \quad \Delta := b^2 - 4ac.$$

Logo, as observações feitas nos items (1), (2) e (3) do enunciado do teorema seguem, apenas relembrando que para o item (3), se $\Delta < 0 \Rightarrow -\Delta > 0 \Rightarrow \sqrt{\Delta} = \sqrt{-(-\Delta)} = \sqrt{-1.(-\Delta)} = \sqrt{-1}.\sqrt{-\Delta} = i.\sqrt{-\Delta}$. □

Observação 2.1. *Uma função qualquer $f : X \to Y$, $x \mapsto f(x)$, onde X, Y são conjuntos quaisquer, é dita ser:*

(1) Injetiva (ou injetora), se $f(x_1) = f(x_2) \Rightarrow x_1 = x_2$.

(2) Sobrejetiva (ou sobrejetora), se $\forall y \in Y$, $\exists\, x \in X; f(x) = y$.

(3) Bijetiva (ou bijetora), se for simultaneamente injetiva e sobrejetiva. Nesse caso, a função f é inversível, i.e, existe uma (única) função $f^{-1} : Y \to X$, $x \mapsto f^{-1}(x)$, chamada de a inversa da função f, de modo que $f \circ f^{-1} = f^{-1} \circ f = Id$, onde a função $x \mapsto Id(x) := x$ é chamada de função identidade. Sendo uma função bijetora qualquer $f : X \to Y$, $x \mapsto f(x)$, onde X, Y são conjuntos quaisquer, então, $\forall y \in Y$, $\exists!\, x \in X; f(x) = y$. O fato de que $\forall y \in Y$, $\exists\, x \in X; f(x) = y$ é, por definição, devido à sobrejetividade da função f, e o fato de que $\forall y \in Y$, $\exists!\, x \in X; f(x) = y$, é devido à injetividade da função f. Além

disso, é importante relembrar que uma função é injetiva se, e só se, possui uma inversa à esquerda, e é sobrejetiva se, e só se, possui uma inversa à direita.

EXEMPLO 2.5. *Vamos mostrar que a função real de uma única variável real* $f : \mathbb{R} \to \mathbb{R}$, $\mathbb{R} \ni x \mapsto f(x) := 7^x - 7^{-x} \in \mathbb{R}$ *é uma função bijetiva, i.e, é simultaneamente injetiva e sobrejetiva (e, portanto, inversível) e determinar explicitamente sua função inversa (faremos a maior parte desses itens, sendo o restante deixado a cargo dos leitores).*

- *(Injetividade). Temos que mostrar que* $f(x_1) = f(x_2) \Rightarrow x_1 = x_2$. *De fato, como* $7^x > 0$, $\forall x \in \mathbb{R}$ *e, em particular,* $7^x \neq 0$, $\forall x \in \mathbb{R}$, *podemos multiplicar e/ou dividir ambos os membros de uma equação qualquer sem dividir por zero, 0 e/ou introduzir raízes "estranhas" à equação, ou seja, a equação resultante ao se multiplicar e/ou dividir seus dois membros é equivalente a equação anterior. Temos que*

$$f(x_1) = f(x_2) \Leftrightarrow 7^{x_1} - 7^{-x_1} = 7^{x_2} - 7^{-x_2} \Leftrightarrow 7^{x_1} - \frac{1}{7^{x_1}} = 7^{x_2} - \frac{1}{7^{x_2}} \Leftrightarrow \frac{7^{2x_1} - 1}{7^{x_1}} = \frac{7^{2x_2} - 1}{7^{x_2}} \Leftrightarrow$$
$$7^{2x_1} - 1 = \frac{7^{x_1}(7^{2x_2} - 1)}{7^{x_2}} \Leftrightarrow 7^{x_2}(7^{2x_1} - 1) = 7^{x_1}(7^{2x_2} - 1) \Leftrightarrow 7^{2x_1+x+2} - 7^{x_2} = 7^{x_1+2x_2} - 7^{x_1} \Leftrightarrow$$
$$7^{2x_1+x+2} - 7^{x_1+2x_2} - 7^{x_2} + 7^{x_1} \Leftrightarrow (7^{x_1})^2.7^{x_2} - (7^{x_2})^2.7^{x_1} - (7^{x_2} - 7^{x_1}) = 0 \Leftrightarrow$$
$$7^{x_1}.7^{x_2}(7^{x_1} - 7^{x_2}) + (7^{x_1} - 7^{x_2}) = 0 \Leftrightarrow (7^{x_1} - 7^{x_2}).\underbrace{(7^{x_1+x_2} + 1)}_{\neq 0, \forall x_1, x_2 \in \mathbb{R}} = 0 \Leftrightarrow 7^{x_1} - 7^{x_2} = 0 \Leftrightarrow 7^{x_1} = 7^{x_2} \Leftrightarrow$$
$$\frac{7^{x_1}}{7^{x_2}} = \frac{7^{x_2}}{7^{x_2}} \Leftrightarrow 7^{x_1 - x_2} = 7^0 \Leftrightarrow x_1 - x_2 = 0 \Leftrightarrow x_1 = x_2,$$

  já que a função exponencial $\mathbb{R} \ni x \mapsto 7^x \in \mathbb{R}$ *é injetiva.*

- *(Sobrejetividade). Temos que mostrar que* $\forall y \in \mathbb{R}$, $\exists\, x \in \mathbb{R}$; $f(x) = y$, *i.e, que a equação* $7^x - 7^{-x} = y$ *sempre tem uma raiz na reta real* $\mathbb{R}$. *Na verdade, como* f *é injetiva, este* $x \in \mathbb{R}$ *que satisfaz a equação* $f(x) = y$ *é único, i.e, vamos então mostrar que* $\forall y \in \mathbb{R}$, $\exists!$ $x \in \mathbb{R}$; $f(x) = 7^x - 7^{-x} = y$. *De fato, temos que*

$$7^x - 7^{-x} = y \Leftrightarrow 7^{2x} - 1 = 7^x.y \Leftrightarrow 7^{2x} - 7^x.y - 1 = 0 \Leftrightarrow (7^x)^2 - y.7^x - 1 = 0.$$

  Façamos a mudança de variável $s = 7^x \Rightarrow s^2 - y.s - 1 = 0 \Leftrightarrow s = \dfrac{y \pm \sqrt{y^2+4}}{2} \Leftrightarrow 7^x = \dfrac{y \pm \sqrt{y^2+4}}{2}$. *Como a função exponencial* $x \mapsto 7^x$ *é sempre positiva, i.e,* $7^x > 0$, $\forall x \in \mathbb{R}$, *devemos analisar o sinal dos números* $\dfrac{y \pm \sqrt{y^2+4}}{2}$, $y \in \mathbb{R}$. *Para isso, vamos provar que* $\dfrac{y + \sqrt{y^2+4}}{2} > 0$, $\forall y \in \mathbb{R}$ *e que* $\dfrac{y - \sqrt{y^2+4}}{2} < 0$, $\forall y \in \mathbb{R}$. *De fato, notamos que* $y^2 + 4 > y^2$, $\forall y \in \mathbb{R}$, *e como a função raiz quadrada real* $[0, +\infty) \ni x \mapsto \sqrt{x} \in [0, \infty)$ *é uma bijeção crescente, i.e,* $x_1 \geq x_2 \geq 0 \Rightarrow \sqrt{x_1} \geq \sqrt{x_2} \geq 0 \Rightarrow \sqrt{y^2+4} > \sqrt{y^2} = |y| \geq \pm y$, $\forall y \in \mathbb{R}$. *Assim,* $\sqrt{y^2+4} > y, \forall y \in \mathbb{R} \Rightarrow y - \sqrt{y^2+4} < 0$, $\forall y \in \mathbb{R} \Rightarrow \dfrac{y - \sqrt{y^2+4}}{2} < 0$, $\forall y \in \mathbb{R}$ *e,* *ainda,* $\sqrt{y^2+4} > -y, \forall y \in \mathbb{R} \Rightarrow \sqrt{y^2+4} + y > 0,\ \forall y \in \mathbb{R} \Rightarrow \dfrac{\sqrt{y^2+4}+y}{2} > 0,\ \forall y \in \mathbb{R}$. *Portanto, não se pode ocorrer que* $r^* = y - \sqrt{y^2+4}$. *A partir daqui os leitores devem continuar a exposição desse item.*

Vamos, agora, determinar explicitamente as soluções das equações descritas nos itens do exemplo 2.4 dado anteriormente.

(1) Inicialmente, podemos (e devemos) observar que as raízes ou são números reais negativos ou números complexos, pois os coeficientes do polinômio em questão são positivos e, portanto, substituindo-se x *por um número positivo, obteremos um número também positivo e, portanto, não pode ser raiz da equação em questão. Agora, pela fórmula de Bhaskara para a equação polinomial de grau 2 obtemos:*

$$3x^2 + 2x + 6 = 0 \Leftrightarrow x = \frac{-2 \pm \sqrt{2^2 - 4.3.6}}{2.3} = \frac{-2 \pm \sqrt{4-72}}{6} = \frac{-2 \pm \sqrt{-68}}{6} =$$
$$\frac{-2 \pm \sqrt{68}\sqrt{-1}}{6} = \frac{-2 \pm \sqrt{68}i}{6} = \frac{-2 \pm \sqrt{2^2.17}i}{6} = \frac{-2 \pm 2\sqrt{17}i}{6} = \frac{-1 \pm \sqrt{17}i}{3} \in \mathbb{C}.$$

(2) Novamente pela fórmula de Bhaskara para a equação polinomial de grau 2 obtemos:

$$8x^2 + 6x + 7 = 0 \Leftrightarrow x = \frac{-6 \pm \sqrt{6^2 - 4.8.7}}{2.8} = \frac{-6 \pm \sqrt{36 - 32.7}}{16} = \frac{-6 \pm \sqrt{36-224}}{16} =$$
$$\frac{-6 \pm \sqrt{12+24-224}}{16} = \frac{-6 \pm \sqrt{12-200}}{16} = \frac{-6 \pm \sqrt{-188}}{16} = \frac{-6 \pm \sqrt{-2^2.47}}{16} =$$
$$\frac{-6 \pm 2\sqrt{-47}}{2} = \frac{-3 \pm \sqrt{-47}}{8} = \frac{-3 \pm \sqrt{47}i}{6}.$$

Logo, as raizes da equação polinomial de grau 2, $8x^2 + 7x + 6 = 0$ *são os números complexos conjugados* $z_1 = \dfrac{-3 + \sqrt{47}i}{8} \in \mathbb{C}$ *e* $z_2 = \overline{z_1} = \dfrac{-3 - \sqrt{47}i}{8} \in \mathbb{C}$.

(3) Queremos encontrar as raízes da equação polinomial de grau 3 incompleta (no caso sem termo independente, i.e, sem termo que acompanha a potência nula da variável x*, geralmente denotado por* $a_0 (= a_0 x^0 = a_0.1)$*),* $x^3 + x^2 + x = 0$*. Temos que*

$$x^3 + x^2 + x = 0 \Leftrightarrow x.(x^2 + x + 1) = 0 \Leftrightarrow x = 0 \text{ ou}$$
$$x^2 + x + 1 = 0 \Leftrightarrow x = \frac{-1 \pm \sqrt{1^2 - 4.1.1}}{2.1} = \frac{-1 \pm \sqrt{1-4}}{2} = \frac{-1 \pm \sqrt{-3}}{2} = \frac{-1 \pm \sqrt{3}i}{2}.$$

Logo, as raízes da equação polinomial incompleta de grau 3, $x^3 + x^2 + x = 0$ *são o número nulo* $x = 0$ *e os números complexos conjugados* $z_1 = \dfrac{-1 + \sqrt{3}i}{2} \in \mathbb{C}$, $z_2 = \overline{z_1} = \dfrac{-1 - \sqrt{3}i}{2} \in \mathbb{C}$.

OBSERVAÇÃO 2.2. *No exemplo acima usamos o fato de que se o produto de dois números reais ou complexos é zero, então necessariamente pelo menos um dos dois números deve ser o número nulo,* 0. *Isso não vale, em geral, para objetos matemáticos que não sejam números. Por exemplo, as matrizes. Aliás, o quadrado de uma matriz não nula pode perfeitamente ser a matriz nula (dê exemplos).*

(4) *A equação polinomial de grau igual a* 4*, dada por* $x^4 - 5x^2 + 6 = 0$ *é um caso particular de equação chamada de equação biquadrada, i.e, uma equação do tipo* $ax^4+bx^2+c = 0, a, b \in \mathbb{R}/\{0\}, c \in \mathbb{R}$. *Para resolvê-la, façamos a mudança de variável* $x^2 = t \Rightarrow x^4 = (x^2)^2 = t^2$ *e recaímos em uma equação polinomial de grau* 2 *na variável* t, *que é a equação* $t^2-5t+6 = 0$ *cujas raízes são dadas por*

$$t = \frac{-(-5) \pm \sqrt{(-5)^2 - 4.1.6}}{2.1} = \frac{5 \pm \sqrt{1}}{2} = \frac{5 \pm 1}{2} = \frac{4}{2} = 2 \text{ ou } \frac{6}{2} = 3.$$

Como $x^2 = t \Rightarrow x^2 = 3$ *ou* $x^2 = 2 \Rightarrow x = \pm\sqrt{2}$ *ou* $x = \pm\sqrt{3}$. *Notamos que, nesse caso, temos* 4 *raízes distintas para essa equação.*

(5) *Consideramos a equação* $e^{2x+2} = e^{6x-6}$. *Para resolvê-la, basta encontrar o valor de* $x \in \mathbb{R}; 2x + 2 = 6x - 6$, *já que a função exponencial real* $\exp : \mathbb{R} \to \mathbb{R},\ x \mapsto e^x$, *é uma bijeção crescente de* $\mathbb{R}$ *em* $(0, +\infty)$ *(na verdade só precisamos do fato de que ela é injetiva), i.e,* $e^{f(x)} = e^{g(x)} \Leftrightarrow f(x) = g(x)$. *Mas, para equação afim, temos que*

$$2x + 2 = 6x - 6 \Leftrightarrow 6x - 2x = 2 + 6 \Leftrightarrow 4x = 8 \Leftrightarrow x = 2$$

e, portanto, essa equação admite uma única raiz.

(6) *Em relação à equação logarítmica* $\ln(\frac{x-1}{2}) = 2$, *inicialmente relembramos que a função logaritmo natural real é a função dada por* $\ln : (0, +\infty) \to \mathbb{R}, x \mapsto \ln(x) = \log_e(x) = y \Leftrightarrow e^y = x$ *onde* $e = 2,71...$ *um número irracional que é base dos logaritmos neperianos ou também chamados logaritmos naturais. Assim, a função logaritmo real,* ln *é a inversa da função exponencial real* exp. *Para resolver a equação, inicialmente verificamos que a expressão* $\ln(\frac{x-1}{2})$ *tem sentido (real) se, e só se,* $\frac{x-1}{2} > 0$, *i.e, se, e só se* $x > 1$. *Portanto, a função* $f := (1, +\infty) \to \mathbb{R}$, $x \mapsto f(x) := \ln(\frac{x-1}{2})$ *está bem definida e, por definição de logaritmo temos*

$$\ln(\tfrac{x-1}{2}) = 2 \Leftrightarrow \tfrac{x-1}{2} = e^2 \Leftrightarrow x - 1 = 2e^2 \Leftrightarrow x = 1 + 2e^2.$$

Como $1 + 2e^2 > 1$, *i.e,* $1 + 2e^2 \in (1, +\infty)$ *o qual é o domínio de* f *então, concluímos que o número real* $1 + 2e^2 \in \mathbb{R}$ *é (a única) raiz da equação* $\ln(\frac{x-1}{2}) = 2$.

(7) *Em relação a equação trigonométrica* $sen(x) = \frac{\sqrt{3}}{2}$*, vamos encontrar a forma mais geral dos números* $x \in \mathbb{R}$ *que a satisfaça. Observamos, inicialmente, que a função trigonométrica seno real,* $sen : \mathbb{R} \to \mathbb{R}, x \mapsto sen(x)$*, é positiva para* $x \in (0, \pi)$*, i.e,* $sen(x) > 0, \forall x \in (0, \pi)$*. Mas, como* $sen(x - \pi) = sen(x), \forall x \in \mathbb{R}$*, segue que* $sen(\frac{\pi}{3}) = sen(\pi - \frac{\pi}{3}) = sen(\frac{2\pi}{3}) = \frac{\sqrt{3}}{2}$*. Como a função seno real é periódica de período igual a* 2π*, i.e,* $sen(x + 2k\pi) = sen(x), \forall x \in \mathbb{R}, \forall k \in \mathbb{Z}$*, então*

$$sen(x) = \tfrac{\sqrt{3}}{2} \Leftrightarrow x = \tfrac{\pi}{3} + 2k\pi, k \in \mathbb{Z} \text{ ou } x = \tfrac{2\pi}{3} + 2k\pi, k \in \mathbb{Z}.$$

Dessa forma, as raízes da equação $sen(x) = \frac{\sqrt{3}}{2}$ *são dadas pelos elementos do conjunto definido como*

$$A := \{x \in \mathbb{R}; x = \tfrac{2\pi}{3} + 2k\pi, k \in \mathbb{Z} \text{ ou } x = \tfrac{2\pi}{3} + 2k\pi, k \in \mathbb{Z}\}.$$

Observamos, portanto, que temos um conjunto infinito enumerável (i.e, existe uma bijeção com o conjunto dos números naturais) de raízes para essa equação.

(8) *Para resolver a equação* $\sqrt{4x+6} = 6x+5$*, inicialmente devemos elevar ambos os membros ao quadrado, i.e, quadrar ambos os membros para eliminar o símbolo de raiz quadrada do lado esquerdo da equação. Entretanto, ao encontrar as raízes dessa nova equação, devemos constatar se elas satisfazem ou não a equação original. Isso ocorre pelo seguinte motivo: se* $a = b$ *então* $a^2 = b^2$*, mas, por sua vez, se* $a^2 = b^2$ *isso não quer dizer que* $a = b$ *pois* $a = -b$ *também satisfaz a equação. Logo, ao quadrar ambos os membros da equação* $\sqrt{4x+6} = 6x+5$ *pode ser que tenhamos "introduzido" raízes que satisfazem a equação seguinte, porém não satisfazem a equação original. Observamos que a expressão* $\sqrt{4x+6}$ *tem sentido, i.e, está bem definida se* $4x + 6 \geq 0 \Rightarrow 4x \geq -6 \Rightarrow x \geq \frac{-6}{4} = \frac{-3}{2}$*. Além disso, como a raiz quadrada de um número real* ≥ 0 *é sempre* ≥ 0*, i.e,* $\sqrt{x} \geq 0$*,* $\forall x \geq 0$ *então, devemos também ter que* $6x + 5 \geq 0 \Rightarrow 6x \geq -5 \Rightarrow x \geq \dfrac{-5}{6}$*. Das condições* $x \geq \dfrac{-3}{2}$ *e* $x \geq \dfrac{-5}{6}$ *obtemos que* $x \geq \dfrac{-5}{6}$*, já que* $\dfrac{-5}{6} > \dfrac{-3}{2}$*. Assim temos:*

$$\sqrt{4x+6} = 6x+5 \Rightarrow (\sqrt{4x+6})^2 = (6x+5)^2 \Leftrightarrow 4x + 6 = 36x^2 + 60x + 25 \Leftrightarrow$$

$$36x^2 + 56x + 19 = 0 \Leftrightarrow x = \frac{-56 \pm \sqrt{56^2 - 4.36.19}}{2.36} = \frac{-56 \pm \sqrt{3136 - 2736}}{72} =$$

$$\frac{-56 \pm \sqrt{400}}{72} = \frac{-56 \pm 20}{72} = \frac{-56+20}{72} \text{ ou } \frac{-56-20}{72}.$$

Ainda, $\dfrac{-56+20}{72} = \dfrac{-36}{72} = \dfrac{-1}{2}$ *e* $\frac{-56-20}{72} = \dfrac{-76}{72} = \dfrac{-19}{18}$*. Dessa forma, as duas possíveis raízes da equação são os números* $x_1 = \frac{-1}{2}$ *e* $x_2 = \dfrac{-19}{18}$*. Porém, as raízes devem satisfazer a condição de ser* $\geq \dfrac{-5}{6} = -0,83333...$ *(que é uma dízima periódica). Assim,* $x_1 = \dfrac{-1}{2} = -0,5$ *é raiz da equação já que satisfaz* $\dfrac{-1}{2} = -0,5 > \dfrac{-5}{6} = -0,83333...$ *e*

$x_2 = \frac{-19}{18} = -1,05555...$ *(que também é uma dízima periódica) não é raiz da equação já que satisfaz* $\frac{-19}{18} = -1,05555... < \frac{-5}{6} = -0,83333....$ *Logo, a equação* $\sqrt{4x+6} = 6x+5$ *admite uma única raiz.*

(9) *Para resolver a equação* $sen^6(x) - \cos^6(x) = 0$ *vamos, inicialmente, mostrar que* $sen^6(x) - \cos^6(x) = \frac{\cos(2x)(sen^2(2x)-4)}{4}$, $\forall x \in \mathbb{R}$. *Para isso, vamos usar as seguintes identidades:*

$a^2 - b^2 = (a-b)(a+b)$, $\forall a, b \in \mathbb{R}$ *(diferença de dois quadrados),*

$a^3 + b^3 = (a+b)(a^2 - ab + b^2)$, $\forall a, b \in \mathbb{R}$ *(soma de dois cubos),*

$a^3 - b^3 = (a-b)(a^2 + ab + b^2)$, $\forall a, b \in \mathbb{R}$ *(diferença de dois cubos) e* $sen^2(x) + \cos^2(x) = 1$, $\forall x \in \mathbb{R}$ *(relação fundamental da trigonometria),* $sen(2x) = 2\,sen(x)\cos(x)$, $\forall x \in \mathbb{R}$ *(seno do arco duplo) e* $\cos(2x) = \cos^2(x) - sen^2(x)$, $\forall x \in \mathbb{R}$ *(cosseno do arco duplo).*

Assim, temos que

$$sen^6(x) - \cos^6(x) = (sen^3(x))^2 - (\cos^3(x))^2 = (sen^3(x) + \cos^3(x))(sen^3(x) - \cos^3(x)) = (sen(x)+\cos(x))(sen^2(x) - sen(x)\cos(x) + \cos^2(x))(sen(x) - \cos(x))(sen^2(x) + sen(x)\cos(x) + \cos^2(x)) = (sen(x) + \cos(x))(sen(x) - \cos(x))(1 + sen(x)\cos(x))(1 - sen(x)\cos(x)) = (sen^2(x) - \cos^2(x))\left(1 + \frac{sen(2x)}{2}\right)\left(1 - \frac{sen(2x)}{2}\right) = -(\cos^2(x) - sen^2(x))\left(1 - \frac{sen^2(2x)}{4}\right) = \frac{\cos(2x)(sen^2(2x)-4)}{4}, \forall x \in \mathbb{R}.$$

Observamos agora que $4 - sen^2(2x) \neq 0$, $\forall x \in \mathbb{R}$. *Mais precisamente, como* $-1 \leq sen(x) \leq 1$, $\forall x \in \mathbb{R} \Rightarrow 0 \leq sen^2(x) \leq 1$, $\forall x \in \mathbb{R} \Rightarrow -1 \leq -sen^2(x) \leq 0$, $\forall x \in \mathbb{R} \Rightarrow 4 - 1 = 3 \leq 4 - sen^2(2x) \leq 4 + 0 = 4$, $\forall x \in \mathbb{R}$, *i.e,* $4 - sen^2(2x) \in [3,4]$, $\forall x \in \mathbb{R}$. *Portanto,* $sen^6(x) - \cos^6(x) = 0 \Leftrightarrow \frac{\cos(2x)(sen^2(2x)-4)}{4} = 0 \Leftrightarrow \cos(2x) = 0 = \cos\left(\frac{\pi}{2}\right) \Leftrightarrow 2x = \frac{pi}{2} + 2k\pi$, $k \in \mathbb{Z} \Leftrightarrow x = \frac{\pi}{4} + k\pi$, $k \in \mathbb{Z} \Leftrightarrow x = \frac{\pi + 4k\pi}{4} = \frac{(1+4k)\pi}{4}$, $k \in \mathbb{Z}$. *Logo, as raízes da equação polinomial trigonométrica* $sen^6(x) - \cos^6(x) = 0$ *constituem os elementos do conjunto infinito enumerável (existe uma bijeção entre esse conjunto e o conjunto dos números naturais* $\mathbb{N}$*; ou qualquer outro conjunto que tenha a mesma cardinalidade do conjunto dos números naturais, como* $\mathbb{Z}$ *dos inteiros,* $\mathbb{Q}$ *dos racionais,* $\mathbb{N} + i\mathbb{N}$ *dos números complexos com partes real e imaginária como sendo números naturais,* $\mathbb{Z} + i\mathbb{Z}$ *dos números complexos com partes real e imaginária como sendo números inteiros,* $\mathbb{Q} + i\mathbb{Q}$ *dos números complexos com partes real e imaginária como sendo números racionais, etc)* $A := \left\{x \in \mathbb{R}; x = \frac{(1+4k)\pi}{4}, k \in \mathbb{Z}\right\} \subseteq \mathbb{R}$.

(10) *Queremos resolver a equação* $sen^4(x) + \cos^4(x) = \frac{6}{7}$. *Para isso, inicialmente consideramos a relação fundamental da trigonometria que diz que* $sen^2(x) + \cos^2(x) = 1$, $\forall x \in \mathbb{R}$. *Assim,*

temos que $(sen^2(x) + \cos^2(x))^2 = 1^2 = 1 \Rightarrow sen^4(x) + 2\,sen^2(x)\cos^2(x) + \cos^4(x) = 1$, $\forall x \in \mathbb{R} \Rightarrow (sen^4(x) + cos^4(x)) + 2(sen(x)\cos(x))^2 = 1$, $\forall x \in \mathbb{R}$. *Usando o fato de que* $sen^4(x) + \cos^4(x) = \frac{6}{7}$, *obtemos que:* $\frac{6}{7} + 2(sen(x)\cos(x))^2 = 1 \Rightarrow 2(sen(x)\cos(x))^2 = 1 - \frac{6}{7} = \frac{7}{7} - \frac{6}{7} = \frac{7-6}{7} = \frac{1}{7} \Rightarrow (sen(x)\cos(x))^2 = \frac{1}{14}$. *Agora, usamos a identidade trigonométrica do seno do arco duplo que diz que* $sen(2x) = 2\,sen(x)\cos(x)$, $\forall x \in \mathbb{R}$ *e, dessa forma, obtemos que* $\frac{sen(2x)}{2} = sen(x)\cos(x)$, $\forall x \in \mathbb{R}$. *Portanto, segue que:* $\left(\frac{sen(2x)}{2}\right)^2 = \frac{1}{14} \Rightarrow \frac{sen^2(2x)}{4} = \frac{1}{14} \Rightarrow sen^2(2x) = \frac{2}{7} \Rightarrow sen(2x) = \pm\sqrt{\frac{2}{7}}$. *Denotamos por* $2x = s \Rightarrow sen(s) = \pm\sqrt{\frac{2}{7}} \Rightarrow s = \arcsin\left(\pm\sqrt{\frac{2}{7}}\right) \Rightarrow 2x = \arcsin\left(\pm\sqrt{\frac{2}{7}}\right) \Rightarrow x = \frac{1}{2}\arcsin\left(\pm\sqrt{\frac{2}{7}}\right)$. *Portanto,*

$$sen^4(x) + \cos^4(x) = \frac{6}{7} \Leftrightarrow x = \frac{1}{2}\arcsin\left(\pm\sqrt{\frac{2}{7}}\right)$$

e, assim, temos duas raízes distintas para esta equação.

(11) Queremos encontrar a (única) raiz (complexa) da equação (afim) complexa $6z + 7\overline{z} = 55 + \sqrt{55}i$. *Temos que:*

$6z+7\overline{z} = 55+\sqrt{55}i \Leftrightarrow 6(x+iy)+7(x-iy) = 55+\sqrt{55}i \Leftrightarrow 6x+6iy+7x-7iy = 55+\sqrt{55}i \Leftrightarrow (6x+7x)+i(6y-7y) = 55+\sqrt{55}i \Leftrightarrow 13x+i(-y) = 55+\sqrt{55}i \Leftrightarrow 13x = 55, -y = \sqrt{55} \Leftrightarrow x = \frac{55}{13}, y = -\sqrt{55} \Leftrightarrow z = x+iy = \frac{55}{13} - \sqrt{55}i \Leftrightarrow z = \frac{55}{13} - \frac{13\sqrt{55}i}{13} \Leftrightarrow z = \frac{55-13\sqrt{55}i}{13} \in \mathbb{C}$.

Portanto, a raiz da equação $6z+7\overline{z} = 55+\sqrt{55}i$ *é o número complexo* $z = \frac{55-13\sqrt{55}i}{13} \in \mathbb{C}$.

(12) Queremos resolver a equação polinomial (incompleta) de grau igual a 6 dada por $z^6 = 1$, *que consiste em encontrar as seis raízes (complexas) da unidade real* $1 \in \mathbb{R}$. *Podemos usar a segunda fórmula de de Moivre (de acordo com o teorema 3.3) ou mesmo a técnica a seguir (técnica de fatoração): podemos escrever que vale*

$$z^6 - 1 = 0 \Leftrightarrow z^6 - 1^6 = 0 \Leftrightarrow (z^3)^2 - (1^3)^2 = 0 \Leftrightarrow (z^3 - 1^3).(z^3 + 1^3) = 0 \Leftrightarrow$$
$$(z-1).(z^2+z+1).(z+1).(z^2-z+1) = 0 \Leftrightarrow z-1 = 0 \text{ ou } z^2+z+1 = 0 \text{ ou } z+1 = 0 \text{ ou}$$
$$z^2 - z + 1 = 0 \Leftrightarrow z = 1 \text{ ou}$$
$$z = \frac{-1 \pm \sqrt{1-4}}{2} = \frac{-1 \pm \sqrt{-3}}{2} = \frac{-1 \pm \sqrt{-1.3}}{2} = \frac{-1 \pm \sqrt{-1}.\sqrt{3}}{2} = \frac{-1 \pm \sqrt{3}i}{2} \text{ ou } z = -1 \text{ ou}$$
$$z = \frac{1 \pm \sqrt{1-4}}{2} = \frac{1 \pm \sqrt{-3}}{2} = \frac{1 \pm \sqrt{-1.3}}{2} = \frac{1 \pm \sqrt{-1}.\sqrt{3}}{2} = \frac{1 \pm \sqrt{3}i}{2},$$

respectivamente. Portanto, temos que $z^6 - 1 = 0 \Leftrightarrow z \in \left\{\pm 1, \dfrac{\pm 1 \pm \sqrt{3}i}{2}\right\} \subsetneq \mathbb{C}$. *Vamos verificar, por exemplo, que o número complexo* $z = \dfrac{1+\sqrt{3}i}{2} \in \mathbb{C}$ *satisfaz a equação* $z^6 - 1 = 0$, *i.e, é uma das raízes sextas da unidade real* $1 \in \mathbb{R}$. *De fato,*

$$z = \frac{1+\sqrt{3}i}{2} \Rightarrow z^2 = \frac{1+2\sqrt{3}i-3}{4} = \frac{2-2\sqrt{3}i}{4} = \frac{-1+\sqrt{3}i}{2} \Rightarrow z^4 = (z^2)^2 = \frac{1-2\sqrt{3}i-3}{4} = \frac{-2-2\sqrt{3}i}{4} = \frac{-1-\sqrt{3}i}{2} \Rightarrow z^6 = z^4.z^2 = \frac{-1-\sqrt{3}i}{2}.\frac{-1+\sqrt{3}i}{2} = \frac{1+3}{4} = \frac{4}{4} = 1.$$

Com isso, concluímos a resolução dessa equação.

(13) Queremos resolver a equação polinomial (incompleta) de grau igual a 8 dada por $z^8 = 1$, *que consiste em encontrar as oito raízes (complexas) da unidade real* $1 \in \mathbb{R}$. *Podemos usar a segunda fórmula de de Moivre (de acordo com o teorema 3.3) ou mesmo a técnica a seguir (técnica de fatoração): podemos escrever que vale*

$$z^8 - 1 = z^8 - 1^8 = (z^4)^2 - (1^4)^2 = (z^4 - 1^4).(z^4+1) = ((z^2)^2 - (1^2)^2).(z^4+1) = (z^2-1).(z^2+1).(z^4+1) = (z-1).(z+1).(z^2+1).(z^4+1),\ \forall z \in \mathbb{C}.$$

Assim, temos que $z^8 = 1 \Leftrightarrow z^8 - 1 = 0 \Leftrightarrow (z-1).(z+1).(z^2+1).(z^4+1) = 0 \Leftrightarrow z - 1 = 0$ *ou* $z + 1 = 0$ *ou* $z^2 + 1 = 0$ *ou* $z^4 + 1 = 0$. *Mas,* $z - 1 = 0 \Leftrightarrow z = 1$, $z + 1 = 0 \Leftrightarrow z = -1$, $z^2 + 1 = 0 \Leftrightarrow z^2 = -1 \Leftrightarrow z = \pm\sqrt{-1} = \pm i$ *e, agora, precisamos encontrar também as soluções da equação* $z^4 + 1 = 0$ *e, para isso, novamente podemos usar a segunda fórmula de de Moivre ou a técnica a seguir: notamos que, sendo* $z^2 = w \Rightarrow z^4 + 1 = 0 \Leftrightarrow w^2 + 1 = 0 \Leftrightarrow w^2 = -1 \Leftrightarrow w = \pm i \Leftrightarrow w = \pm i$. *Podemos encontrar os dois números complexos que satisfazem a equação polinomial de grau igual a 2 de três formas a saber: novamente pela fórmula de de Moivre, pela fórmula que nos dá explicitamente as duas raízes quadradas de um número complexo ou pela técnica a seguir: podemos observar que*

$$(1+i)^2 = 1^2 + 2.1.i + i^2 = 1 + 2i - 1 = 2i \Rightarrow \frac{(1+i)^2}{2} = i \Rightarrow \left(\pm\frac{1+i}{\sqrt{2}}\right)^2 = i.$$

Logo, tomando $z := \dfrac{1+i}{\sqrt{2}} \Rightarrow z^2 = i \Rightarrow z^4 = (i)^2 = -1$ *e, assim, os dois números complexos* $z = \pm\dfrac{1+i}{\sqrt{2}}$ *são raízes da equação polinomial (incompleta) de grau igual a 4 dada por* $z^4 + 1 = 0$. *Essa última equação tem mais duas raízes (complexas) as quais calculamos agora. De maneira substancialmente análoga temos que*

$$(1-i)^2 \Rightarrow 1^2 - 2.1.i + (i)^2 = 1 - 2i - 1 = -2i \Rightarrow \frac{(1-i)^2}{2} = -i \Rightarrow \left(\pm\frac{1-i}{\sqrt{2}}\right)^2 = -i.$$

Logo, tomando $z := \frac{1-i}{\sqrt{2}} \Rightarrow z^2 = -i \Rightarrow z^4 = (-i)^2 = -1$ *e, assim, os dois números complexos* $z = \pm\frac{1-i}{\sqrt{2}}$ *são raízes da mesma equação polinomial (incompleta) de grau igual a 4 dada por* $z^4 + 1 = 0$*. Portanto, descrevemos as oito raízes (complexas) da equação polinomial (incompleta) de grau igual a 8 dada por* $z^8 - 1 = 0$*. Em notação simbólica temos que* $z^8 - 1 = 0 \Leftrightarrow z \in \left\{\pm 1, \pm i, \pm\frac{1+i}{\sqrt{2}}, \pm\frac{1-i}{\sqrt{2}}\right\} \subsetneq \mathbb{C}$*. Por exemplo, vamos verificar que, de fato,* $z = \frac{1+i}{\sqrt{2}}$ *é raiz da equação* $z^8 - 1 = 0$*. Temos que*

$$z = \frac{1+i}{\sqrt{2}} \Rightarrow z^2 = i \Rightarrow z^4 = -1 \Rightarrow z^8 = (z^4)^2 = (-1)^2 = 1.$$

Com isso concluímos a resolução dessa equação.

(14) Resolver a equação polinomial complexa a coeficientes complexos dada por

$$z^2 + iz + 6 = 0,\ z = x + iy \in \mathbb{C},\ x, y \in \mathbb{R},\ i := \sqrt{-1};\ i^2 = -1.$$

Como $z = x + iy$*, então*

$$z^2 + iz + 6 = (x+iy)^2 + i(x+iy) + 6 = (x^2 - y^2 - y + 6) + i(2xy + x) = 0 = 0 + i0.$$

Como $z_1 = z_2 \Leftrightarrow Re(z_1) = Re(z_2), Im(z_1) = Im(z_2)$*, então a equação* $z^2 + iz + 6 = 0$ *é equivalente ao seguinte sistema não linear de equações nas incógnitas* $x, y \in \mathbb{R}$*:*

$$\begin{cases} x^2 - y^2 - y + 6 = 0 \\ 2xy + x = 0 \end{cases}$$

Mas $2xy + x = 0 \Leftrightarrow x(2y+1) = 0 \Rightarrow x = 0$ *ou* $2y+1 = 0 \Rightarrow y = \frac{-1}{2}$*. Inicialmente, vamos supor que* $x = 0$*. Dessa forma, a equação polinomial nas variáveis* $x, y \in \mathbb{R}$, $x^2 - y^2 - y + 6 = 0$ *se torna* $-y^2 - y + 6 = 0 \Leftrightarrow y^2 + y - 6 = 0 \Rightarrow y = \frac{-1 \pm \sqrt{1+24}}{2} = \frac{-1 \pm \sqrt{25}}{2} = \frac{-1 \pm 5}{2} = \frac{-1+5}{2} = 2$ *ou* $y = \frac{-1-5}{2} = \frac{-6}{2} = -3$*. Logo,* $z_1 = 0 + 2i = 2i \in \mathbb{C}$ *e* $z_2 = 0 - 3i = -3i \in \mathbb{C}$ *são soluções da equação* $z^2 + iz + 6 = 0$*. De fato,* $(2i)^2 + i(2i) + 6 = -4 - 2 + 6 = -6 + 6 = 0$ *e* $(-3i)^2 + i(-3i) + 6 = -9 + 3 + 6 = -9 + 9 = 0$*. Suponha agora que* $y = \frac{-1}{2}$*. Então, a equação* $x^2 - y^2 - y + 6 = 0$ *se torna* $x^2 - \frac{1}{4} - \frac{1}{2} + 6 = 0 \Leftrightarrow 4x^2 - 1 - 2 + 24 = 0 \Leftrightarrow 4x^2 + 21 = 0 \Leftrightarrow x^2 = \frac{-4}{21}$*. Mas, como* $x \in \mathbb{R} \Rightarrow x^2 \geq 0 \Rightarrow \nexists\ x \in \mathbb{R};\ x^2 = \frac{-4}{21}$*, já que* $\frac{-4}{21} < 0$*. Logo, as soluções da equação* $4x^2 + 21 = 0$ *são os números complexos conjugados dados por* $x_1 = \frac{\sqrt{21}i}{2} \in \mathbb{C}$ *e* $x_2 = \frac{-\sqrt{21}i}{2} = \overline{x_1} \in \mathbb{C}$*. Mas, por definição,* $x \in \mathbb{R}$ *(as partes real e imaginária de um número complexo são, por definição, números reais) e, portanto, não se pode ter algum*

$x \in \mathbb{R}; x^2 = \dfrac{-4}{21}$. *Dessa forma, existem apenas duas soluções da equação* $z^2+iz+6 = 0$, *que são os números complexos puramente imaginários dados por* $z_1 = 2i \in \mathbb{C}$ *e* $z_2 = -3i \in \mathbb{C}$.

(15) *Resolver a equação logarítmica biquadrada*

$$4(\ln(x))^4 + (\ln(x))^2 - 2 = 0.$$

Fazemos a mudança de variáveis

$$(\ln(x))^2 = y \Rightarrow (\ln(x))^4 = ((\ln(x))^2)^2 = y^2 \Rightarrow 4(\ln(x))^4 + (\ln(x))^2 - 2 = 0 \Leftrightarrow 4y^2 + y - 2 = 0 \Rightarrow y = \tfrac{-1\pm\sqrt{1+32}}{2.4} = \tfrac{-1\pm\sqrt{33}}{8}.$$

Mas $\frac{-1-\sqrt{33}}{8} < 0$, *já que* $33 > 1$ *e, como a função raiz quadrada de um número não negativo é uma bijeção crescente do intervalo semi-infinito* $[0,\infty)$ *em si próprio* $\Rightarrow \sqrt{33} > \sqrt{1} = 1 \Rightarrow -\sqrt{33} < -1 \Rightarrow -1-\sqrt{33} < 0 \Rightarrow \frac{-1-\sqrt{33}}{8} < 0$ *e, como* $y = (\ln(x))^2$ *e, sendo* $(\ln(x))^2 > 0$, $\forall x > 0 \Rightarrow$ *que não se pode ter* $y = (\ln(x))^2 = \frac{-1-\sqrt{33}}{8}$. *Entretanto, como* $\frac{-1+\sqrt{33}}{8} > 0$, *já que* $-1+\sqrt{33} > 0 \Rightarrow$ *que pode-se ter que* $y = (\ln(x))^2 = \frac{-1+\sqrt{33}}{8}$. *Mas,* $(\ln(x))^2 = \frac{-1+\sqrt{33}}{8} \Rightarrow \ln(x) = \frac{\pm\sqrt{\sqrt{33}-1}}{2\sqrt{2}} \Rightarrow \exp(\ln(x)) = \exp\left(\frac{\pm\sqrt{\sqrt{33}-1}}{2\sqrt{2}}\right)$. *Como* $e^{-k} = \dfrac{1}{e^k}$, $\forall k \in \mathbb{R}$, *então as (duas únicas) soluções da equação* $4(\ln(x))^4 + (\ln(x))^2 - 2 = 0$ *são os números reais* $x_1 = \exp\left(\frac{\sqrt{\sqrt{33}-1}}{2\sqrt{2}}\right) \in \mathbb{R}$ *e* $x_2 = \exp\left(\frac{-\sqrt{\sqrt{33}-1}}{2\sqrt{2}}\right) = \dfrac{1}{\exp\left(\frac{\sqrt{\sqrt{33}-1}}{2\sqrt{2}}\right)} = \dfrac{1}{x_1} \in \mathbb{R}$.

(16) *Queremos resolver a equação polinomial de grau igual a 4 dada por* $(x^2-6x+7)^2-6(x^2-6x+12)+7 = 0$. *Para isso, façamos* $y := x^2-6x+7 \Rightarrow y+5 = x^2-6x+7+5 = x^2-6x+12 \Rightarrow (x^2-6x+7)^2-6(x^2-6x+12)+7 = 0 \Leftrightarrow y^2-6(y+5)+7 = 0 \Leftrightarrow y^2-6y-23 = 0 \Leftrightarrow y = \dfrac{6\pm\sqrt{36+92}}{2} = \dfrac{6\pm\sqrt{128}}{2} = \dfrac{6\pm\sqrt{2^7}}{2} = \dfrac{6\pm\sqrt{2.2^6}}{2} = \dfrac{2\pm 8\sqrt{2}}{2} = 3\pm 4\sqrt{2}$. *Temos então, agora, dois casos (distintos) a considerar: quando* $y = 3+4\sqrt{2}$ *ou quando* $y = 3-4\sqrt{2}$. *Suponha inicialmente então que* $y = 3+4\sqrt{2} \Rightarrow x^2-6x+7 = 3+4\sqrt{2} \Leftrightarrow x^2-6x+4-4\sqrt{2} = 0 \Leftrightarrow x^2-6x+4(1-\sqrt{2}) = 0 \Leftrightarrow x = \dfrac{6\pm\sqrt{36-16(1-\sqrt{2})}}{2} \Leftrightarrow x = \dfrac{6\pm\sqrt{4(9-4(1-\sqrt{2}))}}{2} \Leftrightarrow x = \dfrac{6\pm 2\sqrt{9-4(1-\sqrt{2})}}{2} \Leftrightarrow x = 3\pm\sqrt{9-4(1-\sqrt{2})}$. *Suponha agora que* $y = 3-4\sqrt{2} \Rightarrow x^2-6x+7 = 3-4\sqrt{2} \Leftrightarrow x^2-6x+4+4\sqrt{2} = 0 \Leftrightarrow x^2-6x+4(1+\sqrt{2}) = 0 \Leftrightarrow x = \dfrac{6\pm\sqrt{36-16(1+\sqrt{2})}}{2} \Leftrightarrow x = \dfrac{6\pm\sqrt{4(9-4(1+\sqrt{2}))}}{2} \Leftrightarrow x = \dfrac{6\pm 2\sqrt{9-4(1+\sqrt{2})}}{2} \Leftrightarrow x = 3\pm\sqrt{9-4(1+\sqrt{2})}$. *Devemos, agora, decidir (de alguma forma) se o número* $\sqrt{9-4(1+\sqrt{2})}$ *é um número complexo ou não complexo e,*

para isso, devemos investigar o sinal do número $9 - 4(1 + \sqrt{2})$. *Vamos então, a seguir, mostrar que, de fato, este último número é negativo e, dessa forma,* $3 \pm \sqrt{9 - 4(1 + \sqrt{2})} = 3 \pm \sqrt{-1(4(1 + \sqrt{2}) - 9)} = 3 \pm \sqrt{-1}\sqrt{4(1 + \sqrt{2}) - 9)} = 3 \pm \sqrt{4(1 + \sqrt{2}) - 9)}i \in \mathbb{C}$, *que são dois números complexos conjugados. Queremos mostrar que* $9 - 4(1 + \sqrt{2}) < 0 \Leftrightarrow 9 - 4 - 4\sqrt{2} < 0 \Leftrightarrow 5 - 4\sqrt{2} < 0 \Leftrightarrow 5 < 4\sqrt{2}$ *e, dessa forma, como* $5, 4\sqrt{2} > 0$ *é suficiente provar que seus quadrados* $5^2 < (4\sqrt{2})^2$. *Mas* $(4\sqrt{2})^2 = 32 < 25 = 5^2$. *Portanto, concluímos que* $(x^2 - 6x + 7)^2 - 6(x^2 - 6x + 12) + 7 = 0 \Leftrightarrow x \in \left\{3 \pm \sqrt{9 - 4(1 + \sqrt{2})}, 3 \pm \sqrt{4(1 + \sqrt{2}) - 9)}i\right\}$ *e, assim, temos quatro raízes distintas (que são dois números irracionais algébricos e dois números complexos conjugados, já que os coeficientes do polinômio são reais) para essa equação polinomial de grau igual a 4.*

(17) *Notamos inicalmente que a função real de uma única variável real*

$$f : (-\infty, -3 - \sqrt{2}] \cup [-3 + \sqrt{2}, +\infty) \to \mathbb{R}^+ \cup \{0\},\ x \mapsto f(x) := \sqrt{x^2 + 6x + 7}$$

está bem definida, pois

$$x^2 + 6x + 7 > 0 \Leftrightarrow x \in (-\infty, -3 - \sqrt{2}] \cup [-3 + \sqrt{2}, +\infty).$$

Vamos denotar (i.e, fazer uma mudança de variável) $x^2 + 6x + 7 = y$. *Dessa forma, temos a equação equivalente (para* $y \geq 0$*)* $\sqrt{y} = y \Rightarrow y = y^2 \Leftrightarrow y^2 - y = y(y - 1) = 0 \Leftrightarrow y = 0$ *ou* $y = 1$. *Assim, encontramos os pontos fixos da função raiz quadrada de um número real positivo. Logo, devemos ter que* $x^2 + 6x + 7 = 0$ *ou* $x^2 + 6x + 7 = 1$. *Vamos, então, resolver cada uma das duas últimas equações polinomiais de grau 2. Para a primeira temos:*

$$x^2 + 6x + 7 = 0 \Leftrightarrow x = \frac{-6 \pm \sqrt{36 - 28}}{2} = \frac{-6 \pm \sqrt{8}}{2} = \frac{-6 \pm 2\sqrt{2}}{2} = -3 \pm \sqrt{2}.$$

Para a segunda temos:

$$x^2 + 6x + 7 = 1 \Leftrightarrow x^2 + 6x + 6 = 0 \Leftrightarrow x = \frac{-6 \pm \sqrt{36 - 24}}{2} = \frac{-6 \pm \sqrt{12}}{2} = \frac{-6 \pm 2\sqrt{3}}{2} = -3 \pm \sqrt{3}.$$

Portanto, a equação $\sqrt{x^2 + 6x + 7} = x^2 + 6x + 7$ *possui quatro raízes distintas, que são os números reais irracionais algébricos dados por* $-3 \pm \sqrt{2}$, $-3 \pm \sqrt{3}$. *A partir daqui, podemos notar que, nesse exemplo, não há necessidade de se verificar que os quatro números reais irracionais algébricos,* $-3 \pm \sqrt{2}$, $-3 \pm \sqrt{3}$ *são, de fato, raízes da equação* $\sqrt{x^2 + 6x + 7} = x^2 + 6x + 7$. *Isso ocorre devido ao fato de que ao se resolver a equação* $\sqrt{y} = y$ *estamos encontrando os pontos fixos da função raiz quadrada de um número real positivo e, neste caso,* $\exists x \in \mathbb{R};\ x^2 + 6x + 7 = 0$ *e* $\exists x \in \mathbb{R};\ x^2 + 6x + 7 = 1$. *Ainda, seja* $f : X \subset \mathbb{R} \to \mathbb{R}$ *uma função real de uma única variável real definida em um subconjunto* X *da reta real* $\mathbb{R}$. *Se* $\exists\ X_0 \subset X$; $f(x) \geq 0$, $\forall x \in X_0$, *então tem sentido considerar a equação* $\sqrt{f(x)} = f(x)$, *para* $x \in X_0$. *Denotando por* $y = f(x)$, *a equação* $\sqrt{y} = y$, *como no exemplo acima, admite duas raízes distintas, que são os números* 0 *e* 1. *Logo,* $\sqrt{f(x)} = f(x) \Leftrightarrow f(x) = 0$ *ou* $f(x) = 1$. *Pode perfeitamente ocorrer que* $\nexists\ x \in \mathbb{R}$; $f(x) = 0$ *e/ou* $f(x) = 1$. *Por exemplo, considere a função polinomial real de grau* 2 $p : \mathbb{R} \to \mathbb{R}$, $x \mapsto p(x) := x^2 + x + 2$. *O descriminante dessa função polinomial de grau* 2 *é* $\Delta = 1^2 - 4.1.2 = 1 - 8 = -7 < 0$. *Como o coeficiente do termo de grau* 2 *é positivo* $(1 > 0) \Rightarrow p(x) > 0$, $\forall x \in \mathbb{R}$. *Logo, tem sentido considerar a equação* $\sqrt{p(x)} = p(x)$, *i.e, a equação* $\sqrt{x^2 + x + 2} = x^2 + x + 2$. *Assim, raciocinando como no exemplo acima, somos levados a resolver as equações* $x^2 + x + 2 = 0$ *e* $x^2 + x + 2 = 1$. *Para a primeira, temos:* $x^2 + x + 2 = 0 \Leftrightarrow x = \dfrac{-1 \pm \sqrt{1-8}}{2} = \dfrac{-1 \pm \sqrt{7}i}{2}$, *que são um par de números complexos conjugados não reais. Para a segunda, temos:* $x^2 + x + 2 = 1 \Leftrightarrow x^2 + x + 2 = 1 \Leftrightarrow \dfrac{-1 \pm \sqrt{1-4}}{2} = \dfrac{-1 \pm \sqrt{3}i}{2}$, *que também são um par de números complexos conjugados não reais. Portanto, a equação* $\sqrt{x^2 + x + 2} = x^2 + x + 2$ *não possui raízes reais (e sim complexas).*

(18) *Queremos resolver a equação trinômia de grau igual a* 6 *dada por* $6z^6 - 54z^3 + 48 = 0 \Leftrightarrow 6(z^6 - 9z^3 + 8) = 0 \Leftrightarrow z^6 - 9z^3 + 8 = 0 \Leftrightarrow \underbrace{w^2 - 9w + 8 = 0}_{z^3 = w \Rightarrow z^6 = w^2} \Leftrightarrow w = \dfrac{9 \pm \sqrt{9^2 - 4.1.8}}{2} =$

$$\frac{9 \pm \sqrt{81-32}}{2} = \frac{9 \pm \sqrt{81-31-1}}{2} = \frac{9 \pm \sqrt{50-1}}{2} = \frac{9 \pm \sqrt{49}}{2} = \frac{9 \pm 7}{2} = \begin{cases} \dfrac{9+7}{2} = \dfrac{16}{2} = 8 \\ \dfrac{9-7}{2} = \dfrac{2}{2} = 1 \end{cases} \Rightarrow$$

$w = z^3 = 1$ *ou* $w = z^3 = 8 \Rightarrow z^3 - 1 = 0$ *ou* $z^3 - 8 = 0 \Rightarrow z^3 - 1^3 = 0$ *ou* $z^3 - 2^3 = 0 \Rightarrow (z-1)(z^2+z+1) = 0$ *ou* $(z-2)(z^2+2z+4) = 0 \Rightarrow z - 1 = 0$ *ou* $z^2 + z + 1 = 0$ *ou* $z - 2 = 0$ *ou* $z^2 + 2z + 4 = 0 \Rightarrow z = 1$ *ou* $z = \dfrac{-1 \pm \sqrt{1-4}}{2} = \dfrac{-1 \pm \sqrt{-3}}{2} = \dfrac{-1 \pm \sqrt{3}i}{2}$ *ou* $z = 2$ *ou* $z = \dfrac{-2 \pm \sqrt{4-16}}{2} = \dfrac{-2 \pm \sqrt{-12}}{2} = \dfrac{-2 \pm \sqrt{4}\sqrt{-3}}{2} = \dfrac{-2 \pm 2\sqrt{3}i}{2} = -1 \pm \sqrt{3}i$. *Portanto, denotando por* $z_1 = 1$, $z_2 = -1 + \sqrt{3}i$, $z_3 = -1 - \sqrt{3}i \in \mathbb{C} \Rightarrow 6z^6 - 54z^3 + 48 = 0 \Leftrightarrow z \in \left\{z_1, 2z_1, z_2, \dfrac{z_2}{2}, z_3, \dfrac{z_3}{2}\right\} \subsetneq \mathbb{C}$, *que é um subconjunto próprio do plano complexo constituído por* 6 *elementos distintos.*

(19) *Queremos resolver a equação irracional* $\sqrt{x^2 - x + 6} = x^2 - x + 5$, *respeitadas as condições de existência (real) de* $\sqrt{x^2 - x + 6}$ *(a não ser que queiramos trabalhar com o caso complexo, o que não será necessário nesse caso, como veremos a seguir). Denotemos por* $x^2 - x + 6 = y \Rightarrow x^2 - x + 5 = y - 1 \Rightarrow \sqrt{x^2 - x + 6} = x^2 - x + 5 \Leftrightarrow \sqrt{y} = y - 1 \Rightarrow y =$

$y^2 - 2y + 1 \Rightarrow y^2 - 3y + 1 = 0 \Leftrightarrow y = \dfrac{3 \pm \sqrt{(-3)^2 - 4.1.1}}{2} = \dfrac{3 \pm \sqrt{9-4}}{2} = \dfrac{3 \pm \sqrt{5}}{2}$. *Uma das maneiras de se respeitar as condições de existência de* $\sqrt{x^2 - x + 6}$ *de acordo com as "soluções" obtidas acima é a seguinte: as condições para que existam soluções para a equação auxiliar* $\sqrt{y} = y - 1$ *é que ocorram, simultaneamente,* $y \geq 0$, $y - 1 \geq 0 \Rightarrow y \geq 1$, *i.e,* $\mathbb{R} \ni y \geq 1$. *Assim, devemos verificar quais dos números* $\dfrac{3+\sqrt{5}}{2}, \dfrac{3-\sqrt{5}}{2}$ *satisfazem essa condição. Inicialmente, vamos mostrar que* $\dfrac{3+\sqrt{5}}{2} > 1$ *e, portanto, raiz da equação* $\sqrt{x^2 - x + 6} = x^2 - x + 5$. *De fato, provar que* $\dfrac{3+\sqrt{5}}{2} > 1$ *é equivalente a provar que* $3 + \sqrt{5} > 2$. *Mas,* $3, \sqrt{5} > 2 \Rightarrow 3 + \sqrt{5} > 2 + 2 = 4 > 2$. *Agora, vamos mostrar que* $\dfrac{3-\sqrt{5}}{2} < 1$ *e, dessa forma, não é raiz da equação* $\sqrt{x^2 - x + 6} = x^2 - x + 5$. *De fato, provar que* $\dfrac{3-\sqrt{5}}{2} < 1$ *é equivalente a provar que* $3 - \sqrt{5} < 2$. *Temos que,* $(2)^2 = 4 < 5 < 9 = (3)^2 \Rightarrow 2 < \sqrt{5} < 3 \Rightarrow -3 < -\sqrt{5} < -2 \Rightarrow 0 = 3-3 < 3-\sqrt{5} < 3-2 = 1 \Rightarrow 0 < \dfrac{3-\sqrt{5}}{2} < \dfrac{1}{2} < 1$. *Logo, concluímos que* $\sqrt{x^2 - x + 6} = x^2 - x + 5 \Leftrightarrow x = \dfrac{3+\sqrt{5}}{2}$, *ou seja, a equação* $\sqrt{x^2 - x + 6} = x^2 - x + 5$ *possui exatamente uma única raiz, que é o número irracional algébrico* $\dfrac{3+\sqrt{5}}{2} \in \mathcal{I}_a$. *De fato, verifiquemos diretamente que os valores* $\dfrac{3 \pm \sqrt{5}}{2} \in \mathcal{I}_a$ *satisfazem a equação* $\sqrt{x^2 - x + 6} = x^2 - x + 5$. *A verifcação fica a cargo dos leitores.*

(20) Dados $\mathbb{R} \ni a, k > 0$, *temos que*

$$az^4 - kb^2z^2 - 2kbcz - kc^2 = 0 \Leftrightarrow (\sqrt{a}z^2)^2 - k(b^2z^2 + 2bcz + c^2) = 0 \Leftrightarrow$$
$$(\sqrt{a}z^2)^2 - k([bz]^2 + 2bcz + c^2) = 0 \Leftrightarrow (\sqrt{a}z^2)^2 - k(bz+c)^2 = 0 \Leftrightarrow (\sqrt{a}z^2)^2 - (\sqrt{k}(bz+c))^2 =$$
$$0 \Leftrightarrow (\sqrt{a}z^2)^2 - (\sqrt{k}bz + \sqrt{k}c)^2 = 0 \Leftrightarrow (\sqrt{a}z^2 + \sqrt{k}bz + \sqrt{k}c).(\sqrt{a}z^2 - \sqrt{k}bz - \sqrt{k}c) = 0 \Leftrightarrow$$
$$\sqrt{a}z^2 + \sqrt{k}bz + \sqrt{k}c = 0 \text{ e/ou}$$
$$\sqrt{a}z^2 - \sqrt{k}bz - \sqrt{k}c = 0 \Leftrightarrow z = \frac{-\sqrt{k}b \pm \sqrt{kb^2 - 4\sqrt{a}\sqrt{k}c}}{2\sqrt{a}} = \frac{-\sqrt{k}b \pm \sqrt{kb^2 - 4\sqrt{ak}c}}{2\sqrt{a}}$$
$$\text{e/ou } \frac{\sqrt{k}b \pm \sqrt{kb^2 + 4\sqrt{a}\sqrt{k}c}}{2\sqrt{a}} = \frac{\sqrt{k}b \pm \sqrt{kb^2 + 4\sqrt{ak}c}}{2\sqrt{a}}.$$

Portanto, concluímos que, dados $\mathbb{R} \ni a, k > 0$,

$$az^4 - kb^2z^2 - 2kbcz - kc^2 = 0 \Leftrightarrow z \in \left\{ \frac{-\sqrt{k}b \pm \sqrt{kb^2 - 4\sqrt{ak}c}}{2\sqrt{a}}, \frac{\sqrt{k}b \pm \sqrt{kb^2 + 4\sqrt{ak}c}}{2\sqrt{a}} \right\} \subsetneq \mathbb{C}.$$

Observamos que as raízes da equação acima são dados por radicais de ordem igual a 2, i.e, radicais quadráticos.

(21) *Queremos resolver a equação envolvendo logaritmos a seguir dada por* $\log_{(2x)}\left(\frac{2}{x}\right) + (\log_2(x))^2 = 1$. *Inicialmente, vamos considerar as condições e existência dos logaritmos apresentados na equação anterior. Inicialmente podemos recordas que a base de um logaritmo deve ser* > 0 *e* $\neq 1$, *i.e, sendo* a *a base do logaritmo, então, deve-se ter que* $a \in (0,1)\bigcup(1,+\infty) \subsetneq \mathbb{R}$ *(e, assim, notamos que a união e dois intervalos não é necessáriamente um intervalo) e, portanto, devemos ter que* $\mathbb{R} \ni x > 0$ *e* $2x \neq 1 \Rightarrow x \neq \frac{1}{2} \Leftrightarrow x \in (0,1/2)\bigcup(1/2,+\infty) \subsetneq \mathbb{R}$. *Agora, em relação ao domínio (no caso, maximal) de existência do logaritmo, devemos ter que* $\mathbb{R} \ni x > 0$. *Portanto, neste caso, as condições finais de existência do logaritmo (tanto a base quanto aos elementos de domínio) são descritas por* $x \in (0,1/2)\bigcup(1/2,+\infty) \subsetneq \mathbb{R}$. *Vamos então agora, por meio de manipulações algébricas e as seguintes propriedades do logaritmo, que dizem que:*

(a) *(Uma equação funcional envolvendo o logaritmo real).*

$$\log_a(x.y) = \log_a(x) + \log_a(y),\ \forall\mathbb{R} \ni x,y > 0,\ \forall a \in (0,1)\bigcup(1,+\infty) \subsetneq \mathbb{R},$$

i.e, a função logaritmo real é um homomorfismo (na verdade, isomorfismo, pois é a inversa da função exponencial real) entre o grupo multiplicativo dos números reais positivos $((0,+\infty),.)$ *e o grupo aditivo dos números reais* $(\mathbb{R},+)$. *Em particular, a partir (oriunda) da equação funcional acima, temos uma outra equação funcional (também envolvendo totalmente a função logaritmo real) que diz que*

$$\log_a\left(\frac{x}{y}\right) = \log_a(x) - \log_a(y),\ \forall\mathbb{R} \ni x,y > 0,\ \forall a \in (0,1)\bigcup(1,+\infty) \subsetneq \mathbb{R}.$$

(b) *(Fórmula geral para a mudança de base).*

$$\log_b(a) = \frac{\log_c(a)}{\log_c(b)},\ \forall c \in (0,1)\bigcup(1,+\infty) \subsetneq \mathbb{R},$$

resolver (explicitamente) a equação envolvendo logaritmos proposta. Temos que, inicialmente vamos observar o seguinte:

$$\log_{2x}\left(\frac{2}{x}\right) = \log_{(2x)}(2) - \log_{(2x)}(x) = \frac{\log_2(2)}{\log_2(2x)} - \frac{\log_x(x)}{\log_x(2x)} =$$

$$\frac{1}{\log_2(2)+\log_2(x)} - \frac{1}{\log_2(2)+\log_x(2)} = \frac{1}{1+\log_2(x)} - \frac{1}{1+\log_x(2)} = \ldots$$ *A partir daqui, deixamos o restante desse item para os leitores completarem.*

(22) *Resolva a equação trigonométrica*

$$2(\cos(x))^2 + 7\cos(x) + 3 = 0.$$

Vamos fazer a mudança de variável

$$(\cos(x))^2 = y \Rightarrow 2(\cos(x))^2 + 7\cos(x) + 3 = 0 \Leftrightarrow 2y^2 + 7y + 3 = 0 \Rightarrow y = \frac{-7 \pm \sqrt{49-24}}{2.2} = \frac{-7 \pm \sqrt{25}}{4} = \frac{-7 \pm 5}{4} = \frac{-12}{4} = -3 \text{ ou } y = \frac{-7+5}{4} = \frac{-2}{4} = \frac{-1}{2}.$$

Observamos que, não se pode ter $y = \cos(x) = -3$, *já que,* $\cos(x) \in [-1, 1]$, $\forall x \in \mathbb{R}$, *i.e,* $|\cos(x)| \leq 1$, $\forall x \in \mathbb{R}$, *ou seja,* $-1 \leq \cos(x) \leq 1$, $\forall x \in \mathbb{R}$ *e, dessa forma,* $-3 \notin [-1, 1]$, *já que* $-3 < -1$. *Porém, pode-se ter que* $y = \cos(x) = \frac{-1}{2}$, *já que* $\frac{-1}{2} \in (-1, 1)$, *pois* $-1 < \frac{1}{2} < 1$. *Observamos que, para* $x \in [0, 2\pi]$ *a equação* $\cos(x) = \frac{-1}{2}$ *tem (apenas) duas soluções (distintas) que são os números reais* $x_1 = \frac{2\pi}{3} \in \mathbb{R}$, $x_2 = \frac{4\pi}{3} \in \mathbb{R}$ *(ou* $x_2 = \frac{-2\pi}{3} \in \mathbb{R}$*; onde a solução* $x_2 = \frac{4\pi}{3}$ *corresponde ao sentido anti-horário do ciclo trigonométrco e a solução* $x_2 = \frac{-2\pi}{3}$ *corresponde ao sentido horário do ciclo trigonométrico). Portanto, a solução geral da equação* $2(\cos(x))^2 + 7\cos(x) + 3 = 0$ *são dados pelos elementos do conjunto* $A := \left\{x \in \mathbb{R}; x = \frac{\pm 2\pi}{3} + 2k\pi = \frac{2\pi}{3}(\pm 1 + 3k), k \in \mathbb{Z}\right\} \subset \mathbb{R}$. *Dessa forma, podemos observar que temos um número infinito enumerável de soluções, i.e, o conjunto constituído pelas soluções da equação tem a mesma cardinalidade que o conjunto dos números naturais* $\mathbb{N}$, *que é o menor conjunto indutivo que existe.*

(23) Resolva a equação exponencial $2^x = 3^x$. *Como a função exponencial nunca é nula, i.e,* $2^x \neq 0$, $\forall x \in \mathbb{R}$ *podemos dividir ambos os membros da equação* $2^x = 3^x$ *por* 2^x *(ou também por* 3^x *que é também não nulo) e, assim, obtemos* $2^x = 3^x \Leftrightarrow \frac{2^x}{2^x} = \frac{3^x}{2^x} \Leftrightarrow \left(\frac{2}{3}\right)^x = 1 = \left(\frac{2}{3}\right)^0 \Leftrightarrow x = 0$, *já que a função exponencial real é injetiva. Dessa forma, a única solução da equação* $2^x = 3^x$ *é* $x = 0$, *onde* $2^0 = 3^0 = 1$. *Mais geralmente, se* $a \neq b$ *são números reais distintos, que não são 0 ou 1 ou −1, então a (única) solução da equação* $a^x = b^x$ *é* $x = 0$ *e a demonstração desse fato é análoga ao do exemplo anterior. De fato, como a função exponencial real nunca é nula, i.e,* $a^x \neq 0$, $\forall x \in \mathbb{R} \Rightarrow a^x = b^x \Leftrightarrow \frac{a^x}{a^x} = \frac{b^x}{a^x} \Leftrightarrow \left(\frac{a}{b}\right)^x = 1 = \left(\frac{a}{b}\right)^0 \Leftrightarrow x = 0$, *já que a função exponencial real é injetiva. Notamos que, quando* $x = 0 \Rightarrow a^0 = b^0 = 1$.

(24) Mostrar que a equação logarítmica $\ln(x^2 - 6x) = \ln(x - 6)$ *não tem solução alguma. Usando o fato de que a função logarítmica é injetiva e de acordo com as condições de existência do logaritmo, temos que* $\ln(x^2 - 6x) = \ln(x - 6) \Leftrightarrow$ *as condições abaixo listadas forem satisfeitas.*

$$\begin{cases} x^2 - 6x = x - 6 \\ x^2 - 6x > 0 \\ x - 6 > 0 \end{cases}$$

Temos que $x^2 - 6x = x(x-6) > 0 \Leftrightarrow x < 0$ *ou* $x > 6$. *Como também devemos ter* $x - 6 > 0$, *então as condições simultâneas* $x^2 - 6x > 0$ *e* $x - 6 > 0$ *são satisfeitas* $\Leftrightarrow x > 6$. *Agora devemos resolver a equação polinomial de grau dois* $x^2 - 6x = x - 6 \Leftrightarrow = x^2 - 7x + 6 = 0 \Leftrightarrow x = 1$ *ou* $x = 6$, *já que a soma dos coeficientes do polinômio* $x^2 - 7x + 6$ *é igual a* 0 *e, portanto,* $x = 1$ *é raiz da equação* $x^2 - 7x + 6 = 0$. *Como a soma das raízes deve ser igual a* 7 *(ou mesmo o produto igual a* 6*) a outra raiz da equação* $x^2 - 7x + 6 = 0$ *é* $x = 6$. *Notamos porém, que raiz alguma da equação polinomial* $x^2 - 7x + 6 = 0$ *satisfaz a condição* $x > 6$. *Logo, a equação logarítmica* $\ln(x^2 - 6x) = \ln(x - 6)$ *não possui solução alguma. De fato, para* $x = 1 \Rightarrow \ln(x^2 - 6x) = \ln(1^2 - 6.1) = \ln(1 - 6) = \ln(-5) = \ln(x - 6) = \ln(1 - 6)$, *que não está definido no corpo dos reais, i.e, não está definido o logaritmo de um número real negativo no corpo dos reais (no caso complexo sim). Além disso, para* $x = 6 \Rightarrow \ln(x^2 - 6x) = \ln(6^2 - 6.6) = \ln(36 - 36) = \ln(0) = \ln(x - 6) = \ln(6 - 6)$, *que não está definido pois, como a função exponencial nunca se anula, e sendo a função logaritmo a inversa da função exponencial, então a função logaritmo não está definida em* $x = 0$. *Finalmente, concluímos que a equação* $\ln(x^2 - 6x) = \ln(x - 6)$ *não possui solução alguma.*

(25) *Resolva a equação trigonométrica* $tg(x) = -\cos(x)$. *Como* $tg(x) = \dfrac{sen(x)}{\cos(x)}$, *devemos necessariamente ter que* $\cos(x) \neq 0$, *i.e,* $x \neq \pm\dfrac{\pi}{2} + 2k\pi$, $k \in \mathbb{Z}$. *Dessa forma, para* $x \neq \pm\dfrac{\pi}{2} + 2k\pi$, $k \in \mathbb{Z}$ *temos que*

$$tg(x) = -\cos(x) \Leftrightarrow \frac{sen(x)}{\cos(x)} = -\cos(x) \Leftrightarrow sen(x) = -(\cos(x))^2 \Leftrightarrow sen(x) - (sen(x))^2 =$$
$$-(sen(x))^2 - (\cos(x))^2 = -((sen(x))^2 + (\cos(x))^2) = -1 \Leftrightarrow -(sen(x))^2 + sen(x) + 1 = 0 \Leftrightarrow$$
$$(sen(x))^2 - sen(x) - 1 = 0$$

onde usamos a relação fundamental da trigonometria, que é a condição de que $(sen(x))^2 + (\cos(x))^2 = 1$, $\forall x \in \mathbb{R}$. *Fazendo a mudança de variável* $t = sen(x)$ *obtemos a equação* $t^2 - t - 1 = 0 \Leftrightarrow t = \dfrac{1 \pm \sqrt{1+4}}{2} \Leftrightarrow t = \dfrac{1 \pm \sqrt{5}}{2}$. *Observamos que o número de áuero* $\phi = \dfrac{1 + \sqrt{5}}{2} \approx 1,618 > 1$, *e como* $|sen(x)| < 1$, $\forall x \in \mathbb{R}$ *não pode-se ter que* $sen(x) = \phi$. *Entretanto,* $4 < 5 < 9 \Rightarrow 2 < \sqrt{5} < 3 \Rightarrow -3 < -\sqrt{5} < -2 \Rightarrow -1 < \dfrac{1 - \sqrt{5}}{2} < \dfrac{-1}{2} \Rightarrow$

$\exists x \in \mathbb{R}; sen(x) = \dfrac{1-\sqrt{5}}{2}$. *Portanto, a solução da equação* $tg(x) = -\cos(x)$ *é dada pelos elementos do conjunto* $A := \{x \in \mathbb{R};\ sen(x) = (1-\sqrt{5})/2\}$. *Para* $x \in [0, 2\pi]$ *temos exatamente duas soluções para essa equação, i.e, o conjunto A tem exatamente dois elementos. Nesse caso, entretanto, não podemos explicitar x pois este não é um arco notável ou mesmo um submúltiplo construtível do mesmo. Mas, nesse caso, podemos encontrar um intervalo aberto que contenha as soluções dessa equação. De fato, como* $\dfrac{1-\sqrt{5}}{2} < 0$ *existem duas soluções para a equação* $sen(x) = \dfrac{1-\sqrt{5}}{2}$ *no intervalo fechado* $[0, 2\pi]$. *Como* $\dfrac{-1}{2} < \dfrac{1-\sqrt{5}}{2} < -1$ *e a função seno é decrescente no terceiro quadrante e crescente no quarto quadrante do ciclo trigonométrico, então sendo* $sen\left(\dfrac{7\pi}{6}\right) = sen\left(\dfrac{11\pi}{6}\right) = \dfrac{-1}{2}$, *segue que o intervalo aberto* $\left(\dfrac{7\pi}{6}, \dfrac{11\pi}{6}\right)$ *contém as duas (únicas) raízes da equação* $sen(x) = \dfrac{1-\sqrt{5}}{2}$ *(na primeira "volta" do ciclo trigonométrico, i.e, para* $x \in (0, 2\pi)$*).)*

(26) *Denotemos por* $f'(x) = y\ (= y(x))$. *Logo,*

$$(f'(x))^4 - (f'(x))^2 - 42 = 0 \Leftrightarrow y^4 - y^2 - 42 = 0 \Leftrightarrow y = \frac{1 \pm \sqrt{1+168}}{2} = \frac{1 \pm \sqrt{169}}{2} = \frac{1 \pm 13}{2} \Leftrightarrow y = 7 \text{ ou } y = -6 \Rightarrow (f'(x))^2 = 7 \text{ ou } (f'(x))^2 = -6 \Rightarrow f'(x) = \pm\sqrt{7} \text{ ou } f'(x) = \pm\sqrt{6}i.$$

Logo, as soluções da equação diferencial dada são exatamente quatro funções deriváveis complexas de uma única variável real que satisfazem, separadamente, as quatro equações diferenciais dadas na última passagem acima. Denotemos agora $y'(x) = f'(x) = \dfrac{dy}{dx}$. *Assim, podemos ver cada uma das quatro equações diferenciais anteriores como equações de variáveis separáveis. Então,* $\dfrac{dy}{dx} = \pm\sqrt{7} \Rightarrow dy = \pm\sqrt{7}dx \Rightarrow \int dy = \int \pm\sqrt{7} \Rightarrow y = \pm\sqrt{7}x + k_1$, *onde* $k_1 \in \mathbb{C}$ *é uma constante complexa de integração. De maneira análoga,* $\dfrac{dy}{dx} = \pm\sqrt{6}ix + k_2$, $i := \sqrt{-1}$, $k_2 \in \mathbb{C}$, *constante. Portanto, as soluções da equação diferencial* $(f'(x))^4 - (f'(x))^2 - 42 = 0$ *são as quatro funções deriváveis complexas de uma única variável real* $f_1, f_2, f_3, f_4 : \mathbb{R} \to \mathbb{C}$ *dadas por* $f_1(x) = \sqrt{7}x + c_1$, $f_2(x) = -\sqrt{7}x + c_2$, $f_3(x) = \sqrt{6}ix + c_3$, $f_4(x) = -\sqrt{6}ix + c_4$, $c_k \in \mathbb{C}$, $1 \leq k \leq 4$, *constantes complexas de integração. De fato, vamos constatar isso para a função* $f_3(x) = \sqrt{6}ix + c_3$, *sendo os outros três casos análogos e ficam a cargo dos leitores. Temos,* $f(x) = \sqrt{6}ix + c \Rightarrow f'(x) = \sqrt{6}i \Rightarrow (f'(x))^4 - (f'(x))^2 - 42 = (\sqrt{6}i)^4 - (\sqrt{6}i)^2 - 42 = 36.(i)^4 - 6.(i)^2 - 42 = 36.(-1)^2 - 6.(-1) - 42 = 36 + 6 - 42 = 42 - 42 = 0$.

(27) Seja $f : \mathbb{R} \to \mathbb{R}$, $x \mapsto f(x)$ uma função real de uma única variável real contínua (em todo $\mathbb{R}$). Vamos encontrar a solução da equação integral paramétrica dada por

$$\int f(x)\, dx + \int_a^b f(x)\, dx = x.$$

Para isso, inicialmente observamos que, como a função f é contínua em toda reta real $\mathbb{R}$, então a função f admite uma primitiva em todo $\mathbb{R}$, i.e, $\exists$ uma função real de uma única variável real $G : \mathbb{R} \to \mathbb{R}$, $x \mapsto G(x)$ derivável em todo $\mathbb{R}$; $\dfrac{dG}{dx}(x) = G'(x) = f(x)$. Assim, dada uma constante real qualquer $k \in \mathbb{R}$, a função real de uma única variável real $F = G + k : \mathbb{R} \to \mathbb{R}$, $x \mapsto F(x) := G(x) + k$ também é uma primitiva da função f, i.e, $F' = f$, já que duas primitivas de uma função (quando existem) diferem por uma constante. Vamos denotar por $\int f(x)\, dx = F(x)$. Assim, derivando com respeito a única variável $x \in \mathbb{R}$ ambos os membros da equação $\int f(x)\, dx + \int_a^b f(x)dx = x$, usando a propriedade aditiva da linearidade do operador derivação e notando que, por definição, $\int_a^b = F(b) - F(a)$ (pelo Teorema Fundamental do Cálculo) é um número (real), obtemos que $f(x) = 1$, i.e, f é a função identicamente constante igual a 1, $f \equiv 1$. Devemos, agora, encontrar explicitamente a constante real $k \in \mathbb{R}$ que satisfaz as condições da equação integral paramétrica do problema. Temos que $G(x) = x$ e, dessa forma, $F(x) = x + k$. Logo, devemos encontrar a constante real $k \in \mathbb{R}$ a partir da seguinte equação (que também é paramétrica):

$$x + k + \int_a^b 1\, dx = x \Leftrightarrow x + k + x|_a^b = x \Leftrightarrow x + k + b - a = x \Leftrightarrow k + b - a = 0 \Leftrightarrow k = a - b.$$

De fato, seja a função real de uma única variável real $F : \mathbb{R} \to \mathbb{R}$, $x \mapsto F(x) := x + a - b$, $a < b \in \mathbb{R}$, constantes reais. Então vale que: $F'(x) = f(x) = 1$ e $\int f(x)\, dx + \int_a^b f(x)\, dx$ $= F(x) + F(b) - F(a) = x + a - b + b + a - b - (a + a - b) = x + a - b + b + a - b - 2a + b = x$. Portanto, concluímos que a solução da equação integral paramétrica $\int f(x)\, dx + \int_a^b f(x)$ $dx = x$ é a função real de uma única variável real $f : \mathbb{R} \to \mathbb{R}$, $x \mapsto f(x) := F'(x)$, onde $F : \mathbb{R} \to \mathbb{R}$ é a função real de uma única variável real $x \mapsto F(x) := x + a - b$, $a < b \in \mathbb{R}$, constantes reais. Como uma observação, podemos notar que a solução da equação integral paramétrica $\int f(x)\, dx + \int_a^b f(x)\, dx = x$ não consiste somente da função real de uma única variável real $f \equiv 1$, mas de uma função com uma propriedade adicional. Notamos também que, pedimos que a função $f : \mathbb{R} \to \mathbb{R}$, $\mathbb{R} \ni x \mapsto f(x) \in \mathbb{R}$ seja contínua, já que toda função contínua é simultaneamente primitizável (i.e, possui uma primitiva) e integrável. Nesse sentido, existem funções integráveis e não primitizáveis e vice-versa, i.e, funções primitizáveis e não integráveis. Para esses dois últimos casos, o Teorema Fundamental do Cálculo (TFC) não se aplica.

Observação 2.3. *Faremos, agora, algumas observações adicionais a respeito de alguns dos itens descritos acima:*

(1) *Sempre conseguimos resolver explicitamente uma equação do tipo* $ax^{2n} + bx^n + c = 0$, $a, b \in \mathbb{R}/\{0\}$, $c \in \mathbb{R}$, $n \in \mathbb{N}$, *que é chamada de equação trinômia. Para isso, fazemos a mudança de variável* $x^n = t \Rightarrow x^{2n} = (x^n)^2 = t^2$ *e recaímos em uma equação polinomial de grau* 2 *na variável* t, $at^2 + bt + c = 0$, *a qual sabemos resolver.*

(2) *No caso da equação* $\sqrt{4x+6} = 6x+5$, *poderíamos substituir os valores* $x_1 = \frac{-1}{2}$ *e* $x_2 = \frac{-19}{18}$ *diretamente na equação e observar se eles a satisfazem ou não, sem ter que chegar a conclusão de que são maiores ou não do que o número* $\frac{-5}{6}$. *Para esse caso temos que* $\sqrt{4.\frac{-1}{2}+6} = \sqrt{-2+6} = \sqrt{4} = 2$ *e* $6.\frac{-1}{2} + 5 = -3 + 5 = 2$. *Logo, de fato* $x_1 = 2$ *é raiz da equação. Porém,* $\sqrt{4\frac{-19}{18}+6} = \sqrt{\frac{-38}{9}+6} = \sqrt{\frac{-38}{9}+\frac{54}{9}} = \sqrt{\frac{16}{9}} = \sqrt{(\frac{4}{3})^2} = \frac{4}{3}$ *e* $6.\frac{-19}{18} + 5 = \frac{-19}{3} + \frac{15}{3} = \frac{-4}{3}$. *Como* $\frac{4}{3} \neq \frac{-4}{3}$ *então, o número* $x_2 = \frac{-19}{18}$ *não é raiz da equação.*

Sistemas Diversos de Equações

(1) *Vamos provar que o sistema envolvendo as formas quadráticas a seguir possui (pelo menos) uma solução (raiz) real no interior do disco unitário centrado na origem em* $\mathbb{R}^2$ *(ou* $\mathbb{C}$*),* $int(D(0;1)) = \dot{D}(0;1) \subsetneq \mathbb{R}^2$ *(ou* $\mathbb{C}^2$*):*

$$\begin{cases} 3x^2 - 2xy + y^2 = 2 \\ 4x^2 + 2xy + 2y^2 = 3 \end{cases}$$

De fato, vamos provar que $\exists_m x, y \in (-1,1) \subsetneq \mathbb{R}$, *que satisfazem o sistema acima. Para isso, inicialmente, vamos somar as duas igualdades acima membro a membro e obter que*

$$7x^2 + 3y^2 = 5 \Leftrightarrow 3y^2 = 5 - 7x^2 \Leftrightarrow y^2 = \frac{5-7x^2}{3} \Rightarrow y = y(x) = \pm\sqrt{\frac{5-7x^2}{3}},$$

$$\forall x \in \mathbb{R}; 5 - 7x^2 \geq 0 \Leftrightarrow -7x^2 > -5 \Leftrightarrow 7x^2 < 5 \Leftrightarrow x^2 \leq \frac{5}{7} \Leftrightarrow -\sqrt{\frac{5}{7}} \leq x \leq \sqrt{\frac{5}{7}} \Leftrightarrow \frac{-\sqrt{35}}{7} \leq$$

$$x \leq \frac{\sqrt{35}}{7} \Leftrightarrow x \in \left(-\frac{\sqrt{35}}{7}, \frac{\sqrt{35}}{7}\right) \subsetneq \mathbb{R}.$$

Substituindo a última expressão obtida para $y = y(x)$ *em qualquer uma das duas igualdades do sistema (na primeira, por exemplo), vamos obter que*

$$3x^2 - 2x.\left(\pm\sqrt{\frac{5-7x^2}{3}}\right) + \frac{5-7x^2}{3} =$$

$$2 \underbrace{\Rightarrow}_{\text{multiplicando ambos os membros por 3}} 9x^2 \pm 6x\sqrt{\frac{5-7x^2}{3}} + 5 - 7x^2 = 6 \Rightarrow 2x^2 \pm 6x\sqrt{\frac{5-7x^2}{3}} + 5 =$$

$$6 \Rightarrow \pm 6x\sqrt{\frac{5-7x^2}{3}} = 1-2x^2 \underbrace{\Rightarrow}_{\text{elevando ambos os membros ao quadrado}} 36x^2\left(\frac{5-7x^2}{3}\right) = (1-2x^2)^2 \Rightarrow /$$

$$3.12x^2\frac{(5-7x^2)}{\not 3} = 1-4x^2+4x^4 \Rightarrow 12x^2(5-7x^2) = 1-4x^2+4x^4 \Rightarrow 60x^2-84x^4 =$$

$$1-4x^2+4x^4 \Rightarrow 88x^4-64x^2+1=0 \underbrace{\Rightarrow}_{s:=x^2\Rightarrow s^2=x^4} 88s^2-64s+1=0 \underbrace{\Leftrightarrow}_{\text{Fórmula de Bháskara}} s =$$

$$\frac{64\pm\sqrt{64^2-4.88.1}}{2.88} = \frac{64\pm\sqrt{(60+4)^2 4.(90-2)}}{2.(90-2)} = \frac{64\pm\sqrt{60^2+2.60.4+4^2-360.8}}{2.90-4} =$$

$$\frac{64\pm\sqrt{3600+480-368}}{180-4} = \frac{64\pm\sqrt{(3600+400)+(80-368)}}{176} =$$

$$\frac{64\pm\sqrt{4000+(368-68)+12}}{176} = \frac{64\pm\sqrt{4000-300+12}}{176} = \frac{64\pm\sqrt{3700+12}}{176} =$$

$$\frac{64\pm\sqrt{3712}}{176}\left(=\frac{8\pm\sqrt{58}}{22}\right).$$

Agora, vamos fatorar o número natural 3712 $\in \mathbb{N}$ *em fatores primos. Temos que* 3712 = 2.1856 = 2.2.928 = 2.2.2.464 = 2.2.2.2.232 = 2.2.2.2.2.116 = 2.2.2.2.2.2.58 = 2.2.2.2.2.2.2.29 = 2^6.58 = 8^2.58, *sendo* 29 $\in \mathbb{N}$ *um número primo. Dessa forma, temos que*

$$s = \frac{64\pm\sqrt{3712}}{176} = \frac{64\pm\sqrt{2^6.58}}{176} = \frac{64\pm\sqrt{8^2.58}}{176} = \frac{64\pm 8\sqrt{58}}{176} = \frac{8(8\pm\sqrt{58})}{2.88} =$$

$$\frac{\not 8(8\pm\sqrt{58})}{2.\not 8.11} = \frac{8\pm\sqrt{58}}{22} \Rightarrow s := x^2 = \frac{8\pm\sqrt{58}}{22}.$$

Vamos provar, agora, que os números reais $\mathbb{R} \ni \frac{8\pm\sqrt{58}}{22} > 0$ *são números positivos e, portanto, todas as (como veremos mais adiante, oito) soluções (raízes) do sistema em questão são reais. De fato, vamos, para esse caso, utilizar uma das técnicas vistas na seção* 2.1. *Temos que*

$$49 = 7^2 < 58 < 8^2 = 64 \Rightarrow 7 < \sqrt{58} < 8 \underbrace{\Rightarrow}_{(0,+\infty)\ni x_2 > x_1 \Rightarrow \sqrt{x_1} > \sqrt{x_2}} -8 < -\sqrt{58} < -7 \Rightarrow 0 =$$

$$8-8 < 8-\sqrt{58} < 8-7 = 1 \Rightarrow 0 < \frac{8-\sqrt{58}}{22} < \frac{1}{22} \Rightarrow \frac{8-\sqrt{58}}{22} \in \left(0,\frac{1}{22}\right) \subsetneq (0,1) \Rightarrow$$

$$\left|\pm\frac{(8-\sqrt{58})}{22}\right| \in \left(0,\frac{1}{22}\right) \subsetneq (0,1).$$

Já o número $\frac{8+\sqrt{58}}{22}$ *é imediatamente visto ser positivo, pois é soma de dois números positivos. Como* $0 < s := x^2 = \frac{8\pm\sqrt{58}}{22} \Rightarrow x = \pm\sqrt{\frac{8\pm\sqrt{58}}{22}}$. *Além disso, sendo* $r := x^2 := \frac{8-\sqrt{58}}{22}$, *como* $0 < r := x^2 < 1$ *(de acordo como mostramos acima), i.e,* $r := x^2 \in (0,1) \Rightarrow 0 < \sqrt{r} = x < 1$, *i.e,* $x \in (0,1)$. *Notamos, então, que o número*

$x := \sqrt{\dfrac{8-\sqrt{58}}{22}}$ *é um dos componentes de um par ordenado* (x, y) *o qual queremos mostrar que pertence ao disco unitário de centro na origem* $D(0, 1) \subsetneq \mathbb{R}^2$*. Mas já provamos que este* x *obtido é abscissa de um ponto do disco. Agora, usando este valor obtido para* x*, vamos obter o correspondente* y *e provar que, de fato, ele é ordenada de um ponto do disco. Temos que,*

$x = \pm\sqrt{\dfrac{8\pm\sqrt{58}}{22}} \underbrace{\Longrightarrow}_{y=\pm\sqrt{\frac{5-7x^2}{3}}} y = \pm\sqrt{\dfrac{1}{3}(5-\dfrac{7}{22}(8\pm\sqrt{58}))} = \ldots$ *A partir daqui deixamos a cargo dos leitores completarem os detalhes.*

(2) Considere o seguinte sistema linear planar de equações diferenciais ordinárias (EDOs) dado por:

$$\begin{cases} x' = x + y \\ y' = y \end{cases}$$

Vamos resolver os seguintes itens a respeito desse sistema:

a) Encontre explicitamente a solução geral. (No caso, a solução geral desse sistema é dada por $x(t) := cte^t$, $y(t) := ce^t, \forall t \in \mathbb{R}$, $c =$ *constante real arbitrária.)*

b) Mostre que $x(0) = 0$ *qualquer que seja a constante de integração obtida no processo de solução. (Sim pois tem-se que* $x(t) = ce^t, \forall t \in \mathbb{R}, c =$ *constante real arbitrária).*

c) Encontre a (única) solução que satisfaz a condição $y(0) = 0$ *(Problema de Valor Inicial - PVI). (A solução que vamos encontrar corresponde a tomar* $c = 1$ *na solução geral e, portanto, encontraremos que* $x(t) = te^t, y(t) = e^t, \forall t \in \mathbb{R}$*).*

d) Mostre que, no plano cartesiano real xy*, as soluções do PVI proposto satisfazem a condição transcendente dada por* $e^x = y^y$*. (Para isso vamos, inicialmente, mostrar que as soluções (funções)* x *e* y *satisfazem, no plano cartesiano real* xy*, a seguinte condição, também, transcendente, dada por* $x = x(y) = y.\ln(y) = \ln(y^y)$*).*

e) Encontre uma condição (transcendente) no plano real xy envolvendo as soluções x e y do sistema dado. (A condição procurada será dada por $x = x_c(y) = \ln\left(\frac{y}{c}\right)^y$, $c \in \mathbb{R}/\{0\}$, pois, equivalentemente, vai valer que $e^x = \left(\frac{y}{c}\right)^y$, $c \in \mathbb{R}/\{0\}$.)

Observação 2.4. *Sabemos pelo <u>Teorema da Função Implícita</u> para funções reais de única variável real que a condição $x = \ln(y)^y$ também define uma (única) função $y = y(x)$, pois, diferenciando ambos os membros dessa equação vamos obter que $1 = y'\ln(y) + \not{y}.\frac{1}{\not{y}}.y' = y'\ln(y) + y' = y'\left(1 + \frac{1}{\ln(y)}\right) = y'\left(\frac{\ln(y)+1}{\ln(y)}\right) \Rightarrow y' = \frac{\ln(y)}{\ln(y)+1} \neq 0$, $\forall y \neq 1, e^{-1} = \frac{1}{e}$ e, portanto, a derivada é injetiva em vizinhanças (intervalos abertos) que não contenham os elementos $y = 1$ e $y = e^{-1} = \frac{1}{e}$. Logo, de fato, condição $x = \ln(y)^y$ define $y = y(x)$. Entretanto, a função $y = y(x)$ não pode ser explícitada por procedimentos elementares, i.e, funções reais de uma única variável real que são combinações de um número finito de operações aritméticas (adição, subtração, multiplicação, divisão, radicação, etc) e composições com as funções elementares do <u>Cálculo</u> como exponenciais, logaritmos, trigonométricas, hiperbólicas, trigonométricas inversas, hiperbólicas inversas e funções polinomiais (ou, mais geralmente, soluções de equações algébricas).*

<u>*Solução*</u>

a) Temos que a equação $y' = y$ é uma equação diferencial de variáveis separáveis, já que $y' = y = 1.y$ e sua solução geral ($y(t) = ce^t, \forall t \in \mathbb{R}$, c = constante real arbitrária) pode ser obtida como se segue:

$$y' = y \Leftrightarrow \frac{dy}{dt} = y \Leftrightarrow \frac{dy}{y} = dt = 1dt \Leftrightarrow \int \frac{dy}{y} = \int 1dt \Leftrightarrow \ln|y| + k_1 = t + k_2 \Leftrightarrow \ln|y| = t + \underbrace{k_2 - k_1}_{:=k_3} \Leftrightarrow$$

$$\ln|y| = t + k_3 \Leftrightarrow \underbrace{e^{\ln|y|}}_{=|y|} = e^{t+k_3} = \underbrace{e^{k_3}}_{\mathbb{R}\ni c>0}.e^t = ce^t \Leftrightarrow |y| = ce^t \Leftrightarrow y = \pm ce^t,$$

$$\mathbb{R} \ni c > 0 \Leftrightarrow y(t) = ke^t, \forall t \in \mathbb{R},$$

onde k = constante real genérica e $c > 0$ constante real positiva arbítrária. Agora, para encontrar a expressão explícita para a função $x = x(t)$ substituimos a expressão para a função $y = y(t)$ encontrada anteriormente na equação $x' = x + y$ e vamos encontrar a seguinte equação diferencial: $x' = x + ke^t$. Essa última equação pode ser resolvida pelo <u>Método dos coeficientes a se determinar</u> como se segue: supomos uma solução da forma $x(t) := \tilde{k}te^t$, $\forall t \in \mathbb{R}$, para alguma constante real dada por $\tilde{k}$. Derivando (utilizando a regra do produto para derivadas ou também chamada de regra de Leibeniz) essa última expressão com respeito a variável temporal real $t \in \mathbb{R}$, vamos obter que $x'(t) = \tilde{k}e^t + \underbrace{\tilde{k}te^t}_{=x(t)}$. Mas, como $x' = \underbrace{x}_{\tilde{k}te^t} + ke^t$, então $\tilde{k}e^t + \tilde{k}te^t = \tilde{k}te^t + ke^t, \forall t \in \mathbb{R} \Rightarrow \tilde{k}e^t = ke^t, \forall t \in \mathbb{R} \Rightarrow \tilde{k}e^t - ke^t = 0, \forall t \in \mathbb{R} \Rightarrow \underbrace{e^t}_{\neq 0, \forall t \in \mathbb{R}}(\tilde{k} - k) = 0, \forall t \in \mathbb{R} \Rightarrow \tilde{k} = k$, já que $e^t \neq 0, \forall t \in \mathbb{R}$ (mais *precisamente,* $e^t > 0, \forall t \in \mathbb{R}$*) e, portanto,* $x(t) = kte^t, \forall t \in \mathbb{R}$*, onde a constante* k *é a mesma da solução (função)* $y = y(t) = ke^t, \forall t \in \mathbb{R}$.

Resumindo: A solução geral do sistema

$$\begin{cases} x' = x + y \\ y' = y \end{cases}$$

ou, equivalentemente, do sistema $\begin{bmatrix} x' \\ y' \end{bmatrix} = \begin{bmatrix} 1 & 1 \\ 0 & 1 \end{bmatrix} . \begin{bmatrix} x \\ y \end{bmatrix}$,

corresponde ao par ordernado de funções $(x_c(t), y_c(t))$ *que, por sua vez, são dadas por*

$$\begin{cases} x_c(t) = cte^t, \forall t \in \mathbb{R} \\ y_c(t) = ce^t, \forall t \in \mathbb{R} \end{cases}$$

onde $c \in \mathbb{R}$ *é uma constante real genérica.*

Podemos notar que, as soluções estão definidas em toda a reta real $\mathbb{R}$.

b) Temos que, como $x(t) = cte^t, \forall t \in \mathbb{R} \Rightarrow x(0) = c.o.e^0 = c.0.1 = 0$*, independente da escolha da constante real* $c \in \mathbb{R}$.

c) Como $y(t) = ce^t, \forall t \in \mathbb{R}$*,* $c =$ *constante real qualquer, então* $y(0) = 1 \Leftrightarrow ce^0 = c.1 = c = 1$ *e, portanto, a (única) solução do sistema*

$$\begin{cases} x' = x + y \\ y' = y \end{cases}$$

que satisfaz a condição inicial (Problema de Valor Inicial - PVI) $y(0) = 1$ *(lembrando que, pelo item b),* $x_c(0) = 0$ *"sempre") é o par ordernado de funções* $(x(t), y(t))$ *que, por sua vez, são dadas por*

$$\begin{cases} x(t) = te^t, \forall t \in \mathbb{R} \\ y(t) = e^t, \forall t \in \mathbb{R} \end{cases}$$

Podemos notar que. nesse caso, também, as soluções estão definidas em toda a reta real $\mathbb{R}$ *(já que, para o caso geral, elas também o estão, de acordo com o item a)).*

d) Sendo

$$\begin{cases} x(t) = te^t, \forall t \in \mathbb{R} \\ y(t) = e^t, \forall t \in \mathbb{R} \end{cases}$$

temos que $y = e^t \Leftrightarrow \ln(y) = \ln(e^t) = t\ln(e) = t.1 = t$, *e como* $x = te^t \underbrace{\Rightarrow}_{\ln(y)=t} x = \ln(y)\underbrace{\exp(\ln(y))}_{=y} = y.\ln(y) = \ln(y)^y$. *Logo obtemos que* $x = x(y) = \ln(y)^y$. *Exponenciando ambos os membros dessa última equação vamos obter que* $e^x = \underbrace{\exp(\ln(y)^y)} = y^y$, *ou seja* $e^x = y^y$.

e) Sendo

$$\begin{cases} x_c(t) = cte^t, \forall t \in \mathbb{R} \\ y_c(t) = ce^t, \forall t \in \mathbb{R} \end{cases}$$

onde c = *constante real arbitrária (que, neste caso, será não nula), temos que* $y = ce^t \Leftrightarrow \ln(y) = \ln(ce^t) = \ln(c) + \ln(e^t) = \ln(c) + t \Leftrightarrow t = \ln(y) - \ln(c) = \ln\left(\frac{y}{c}\right)$. *Como* $x = cte^t \Rightarrow x = c\ln\left(\frac{y}{c}\right)\exp(\ln\left(\frac{y}{c}\right)) = \not{c}.\ln\left(\frac{y}{c}\right).\frac{y}{\not{c}} = y\ln\left(\frac{y}{c}\right) = \ln\left(\frac{y}{c}\right)^y \Rightarrow x = x(y) = \ln\left(\frac{y}{c}\right)^y$. *Exponenciando ambos os membros dessa última expressão vamos encontrar que* $e^x = \left(\frac{y}{c}\right)^y$, *e isso conclui a solução desse exercício.*

Observação 2.5. *No idem e) acima, a constante* c *foi considerada não nula. No caso em que* $c = 0$ *estamos considerando a solução nula do sistema que corresponde a* $x = y \equiv 0$, *i.e,* $x(t) = y(t) = 0$, $\forall t \in \mathbb{R}$.

3. Valores Construtíveis de Funções e Necessidade de Métodos Numéricos

Dada uma função real de uma única variável real $f : A \subseteq \mathbb{R} \to \mathbb{R}$, $A \ni x \mapsto f(x) \in \mathbb{R}$, *dadc um valor de* f *em algum ponto* $x \in A$, *digamos,* $f(x) = k \in \mathbb{R}$, *em geral, não conseguimos explicitamente encontrar (construir) o valor de* $f(y) = f(y(x)) = s = s(k) \in \mathbb{R}$, *onde* $y = y(x)$ *depende de* x *e* $s = s(k)$ *depende de* k. *Por exemplo, dada a função exponencial real* $\mathbb{R} \ni x \mapsto e^x \in (0, \infty)$, *seja* $x \in \mathbb{R}$; $e^x = 7$ *(onde esse* x $\exists$, *pois a função exponencial real assume todos os valores reais* > 0). *É possível encontrar explicitamente o valor de* $e^{x^2} \in (0, \infty)$ *sabendo que* $e^x = 7$? *A resposta é não. Isso se deve ao fato de que propriedade alguma da função exponencial real conduz a algum método para que esse problema seja resolvido explicitamente. Portanto, é necessário que se estudem métodos numéricos para se resolver esse problema. Entretanto, para alguns casos particulares podemos resolver esse tipo de problema, de acordo com as propriedades algébricas de cada função em particular (mediante fórmulas, por exemplo). De fato, temos o exemplo seguinte.*

Exemplo 2.6. *Vamos demonstrar que:*

(1) $e^x = \pi \Rightarrow e^{7x+4} = \pi^3(e\pi)^4$.

(2) $\ln(x) = \pi \Rightarrow \ln(7x^7) = \ln(7) + 7\pi$.

(3) $sen(x) = \frac{e}{\pi}, x \in \left(0, \frac{\pi}{2}\right) \Rightarrow sen(2x) = \frac{2e\sqrt{\pi^2 - e^2}}{\pi^2}.$

(4) $tg(x) = 7 \Rightarrow tg\left(2x + \frac{\pi}{4}\right) = \frac{17}{31}$ *(Exercício.)*

De fato, para demonstrar (1), *vamos usar a equação funcional envolvendo a exponencial real que diz que* $e^{x_1+x_2} = e^{x_1}.e^{x_2}$, $\forall x_1, x_2 \in \mathbb{R}$ *e também uma outra propriedade da exponencial real que diz que* $(e^{x_1})^{x_2} = e^{x_1.x_2}$, $\forall x_1, x_2 \in \mathbb{R}$. *Temos que,* $e^x = \pi \Rightarrow e^{7x+4} = (e^x)^7.e^4 = \pi^7.e^4 = \pi^3.\pi^4.e^4 = \pi^3(\pi^4.e^4) = \pi^3(e^4.\pi^4) = \pi^3(e\pi)^4$.

Para demonstrar (2), *vamos usar a equação funcional envolvendo a função logaritmo real que diz que* $\ln(x_1.x_2) = \ln(x_1) + \ln(x_2)$, $\forall \mathbb{R} \ni x_1, x_2 \in (0, \infty)$ *e também uma outra propriedade da função logaritmo real que diz que* $\ln(x_1^{x_2}) = x_2.\ln(x_1)$, $\forall \mathbb{R} \ni x_1 \in (0, \infty)$, $\forall x_2 \in \mathbb{R}$. *Temos que,* $\ln(x) = \pi \Rightarrow \ln(7x^7) = \ln(7) + \ln(x^7) = \ln(7) + 7\ln(x) = \ln(7) + 7\pi$.

Para demonstrar (3), *vamos usar a fórmula de duplicação de ângulos (a qual é uma equação não funcional) para a função trigonométrica seno real que diz que* $sen(2x) = 2\,sen(x)\cos(x)$, $\forall x \in \mathbb{R}$ *e a relação (identidade) fundamental da trigonometria que diz que* $sen^2(x) + \cos^2(x) = 1$, $\forall x \in \mathbb{R}$. *Temos que, de fato* $\exists x \in \mathbb{R};\ sen(x) = \frac{e}{\pi}$, *pois a função seno real assume qualquer valor no intervalo fechado, limitado* $[-1, 1] \subsetneq \mathbb{R}$, *i.e,* $sen(x) \in [-1, 1]$, $\forall x \in \mathbb{R}$ *e, ainda,* $\frac{e}{\pi} \in (0, 1) \subsetneq [-1, 1]$, *pois sendo* $e = 2,71..., \pi = 3,14... \in I_a \Rightarrow 0 < \frac{e}{\pi} = \frac{2,71...}{3,14...} < 1$. *Ainda,* $sen(x) = \frac{e}{\pi} \Rightarrow \left(\frac{e}{\pi}\right)^2 + \cos^2(x) = 1 \Rightarrow \frac{e^2}{\pi^2} + \cos^2(x) = 1 \Rightarrow \cos^2(x) = 1 - \frac{e^2}{\pi^2} = \frac{\pi^2}{\pi^2} - \frac{e^2}{\pi^2} = \frac{\pi^2 - e^2}{\pi^2} \Rightarrow \cos(x) = \pm\frac{\sqrt{\pi^2 - e^2}}{\pi} \underbrace{\Rightarrow}_{x \in \left(0, \frac{\pi}{2}\right)} \cos(x) = \sqrt{\frac{\pi^2 - e^2}{\pi^2}} = \frac{\sqrt{\pi^2 - e^2}}{\pi}$. *Logo,* $sen(2x) = 2.\frac{e}{\pi}.\frac{\sqrt{\pi^2 - e^2}}{\pi} = \frac{2e\sqrt{\pi^2 - e^2}}{\pi^2}$.

O item 4) *é deixado como exercício. Devem ser usadas as fórmulas de duplicação de arcos e da soma de ângulos em relação a função tangente.*

4. Isolamento de Raízes Reais de Equações

Nesta seção, iremos descrever algumas técnicas para isolar raízes reais de equações. Também vamos analisar casos onde é possível provar que uma dada equação não tem solução (real ou complexa).

Seja $f : X \to \mathbb{R}$, $x \mapsto f(x)$, *contínua* $\forall x_0 \in X \subset \mathbb{R}$, *i.e,* $\lim_{x \to x_0 \in X} f(x) = f(x_0)$, $\forall x_0 \in X$. *Suponha que* $\exists\ I := [a, b] \subset \mathbb{R}$ *intervalo da reta;* $f(a).f(b) < 0$, *i.e,* $f(a), f(b)$ *tem sinais opostos, ou seja,* $f(a) > 0$ *e* $f(b) < 0$ *ou* $f(a) < 0$ *e* $f(b) > 0$. *Então,* $\exists\ \overline{x} \in (a, b);\ f(\overline{x}) = 0$, *i.e, a equação* $f(x) = 0$ *admite pelo menos uma raiz no intervalo aberto* (a, b) *(a equação* $f(x) = 0$ *pode ter mais de uma raiz em* (a, b)*). Em resumo, se uma função contínua* f *troca de sinal em um intervalo* *da reta, então a equação $f(x) = 0$ admite, pelo menos, uma raiz nesse intervalo. Esse fato é consequência do Teorema do Valor Intermediário para funções reais de uma única variável real, o qual enunciamos a seguir:*

Teorema 2.2. *(Teorema do Valor Intermediário) Seja $f : X \to \mathbb{R}$, $X \subset \mathbb{R}$, contínua $\forall x \in X$. Então, se $\exists\ d \in \mathbb{R}$; $f(a) < d < f(b)$, onde $a, b \in I \subset X$ (intervalo contido em X), então $\exists\ c \in I$; $f(c) = d$, i.e, f assume qualquer valor do intervalo $(f(a), f(b))$. Isso significa que a imagem de um intervalo por uma função contínua é ainda um intervalo, ou seja, uma função contínua leva intervalos em intervalos.*

Demonstração. A demonstração pode ser encontrada em livros de cálculo avançado ou em livros de análise matemática na reta. Recomendamos os livros de Cálculo e Análise do autor Serge Lang. . □

Observação 2.6. 1) *A hipótese de que f seja contínua é essencial para que possamos garantir a existência de uma raiz da equação $f(x) = 0$ no caso em que f troca de sinal em um dado intervalo da reta. De fato, seja $f : \mathbb{R} \to \mathbb{R}$ dada por*

$$f(x) := \begin{cases} 1, & se\ x \geq 0 \\ -1, & se\ x < 0 \end{cases}$$

Notamos que a função f satisfaz, por exemplo, $f(1).f(-1) = -1 < 0$, i.e, f troca de sinal no intervalo aberto $(-1, 1)$ mas $f(x) \neq 0, \forall x \in \mathbb{R}$, já que $f(x) \in \{-1, 1\}, \forall x \in \mathbb{R}$. Isso ocorre pois f é descontínua (na verdade f tem uma descotinuidade do tipo salto no ponto $x_0 = 0$).

2) *Apesar do fato que uma função contínua leva intervalos em intervalos (de acordo com a propriedade do valor intermediário) não é, em geral, verdade que uma função contínua leva intervalos abertos (fechados, semiabertos) em intervalos abertos (fechados, semiabertos). De fato, consideramos a função seno real, $x \mapsto sen(x)$. Temos que,*

$$-1 \leq sen(x) \leq 1, \forall x \in (0, 2\pi).$$

Isso significa que a imagem do intervalo aberto $(0, 2\pi)$ pela função contínua seno real,$x \mapsto sen(x)$, é o intervalo fechado $[-1, 1]$. Isso ocorre devido ao fato de que, a função seno real assume todos os valores do intervalo fechado $[-1, 1]$ e, existe um ponto x_0 do intervalo aberto $(0, 2\pi)$; $sen(0) = sen(2\pi) = sen(x_0) = 0$. Neste caso, temos que $x_0 = \pi$. Em geral, uma função real de uma única variável real contínua leva um conjunto compacto da reta em um outro conjunto compacto da reta (um conjunto compacto da reta é um conjunto fechado e limitado da reta, como um intervalo fechado e limitado $[a, b] \subset \mathbb{R}$, por exemplo). Entretanto, uma função contínua pode *levar um conjunto aberto em um conjunto compacto como vimos acima pois, a imagem da função seno real pelo aberto* $(0, 2\pi)$ *é o intervalo fechado e limitado e, portanto, um conjunto compacto,* $[-1, 1]$. *Quando uma função contínua leva conjuntos abertos em conjuntos abertos ela é chamada de "função aberta".*

Observação 2.7. *Apresentamos a seguir alguns itens que também nos auxiliam no processo de isolamentos de raízes reais de equações.*

(1) *Se* $f : [a, b] \to \mathbb{R}$ *é uma função contínua* $\forall x \in [a, b]$ *podemos graficamente constatar que se* $f(a).f(b) < 0$, *então a equação* $f(x) = 0$ *admite um número ímpar de raízes em* $[a, b]$ *se essas raízes são todas de multiplicidade algébrica ímpar (em particular, o resultado é válido se todas as raízes forem simples, i.e, se tiverem multiplicidade algébrica igual a*1*). Caso* $f(a).f(b) > 0$, *então a equação* $f(x) = 0$ *admite um número par de raízes em* $[a, b]$ *se essas raízes são todas de multiplicidade algébrica ímpar. Estes fatos são conhecidos como Teorema de Bolzano. Podemos notar que se, pelo menos, uma das raízes for de multiplicidade par, então o resultado não é válido (constate isso por meio de um exemplo fazendo um desenho). Relembramos que uma raiz de multiplicidade algérica par é tal que o gráfico dessa função é tangente ao eixo* x *das abscissas em algum ponto. Pense, por exemplo, na função* $f : \mathbb{R} \to \mathbb{R}$ *dada por* $f(x) := x^{2n}, n \in \mathbb{N}$.

(2) *Se* $f : [a, b] \to \mathbb{R}$ *é uma função contínua* $\forall x \in [a, b]$, $f(a).f(b) < 0$ *e* f *é crescente (ou decrescente) em* $[a, b]$, *i.e,* $f'(x) > 0$ *(ou* $f'(x) < 0$*),* $\forall x \in [a, b]$ *então, graficamente podemos constatar que a equação* $f(x) = 0$ *admite exatamente uma raiz no intervalo* $[a, b]$. *Constate isso por meio de um exemplo fazendo um desenho.*

(3) *Se* $f : [a, b] \to \mathbb{R}$ *é uma função contínua* $\forall x \in [a, b]$, $f(a).f(b) > 0$ *e* f *é estritamente crescente ou estritamente decrescente em* $[a, b]$ *então, graficamente, constatamos que a equação* $f(x) = 0$ *não admite solução em* $[a, b]$, *i.e,* $\nexists\, \widetilde{x} \in [a, b]; f(\widetilde{x}) = 0$. *Faça um exemplo com um desenho.*

Exemplo 2.7. *Seja* $f : \mathbb{R} \to \mathbb{R}$, $x \mapsto f(x) := x^2 - \cos(x)$. *Vamos mostrar que a equação* $f(x) = 0$ *admite uma raiz no intervalo aberto* $(0, \frac{\pi}{2})$. *Inicialmente, observamos que* f *é uma função contínua, já que é soma das funções contínuas* $g_1, g_2 : \mathbb{R} \to \mathbb{R}$ *dadas por* $g_1(x) := x^2$ *e* $g_2 := -\cos(x)$. *Afirmamos que a função* f *troca de sinal no intervalo aberto* $(0, \frac{\pi}{2})$. *De fato, temos* $f(0) = 0 - \cos(0) = -1 < 0$, *já que* $\cos(0) = 1$. *Ainda,* $f(\frac{\pi}{2}) = (\frac{\pi}{2})^2 - \cos(\frac{\pi}{2}) = \frac{\pi^2}{4} - 0 = \frac{\pi^2}{4} > 0$, *já que* $\cos(\frac{\pi}{2}) = 0$. *Assim,* $f(0).f(\frac{\pi}{2}) < 0$ *e sendo* f *uma função contínua, concluímos que a equação* $f(x) = 0$ *admite pelo menos uma raiz real no intervalo aberto* $(0, \frac{\pi}{2})$. *Com auxílio gráfico podemos constatar que a equação* $f(x) = 0$ *admite uma única solução no intervalo aberto* $(0, \frac{\pi}{2})$. *Mais do que isso, a função* f *é uma função par, i.e,* $f(-x) = f(x), \forall x \in \mathbb{R}$, *já que é soma das funções pares* g_1 *e* g_2 *(i.e, das funções* $g_1(x) = x^2$ *e* $g_2(x) = -\cos(x)$*). Dessa forma, sendo* $\widetilde{x}$ *a (única) raiz da equação* $f(x) = 0$ *no intervalo aberto* $(0, \frac{\pi}{2})$, *como* f *é par temos necessariamente que* $f(-\widetilde{x}) = f(\widetilde{x}) = 0$ *e assim,* $-\widetilde{x}$ *também é uma raiz. Devido a simetria do gráfico da função* f *com relação ao eixo das ordenadas, i.e, o eixo dos* y *(recomendamos fazer o desenho), então a outra raiz* $-\widetilde{x} \in (-\frac{\pi}{2}, 0)$, *i.e, está no intervalo simétrico de* $(0, \frac{\pi}{2})$ *que contém a raiz* $\widetilde{x}$. *Portanto, a equação* $f(x) = x^2 - \cos(x) = 0$ *tem precisamente duas raízes, ambas pertencentes ao intervalo* $(-\frac{\pi}{2}, \frac{\pi}{2})$. *Isso significa dizer que os gráficos das funções* $g_1, -g_2$ *(i.e, da função* $-g_2(x) := \cos(x)$*) se "cortam" em exatamente dois pontos do plano* $\mathbb{R}^2$, *que são* $P_1 = (\widetilde{x}, \widetilde{x}^2) = (\widetilde{x}, \cos(\widetilde{x}))$ *e* $P_2 = (-\widetilde{x}, \widetilde{x}^2) = (-\widetilde{x}, \cos(-\widetilde{x})) = (-\widetilde{x}, \cos(\widetilde{x}))$.

Observação 2.8. *O gráfico de uma função* $f : X \to \mathbb{R}$, $x \mapsto f(x)$, *é o subconjunto do plano cartesiano definido como*

$$Graf(f) := \{(x, f(x) \in \mathbb{R}^2, x \in X\} \subset \mathbb{R}^2.$$

Em relação ao exemplo anterior, o gráfico das funções g_1 *e* $-g_2$ *onde* $g_1(x) = x^2$ *e* $-g_2(x) = \cos(x)$ *são, respectivamente, chamados de "parábola" (ou "2-parábola") e "cossenoide".*

Definição 2.2. *Um ponto fixo para uma função* $f : X \to \mathbb{R}$, $x \mapsto f(x)$, *é um ponto* $x_0 \in X$; $f(x_0) = x_0$, *i.e, a função* f *fixa o ponto* x_0.

Apresentamos a seguir um resultado importante a respeito de pontos fixos de funções reais de uma única variável real.

Teorema 2.3. *(Existência de Ponto Fixo) Seja* $f : [0,1] \to [0,1]$, $x \mapsto f(x)$, *uma função contínua no intervalo fechado* $[0,1]$. *Então, a função* f *admite um ponto fixo em* $[0,1]$, *i.e,* $\exists x_0 \in [0,1]$; $f(x_0) = x_0$.

Demonstração. Suponha que $f : [0,1] \to [0,1]$, $x \mapsto f(x)$, seja uma função contínua no intervalo fechado $[0,1]$. Se $f(0) = 0$ e/ou $f(1) = 1$ então, 0 e/ou 1 são pontos fixos da função f. Considere então que $f(0) \neq 0$ e $f(1) \neq 1$. Dessa forma, devemos provar que a função f tem um ponto fixo no intervalo aberto $(0,1)$. Para isso, vamos definir uma função auxiliar $g(x) := f(x) - x$. Afirmamos que a função g troca de sinal no intervalo aberto $(0,1)$. De fato, como $f(0) \neq 0 \Rightarrow f(0) > 0$, já que $f(x) \in [0,1], \forall x \in [0,1]$. Dessa forma, $g(0) = f(0) - 0 = f(0) > 0$. Ainda, como $f(1) \neq 1 \Rightarrow f(1) < 1$, novamente pelo mesmo motivo de que $f(x) \in [0,1], \forall x \in [0,1]$. Logo, $g(1) = f(1) - 1 < 0$, já que $f(1) < 1$. Além disso, a função auxiliar g é uma função contínua, já que é soma das funções contínuas f e p (onde p é dada por $p(x) := -x$). Assim, sendo g uma função contínua que troca de sinal no intervalo aberto $(0,1)$ então, $\exists x_0 \in (0,1); g(x_0) = f(x_0) - x_0 = 0$, i.e, $\exists x_0 \in (0,1); f(x_0) = x_0$. Portanto, a função f admite um ponto fixo no intervalo fechado $[0,1]$. □

Observação 2.9. *A hipótese de que a função f seja definida e toma valores no intervalo fechado $[0,1]$ não pode ser retirada, mesmo f sendo contínua. De fato, considere a função $f : (0,1) \longrightarrow (0,1)$, $x \mapsto f(x) := \frac{x+1}{2}$. Temos que f é uma função afim, i.e, uma função da forma $g(x) := ax + b$, $a \neq 0$ e, portanto, uma função contínua. Além disso, a imagem da função f é o intervalo aberto $(\frac{1}{2}, 1)$, i.e, $Im(f) := \{\frac{x+1}{2}, x \in (0,1)\} = (\frac{1}{2}, 1) \subseteq (0,1)$ (ou seja, f está bem definida), já que $0 < x < 1 \Rightarrow 1 < x+1 < 2 \Rightarrow \frac{1}{2} < \frac{x+1}{2} < 1$. Afirmamos que a função f não tem ponto fixo no intervalo aberto $(0,1)$. De fato, $f(x) = x \Leftrightarrow \frac{x+1}{2} = x \Leftrightarrow x+1 = 2x \Leftrightarrow x = 1 \notin (0,1)$. Dessa forma, o ponto fixo da função f está no intervalo fechado $[0,1]$ (o ponto fixo é o ponto $x = 1$) e não no intervalo aberto $(0,1)$. Além disso, é importante ressaltar que o teorema que acabamos de estudar garante a existência, porém não a unicidade desse ponto fixo. Sem entrar muito nos detalhes, se além das hipóteses pedidas no teorema acima, ainda pedirmos que a função f seja uma contração, então esse ponto fixo será único. Uma contração é uma função que "diminui" a distância entre pontos de seu domínio, i.e, que $|f(x) - f(y)| \leq |x - y|, \forall x, y \in X \subseteq \mathbb{R}$. Tecnicamente falando, é supérfluo pedir que uma função seja uma contração e contínua, pois toda contração é contínua.*

O próximo exemplo mostra uma diferença significante entre o caso real e o caso complexo. Vamos mostrar a seguir que a função exponencial real $\exp : \mathbb{R} \longrightarrow \mathbb{R}$, $x \mapsto e^x$, não possui ponto fixo real, i.e, $\nexists x_0 \in \mathbb{R}; e^{x_0} = x_0$. Entretanto, no capítulo 4, vamos provar que a função exponencial complexa (a qual será definida no capítulo 3) possui um ponto fixo (complexo) e determiná-lo aproximadamente (com precisão acentuada) usando o método de Newton adaptado para o caso complexo via o Princípio da Conservação das Propriedades Funcionais - PCPF (que também vamos ver no capítulo 4).

Exemplo 2.8. *Vamos mostrar, então, que a função exponencial real $\exp : \mathbb{R} \longrightarrow \mathbb{R}$, $x \mapsto \exp(x) = e^x$, não possui ponto fixo real, i.e, $\nexists x_0 \in \mathbb{R}; e_0^x = x_0$. Equivalentemente, isso significa mostrar que $e^x \neq x, \forall x \in \mathbb{R}$. Mais geralmente, vamos mostrar que $e^x > x, \forall x \in \mathbb{R}$ (isso significa dizer que a função exponencial real "cresce mais rápido" do que a função definida como $p(x) := x$). Para isso, inicialmente definimos uma função auxiliar $g(x) := e^x - x$. Assim, como a função exponencial real $x \mapsto e^x$ e a função definida como $-p(x) := -x$, são funções contínuas então, sua soma que é a função g também é uma função contínua. Para este caso, a análise gráfica não nos leva a concluir que os gráficos das funções $q(x) := e^x$ e $p(x) = x$ não tem pontos em comum.*

Notemos, porém, que a função $q(x) = e^x$ *é estritamente positiva, i.e, sempre* > 0 *e, portanto, seu gráfico contém pontos no primeiro e no segundo quadrantes do plano cartesiano* $\mathbb{R}^2$*. Além disso, a função* $p(x) = x$ *é sobrejetiva e seu gráfico contém pontos no primeiro e no terceiro quadrantes do plano cartesiano* $\mathbb{R}^2$*. Logo, o problema fica reduzido a constatar que a equação* $g(x) = 0$*, i.e, a equação* $e^x - x = 0$*, não tem solução para* $x \in [0, +\infty)$*, ou seja,* $\nexists x \geq 0;\ g(x) = 0$*. Lembramos agora que se uma função real de uma única variável real possuir derivada estritamente positiva em um intervalo da reta então, essa função é estritamente crescente nesse intervalo. Mas, sendo* $g(x) = e^x - x$ *então, sua derivada é a função* $g'(x) = e^x - 1$*. Logo,*

$$g'(x) > 0 \Leftrightarrow e^x - 1 > 0 \Leftrightarrow e^x > 1 \Leftrightarrow e^x > e^0 \Leftrightarrow x > 0$$

já que a função exponencial real exp *é uma bijeção crescente de* $\mathbb{R}$ *em* $(0, +\infty)$ *(na verdade, só precisamos do fato de que a exponencial real* exp *é uma função injetiva em toda reta real* $\mathbb{R}$*). Como* $g(0) = e^0 - 0 = 1$*, já que* $e^0 = 1$*, e sendo* g *uma função crescente para* $x \geq 0$ *(na verdade a função* g *é crescente* $\forall x \in \mathbb{R}$*), não se pode ter* $x_0 > 0;\ g(x_0) = 0$*, i.e,* $\nexists x_0 > 0;\ e^{x_0} = x_0$ *(na verdade* $\nexists x_0 \in \mathbb{R};\ e^{x_0} = x_0$*). Portanto, concluímos que a função exponencial real não tem ponto fixo real.*

Podemos, agora, usar o exemplo acima que diz que a função exponencial real não possui ponto fixo real para mostrar que a função logaritmo real não possui ponto fixo real.

Exemplo 2.9. *A função logaritmo natural (i.e, na base Neperiana* $e = 2,71... \in \mathcal{I}_a$*) real* $\ln : (0, \infty) \to \mathbb{R}$, $(0, \infty) \ni x \mapsto \ln(x) \in \mathbb{R}$ *é bijetiva, pois é a inversa da função exponencial real* $\exp : \mathbb{R} \to (0, \infty)$, $\mathbb{R} \ni x \mapsto e^x \in (0, \infty)$ *(a qual é uma função bijetiva). Em particular, a função logaritmo real é injetiva, i.e,* $\ln(x_1) = \ln(x_2) \Rightarrow x_1 = x_2 \Leftrightarrow \ln(x_1) \neq \ln(x_2) \Rightarrow x_1 \neq x_2$*. Como vale que* $\ln(e^x) = x$*,* $\forall x \in \mathbb{R}$*, pois as funções exponencial real e logaritmo real são inversas uma da outra e que a função logaritmo real é injetiva e, além disso,* $e^x \neq x$*,* $\forall x \in \mathbb{R}$ *(em particular,* $e^x \neq x$*,* $\forall x \in (0, \infty)$*)* $\Rightarrow \underbrace{\ln(e^x)}_{=x} \neq \ln(x), \forall x \in (0, \infty) \Rightarrow \ln(x) \neq x$*,* $\forall x \in (0, \infty)$*. Concluímos, então, que a função logaritmo real não possui ponto fixo real algum.*

Observação 2.10. *Assim como a função exponencial complexa possui um ponto fixo complexo, e a função logaritmo complexo é definida como sendo a inversa da função exponencial complexa (em um domínio convenientemente escolhido), então a função logaritmo complexo, também, possui um ponto fixo complexo. De fato, como* $\exists z_0 \in \mathbb{C}; e^{z_0} = z_0 \underbrace{\Rightarrow}_{\text{no ramo principal de log}} \underbrace{\log(e^{z_0})}_{=z_0} = \log(z_0) \Rightarrow \log(z_0) = z_0$ *e, portanto, concluímos que o ponto fixo da função logaritmo complexo (definido em seu ramo principal) é o mesmo ponto fixo da função exponencial complexa. Mais geralmente, se uma função* $f : Z \subseteq \mathbb{C} \to \mathbb{C}$ *é inversível e possui um ponto fixo, digamos,* $f(z_0) = z_0$ *para algum ponto* $z_0 \in Z$*, então a função inversa* f^{-1} *tem* z_0*, também, como ponto fixo, i.e, nessas* *condições descritas* f *e* f^{-1} *tem os mesmos pontos fixos. De fato,* $f(z_0) = z_0 \Rightarrow f^{-1}(f(z_0)) = z_0 = f^{-1}(z_0)$.

Exemplo 2.10. *Uma aplicação interessante do fato de que ambas as funções exponencial real e logaritmo real não possuem pontos fixos reais, é que seus gráficos no plano cartesiano real não possuem pontos em comum, i.e,* $\nexists x_0 \in (0, +\infty); e^{x_0} = \ln(x_0)$, *ou seja,* $e^x \neq \ln(x), \forall x \in (0, +\infty)$ *(mais precisamente,* $e^x > \ln(x), \forall x \in (0, +\infty)$ *e, portanto, de acordo com todas as análises que fizemos até aqui, podemos concluir que* $e^x > x > \ln(x), \forall x \in (0, +\infty)$*, caracterizando assim as terminologias constantemente utilizadas como "crescimento exponencial", "crescimento afim" e "crescimento logarítmico"). De fato, como sabemos que* $e^x \neq x, \forall x \in \mathbb{R}$ *e* $\ln(x) \neq x, \forall x \in (0, +\infty)$*, então subtraindo membro a membro as duas diferenças anteriores, vamos obter que* $e^x - \ln(x) \neq x - x = 0, \forall x \in (0, +\infty) \Rightarrow e^x \neq \ln(x), \forall x \in (0, +\infty)$*. Em termos gráficos, como a exponencial real e a bissectriz dos quadrantes ímpares não se tocam, então o logaritmo real não toca a exponencial real, pois seus gráficos são separados simetricamente por essa bissectriz (recomendamos fazer o desenho). Para encerrar essa observação, podemos notar que o ponto fixo da exponencial complexa (que também é ponto fixo do logaritmo complexo) é ponto em comum com o logaritmo complexo, i.e,* $\exp(z_0) = \log(z_0)(= z_0)$ *e, dessa forma, concluímos que no caso complexo a exponencial complexa "toca" o logaritmo complexo.*

Observação 2.11. *Graficamente, esse fato se comprova da seguinte maneira: sabendo que os gráficos das funções exponencial complexa e da função identidade não se cortam (algo que é preciso de uma análise mais criteriosa para ser comprovada, de acordo com o que fizemos anteriormente), então é fato de que os gráficos das funções logaritmo real e da identidade também não se cortam, pois os gráficos das funções exponencial real e logaritmo real são simétricos em relação a bissetriz dos quadrantes ímpares (que é o gráfico da função identidade) e, portanto, não se cortam em ponto algum do plano. Recomendamos os leitores a interpretarem geometricamente o fato de que a exponencial complexa e o logaritmo complexo terem um ponto em comum, a saber, seu ponto fixo.*

Exemplo 2.11. *Uma outra aplicação interessante do fato de que a função exponencial real não possui ponto fixo real, é que a função cosseno hiperbólico real,* $\mathbb{R} \ni x \mapsto \cosh(x) := \dfrac{e^x + e^{-x}}{2} \in \mathbb{R}$*, não possui ponto fixo real algum, i.e,* $\nexists x_0 \in \mathbb{R}; \cosh(x_0) = \dfrac{e^{x_0} + e^{-x_0}}{2} = x_0$*. De fato, como sabemos que* $e^x > x(> \ln(x)), \forall x \in \mathbb{R}(\forall x \in (0, +\infty))$*, podemos usar esse fato no seguinte sentido: ao tentarmos resolver a equação transcendental (i.e, uma equação não algébrica, i.e, uma equação que não envolve raízes n-ésimas de polinômios), dada por* $\cosh(x) = \dfrac{e^x + e^{-x}}{2} = x \Leftrightarrow \dfrac{e^x + \frac{1}{e^x}}{2} =$

$x \Leftrightarrow \dfrac{e^{2x}+1}{2} = x \Leftrightarrow e^{2x}+1 = 2x \Leftrightarrow e^{2x} = 2x-1 \underbrace{\Leftrightarrow}_{e^x>0,\forall x\in\mathbb{R}} e^x = \sqrt{2x-1}$, *para* $x \in (1/2,+\infty)$ *e, assim, vamos comparar as funções* $\mathbb{R} \ni x \mapsto e^x, x \in \mathbb{R}$ *e* $(1/2,+\infty) \ni x\sqrt{2x-1} \in [0,+\infty)$, *no sentido de desigualdades. Temos que* $x \geq \sqrt{2x-1} \Rightarrow x^2 \geq 2x-1 \Rightarrow x^2-2x+1 = (x-1)^2 \geq 0, \forall x \in \mathbb{R}$. *Logo, mostramos que* $x \geq \sqrt{2x-1}, \forall x \in (1/2,+\infty)$, *e sendo* $e^x > x, \forall x \in \mathbb{R} \Rightarrow e^x > x \geq \sqrt{2x-1}, \forall x \in (1/2,+\infty)$. *Isso praticamente conclui o que queremos mostrar, pois sendo* $e^x > \sqrt{2x-1}, \forall x \in (1/2,+\infty) \Rightarrow e^{2x} > 2x-1 \Rightarrow e^{2x}+1 > 2x \Rightarrow e^x+e^{-x} > 2x \Rightarrow \dfrac{e^x+e^{-x}}{2} = \cosh(x) > x, \forall x \in \mathbb{R}$ *e, portanto, não se pode existir sequer algum* $x_0 \in \mathbb{R}$ *de tal forma que* $\cosh(x_0) = \dfrac{e^{x_0}+e^{-x_0}}{2} = x_0$, *ou seja, a função cosseno hiperbólico real não possui ponto fixo real algum.*

Observação 2.12. *Sabemos, exatamente, quem são os zeros das funções seno e cosseno real e, portanto, pelo PCPF, vai valer que as funções seno e cosseno complexo possuem zeros e, ainda, os zeros são os mesmos das suas contrapartes reais. Nesse espírito, podemos, também, afirmar via PCPF, que se uma função real de uma única variável real que seja analítica em algum intervalo da reta e que possua um ponto fixo real, então sendo uma função analítica real a restrição de uma função holomorfa à* $\mathbb{R}$, *vai seguir que a função "complexificada" possuirá o mesmo ponto fixo (real) que a função original.*

Uma pergunta que nos cabe, perfeitamente, de ser feita aqui é a seguinte: A função cosseno hiperbólico complexo possui ponto fixo (necessariamente complexo)? Deixamos a resposta dessa pergunta a cargo dos leitores após os mesmos terem estudado o ponto fixo da exponencial complexa posteriormente no livro.

5. O Método da Bissecção

O método da bissecção é o método mais elementar para se aproximar as raízes reais de uma equação $f(x) = 0$, *onde* $f : X \to \mathbb{R}, X \subset \mathbb{R}, x \mapsto f(x)$, *é uma função real de uma única variável real, contínua* $\forall x \in X$. *Como vamos ver adiante, a convergência do método é sempre garantida, apesar do fato que a "velocidade" dessa convergência seja relativamente "lenta". O método pode ser utilizado para se resolver uma gama "considerável" de equações que envolvam funções satisfazendo apenas algumas "poucas" condições como, continuidade e mudança de sinal em um intervalo* $[a,b] \subset \mathbb{R}$ *da reta real (em geral, os métodos para se aproximar raízes requerem condições mais "restritivas" do que essas).*

A seguir vamos descrever o método da bissecção. Consideramos $f : X \to \mathbb{R}, X \subset \mathbb{R}, x \mapsto f(x)$, *uma função real de uma única variável real, contínua* $\forall x \in X$. *Suponha que* $\exists\ I := [a,b] \subset X$, *intervalo fechado contido em X;* $f(a).f(b) < 0$, *i.e, a equação* $f(x) = 0$ *admite pelo menos uma raiz no intervalo aberto* (a,b). *Vamos supor, sem perda de generalidade (S.P.G.), que a equação* $f(x) = 0$ *admite apenas uma única raiz no intervalo aberto* (a,b) *pois, caso contrário, i.e, se houver* *mais de uma raiz para a equação $f(x) = 0$, podemos então "diminuir" o "tamanho" do intervalo aberto (a, b) de modo que esse novo intervalo contenha apenas uma única raiz da equação $f(x) = 0$, ou seja, considerar um novo intervalo aberto $(\widetilde{a}, \widetilde{b}) \subset (a, b)$; $\exists! x \in (\widetilde{a}, \widetilde{b})$; $f(x) = 0$. Desse modo, seja $\widetilde{x} \in (a, b)$ a (única) raiz da equação $f(x) = 0$. Consideramos o ponto médio do intervalo (a, b), que é o número $\frac{a+b}{2}$. Se $x_1 = \frac{a+b}{2}$ é raiz da equação $f(x) = 0$, i.e, $f(x_1) = f(\frac{a+b}{2}) = 0$ então, paramos o método. Caso $f(\frac{a+b}{2}) \neq 0$ então, sem perda de generalidade, podemos supor que $f(\frac{a+b}{2}).f(b) < 0$, e assim, a raiz $x_1 \in (\frac{a+b}{2}, b)$ (o caso em que $f(a).f(\frac{a+b}{2}) < 0$ é semelhante, e teríamos que a raiz $x_1 \in (a, \frac{a+b}{2})$). Logo, o número $x_1 = \frac{a+b}{2}$ é uma primeira aproximação para a raiz $\widetilde{x}$ da equação $f(x) = 0$, i.e, $x_1 = \frac{a+b}{2} \approx \widetilde{x}$. Consideramos agora o ponto médio do intervalo $(\frac{a+b}{2}, b)$ que é o número $(\frac{a+b}{2} + b)\frac{1}{2} = (\frac{a+b}{2} + \frac{2b}{2})\frac{1}{2} = \frac{a+3b}{4}$. Se $x_2 = \frac{a+3b}{4}$ é raiz da equação $f(x) = 0$, i.e, $f(x_2) = f(\frac{a+3b}{4}) = 0$ então, paramos o método. Caso $f(\frac{a+3b}{4}) \neq 0$ então, sem perda de generalidade, podemos supor que $f(\frac{a+b}{2}).f(\frac{a+3b}{4}) < 0$, e assim, a raiz $\widetilde{x} \in (\frac{a+b}{2}, \frac{a+3b}{4})$. Logo, o número $x_2 = \frac{a+3b}{4}$ é uma segunda aproximação para a raiz $\widetilde{x}$ da equação $f(x) = 0$, i.e, $x_2 = \frac{a+3b}{4} \approx \widetilde{x}$. Continuando, consideramos agora o ponto médio do intervalo $(\frac{a+b}{2}, \frac{a+3b}{4})$ que é o número $x_3 = (\frac{a+b}{2} + \frac{a+3b}{4})\frac{1}{2} = (\frac{2a+2b}{4} + \frac{a+3b}{4})\frac{1}{2} = \frac{3a+5b}{8}$. Se $x_3 = \frac{3a+5b}{8}$ é raiz da equação $f(x) = 0$, i.e, $f(x_3) = f(\frac{3a+5b}{8}) = 0$ então, paramos o método. Caso $f(x_3) = f(\frac{3a+5b}{8}) \neq 0$ então, continuando como fizemos nas etapas passadas, consideramos que o número $x_3 = \frac{3a+5b}{8}$ é uma terceira aproximação para a raiz da equação $f(x) = 0$, i.e, $x_3 = \frac{3a+5b}{8} \approx \widetilde{x}$, e assim sucessivamente. Consideramos agora os intervalos abertos $I_1 := (a, b)$, $I_2 := (\frac{a+b}{2}, b)$, $I_3 := (\frac{a+b}{2}, \frac{a+3b}{4})$ e $I_4 := (\frac{a+b}{2}, \frac{3a+5b}{8})$ (supondo sem perda de generalidade que a raiz $\widetilde{x} \in I_4 = (\frac{a+b}{2}, \frac{3a+5b}{8})$). Vamos calcular o comprimento de cada um desses intervalos. Relembramos antes que, sendo $\widetilde{I} := [p, q] \subset \mathbb{R}$ um intervalo fechado qualquer da reta real, denotamos seu comprimento por $|\widetilde{I}| := q - p$ (o comprimento do intervalo aberto $(p, q) \subset \mathbb{R}$ também é, por definição, $q - p$). Assim, os comprimentos dos intervalos I_1,I_2, I_3 e I_4 são, respectivamente, dados por:*

$$|I_1| = b - a \quad , \quad |I_2| = b - \frac{a+b}{2} = \frac{2b-a-b}{2} = \frac{b-a}{2} = \frac{1}{2}|I_1|,\ |I_3| = \frac{a+3b}{4} - \frac{a+b}{2} = \frac{a+3b-2a-2b}{4} = \frac{b-a}{4} = \frac{b-a}{2^2} = \frac{1}{2^2}|I_1|$$
$$\text{e } |I_4| = \frac{3a+5b}{8} - \frac{a+b}{2} = \frac{3a+5b}{8} - \frac{4(a+b)}{8} = \frac{3a+5b-4a-4b}{8} = \frac{b-a}{8} = \frac{b-a}{2^3} = \frac{1}{2^3}|I_1|.$$

Dessa forma, o comprimento do intervalo aberto I_n, $n \in \mathbb{N}$, obtido após se dividir o intervalo aberto I_{n-1} ao meio (e considerar um dos intervalos resultantes após tal divisão, i.e, após considerar uma de suas "metades") é dado por $|I_n| = \frac{1}{2^{n-1}}|I_1| = \frac{b-a}{2^{n-1}}$, $\forall n \in \mathbb{N}$. Dados $a < b$ dois números reais quaisquer fixados, consideramos, agora, a sequência de números reais $\{x_n\}_{n\in\mathbb{N}} \subset \mathbb{R}$, $n \mapsto x_n := \frac{b-a}{2^{n-1}}$. Temos que

$$\lim_{n\to\infty} x_n = \lim_{n\to\infty} \frac{b-a}{2^{n-1}} = (b-a)\lim_{n\to\infty} \frac{1}{2^{n-1}} = (b-a).0 = 0.$$

Logo, a sequência é convergente e seu limite é 0. Isso significa que o comprimento de cada elemento da sequência de intervalos abertos $I_1, I_2, ..., I_{n-1}, I_n, ...$ vai se tornando cada vez mais *próximo de 0. O valor absoluto (valor em módulo) do erro cometido ao se aproximar a raiz* $\widetilde{x}$ *da equação* $f(x) = 0$ *por* $x_1 = \frac{a+b}{2}$ *é dado por* $|E_1| = |\frac{a+b}{2} - \widetilde{x}|$. *Dessa forma, os valores absolutos dos erros cometidos ao aproximarmos a raiz* $\widetilde{x}$ *da equação* $f(x) = 0$ *por* $x_2 = \frac{a+3b}{4}$ *e* $x_3 = \frac{3a+5b}{8}$ *são, respectivamente, dados por* $|E_2| = |\frac{a+3b}{4} - \widetilde{x}|$ *e* $|E_3| = |\frac{3a+5b}{8} - \widetilde{x}|$. *Notamos agora que* $|E_1| < |I_1|$, *já que o intervalo fechado* $[\frac{a+b}{2}, \widetilde{x}] \subseteq I_1 = (a, b)$. *Ainda, temos que* $|E_2| < |I_2|$, *já que o intervalo fechado* $[\widetilde{x}, \frac{a+3b}{4}] \subseteq I_2 = (\frac{a+b}{2}, b)$. *Além disso, concluímos que* $|E_3| < |I_3|$, *já que o intervalo fechado* $[\frac{3a+5b}{8}, \widetilde{x}] \subseteq I_3 = (\frac{a+b}{2}, \frac{a+3b}{4})$. *Assim, mais geralmente, concluímos que* $|E_n| < |I_n|, \forall n \in \mathbb{N}$, *onde* $|I_n| = \frac{b-a}{2^{n-1}}$. *Portanto,* $|E_n| < \frac{b-a}{2^{n-1}}, \forall n \in \mathbb{N}$, *onde* n *é o número de etapas realizadas no processo iterativo da bissecção, i.e, o número de vezes que devemos dividir os intervalos dados a partir de* $I = [a, b]$ *se quizermos, por exemplo, estipular um erro específico o qual queremos atingir para a aproximação* x_n *da raiz* $\widetilde{x}$ *da equação* $f(x) = 0$. *Supondo, portanto, que queremos atingir um erro menor do que um número real positivo arbitrário* $\epsilon > 0$ *dado então, devemos determinar o número de etapas que devem ser realizadas pelo método da bissecção para atingir tal erro, i.e, devemos resolver a inequação* $|E_{n+1}| < \epsilon$, *onde* $|E_{n+1}| < \frac{b-a}{2^n}$, $\forall n \in \mathbb{N}$. *Logo, temos que*

$$\frac{b-a}{2^n} < \epsilon \Leftrightarrow \frac{2^n}{b-a} > \frac{1}{\epsilon} \Leftrightarrow 2^n > \frac{b-a}{\epsilon} \Leftrightarrow \log(2^n) > \log(\frac{b-a}{\epsilon}) \Leftrightarrow n\log(2) > \log(\frac{b-a}{\epsilon}) \Leftrightarrow n > \frac{\log(\frac{b-a}{\epsilon})}{\log(2)} \Leftrightarrow n > \log_2(\frac{b-a}{\epsilon})$$

onde, nas passagens acima usamos as seguintes propriedades da função logaritmo real $\log : A \to \mathbb{R}, x \mapsto \log(x), A := \{x \in \mathbb{R}; x > 0\} = (0, \infty)$:

(1) $\log_b(a) = \frac{\log_c(a)}{\log_c(b)}$ *(mudança de base).*

(2) $\log(a^b) = b\log(a)$.

Dessa forma, se queremos obter um erro menor do que $\epsilon > 0$ *dado então, devemos tomar* $n \in \mathbb{N}$ *como sendo o primeiro número natural que é maior ou igual (na grande maioria das vezes é maior) do que o número* $\log_2(\frac{b-a}{\epsilon})$, *i.e,* $n \in \mathbb{N}; n > \log_2(\frac{b-a}{\epsilon})$, *e realizar um número de n-etapas no método da bissecção.*

Podemos, então, parcialmente, resumir os fatos descritos acima em um teorema:

Teorema 2.4. *(Método da Bissecção) Seja* $f : X \to \mathbb{R}$, $x \mapsto f(x)$, *uma função real de uma única variável real, contínua* $\forall x \in X$. *Suponha que* $\exists\ I := [a, b] \subset X$, *intervalo fechado contido em X;* $f(a).f(b) < 0$, *i.e, a equação* $f(x) = 0$ *admite pelo menos uma raiz no intervalo aberto* (a, b) *(vamos supor sem perda de generalidade que essa raiz é única, já que podemos diminuir o comprimento do intervalo aberto* (a, b) *de modo que se tenha apenas uma raiz da equação* $f(x) = 0$ *nesse intervalo). De acordo com o método da bissecção descrito acima, o comprimento do intervalo que contém a raiz* $\widetilde{x}$ *da equação* $f(x) = 0$, *após o n-ésimo passo do método, que consiste em dividir o intervalo* I_{n-1} *ao meio e verificar em qual das duas "metades" resultantes está a raiz* $\widetilde{x}$, *é dado por* $I_n = \frac{b-a}{2^{n-1}}$. *Além disso, o limite*

$$\lim_{n\to\infty} \frac{b-a}{2^{n-1}} = 0,$$

i.e, o comprimento do n-ésimo intervalo $|I_n| = \frac{b-a}{2^{n-1}}$ *tende a zero quando n tende a infinito, ou seja,*

$$\lim_{n\to\infty} |I_n| = 0.$$

Isso significa que o método converge, i.e, denotando por x_n *o ponto médio do n-ésimo intervalo* I_n, *que é uma aproximação para a raiz* $\widetilde{x}$ *da equação* $f(x) = 0$, *i.e,* $x_n \approx \widetilde{x}$ *então,*

$$\lim_{n\to\infty} x_n = \widetilde{x},$$

i.e, a sequência das aproximações $\{x_n\}_{n\in\mathbb{N}}$ *converge para a (única) raiz* $\widetilde{x}$ *da equação* $f(x) = 0$. *Ainda, para se obter o número de passos do método da bissecção a ser realizado para que tenhamos um erro pré-fixado menor do que* $\epsilon > 0$ *qualquer, devemos realizar um número de passos igual ao primeiro número natural* $n \in \mathbb{N}$ *de tal forma que* $n > \log_2(\frac{b-a}{\epsilon})$, *i.e,* $n \in \mathbb{N}$; $n > \log_2(\frac{b-a}{\epsilon})$.

Observação 2.13. *A seguir, vamos fazer algumas observações sobre o método da bissecção.*

(1) *Quanto maior for o comprimento do intervalo* (a, b), *o qual sabemos que uma função* $f : X \to \mathbb{R}$, $X \subset \mathbb{R}$, $x \mapsto f(x)$, *contínua* $\forall x \in X$, *troca de sinal, maior será então o número de passos que precisamos realizar para que tenhamos um mesmo erro pré-fixado* $\epsilon > 0$ *do que em relação a um intervalo de maior comprimento* $(\widetilde{a}, \widetilde{b})$ *que também contém a raiz já que, quanto maior o comprimento do intervalo* (a, b) *maior será o número* $b - a$ *e, consequentemente, o valor de* $\log_2(\frac{b-a}{\epsilon})$ *será também maior, já que a função logaritmo real* $\log : (0, \infty) \to \mathbb{R}$, $x \mapsto \log(x)$, *é uma bijeção crescente (na verdade só precisamos do fato de que ela é crescente) de* $(0, \infty)$ *em* $\mathbb{R}$. *Na prática, o que é feito é tentar tomar o intervalo* (a, b) *que contenha a raiz* $\widetilde{x}$ *da equação* $f(x) = 0$ *o "menor possível", i.e, isolar a raiz em um intervalo relativamente "pequeno" e, assim, aplicar as etapas do método a partir desse intervalo* (a, b).

(2) *O método da bissecção usa diretamente o fato de que uma função* $f : X \to \mathbb{R}$, $x \mapsto f(x)$, *contínua* $\forall x \in \mathbb{R}$, *que troca de sinal em algum intervalo* $I \subset X$ *possui pelo menos uma raiz para a equação* $f(x) = 0$ *em I. Entretanto, nos casos em que, por exemplo, a equação* $f(x) = 0$ *possui uma raiz dupla* $\widetilde{x}$ *em I não podemos usar o método da bissecção já que, nesse caso, a função f não irá trocar de sinal em nenhuma vizinhança da raiz dupla* $\widetilde{x}$ *(onde uma vizinhança do ponto* $\widetilde{x}$ *no intervalo I é um conjunto aberto que contém* $\widetilde{x}$ *que está inteiramente contido em I, como por exemplo, um outro intervalo aberto inteiramente contido em I). Como um exemplo do que foi dito acima considere as funções reais de uma única variável real* $f_1, f_2 : \mathbb{R} \to \mathbb{R}$, *dadas por* $f_1(x) := x^2$ *e* $f_2(x) := x^2 - 2x + 1 = (x-1)^2$.

As equações $f_1(x) = 0$ *e* $f_2(x) = 0$ *possuem raízes duplas, respectivamente, nos pontos* $x = 0$ *e* $x = 1$*, já que:*

$$f_1(0) = 0^2 = 0,\ f_1'(x) = 2x \Rightarrow f_1'(0) = 2.0 = 0 \text{ e}$$
$$f_1''(x) = 2 \neq 0, \forall x \in \mathbb{R} \Rightarrow f_1''(0) = 2 \neq 0 \Rightarrow x = 0$$

é uma raiz dupla da equação $f_1(x) = x^2 = 0$ *e, assim, a função* f_1 *não troca de sinal em nenhuma vizinhança do ponto* $x = 0$*, i.e, não troca de sinal em sequer algum intervalo aberto que contenha o ponto* $x = 0$*. Ainda, temos que:*

$$f_2(1) = (1-1)^2 = 0^2 = 0,\ f_2'(x) = 2(x-1) \Rightarrow f_2'(1) = 0 \text{ e}$$
$$f_2''(x) = 2 \neq 0, \forall x \in \mathbb{R} \Rightarrow f_2''(1) = 2 \neq 0 \Rightarrow x = 1$$

é uma raiz dupla da equação $f_2(x) = (x-1)^2 = 0$ *e, portanto, a função* f_2 *não troca de sinal em nenhum intervalo aberto contendo o ponto* $x = 1$*. Relembrando, dada uma função real de uma única variável real* $f : X \to \mathbb{R},\ X \subset \mathbb{R},\ x \mapsto f(x)$*, uma raiz de ordem* n *para a equação* $f(x) = 0$ *é um ponto* $\widetilde{x} \in X$*;*

$$f(\widetilde{x}) = f'(\widetilde{x}) = f''(\widetilde{x}) = \ldots = f^{(n-1)}(\widetilde{x}) = 0 \text{ mas } f^{(n)}(\widetilde{x}) \neq 0$$

onde o símbolo "$f^{(n)}(\widetilde{x})$*" denota a derivada de ordem* n *da função* f *no ponto* $\widetilde{x} = 0$ *onde, por definição,*

$$f^{(n)}(x) := \frac{df^{(n-1)}}{dx}(x)$$

ou seja, é definido recursivamente.

(3) *No método da bissecção raramente ocorre que a aproximação* x_n*, para algum* $n \in \mathbb{N}$*, da raiz* $\widetilde{x}$ *da equação* $f(x) = 0$ *após a n-ésima divisão (ao "meio") do intervalo* $I := (a, b)$ *seja exatamente a raiz da equação* $f(x) = 0$*, i.e,* $f(x_n) = 0$*. Logo, na maioria dos casos devemos estipular um erro* $\epsilon > 0$ *ao qual queremos que a raiz da equação* $f(x) = 0$ *satisfaça e aplicar o método da bissecção tantas etapas quanto necessárias.*

Observação 2.14. *Para o próximo exemplo, vamos usar a seguinte propriedade da função logaritmo real* $\log : (0, \infty) \to \mathbb{R},\ x \mapsto \log(x)$ *(além das propriedades citadas anteriormente na descrição do método da bissecção):*

$$\log(a.b) = \log(a) + \log(b), \forall a, b \in (0, \infty).$$

Em particular, essa propriedade mostra que a função logaritmo real log *é um homomorfismo entre o grupo multiplicativo dos números reais não nulos* $G_1 = (\mathbb{R}/\{0\}, .)$ *e o grupo aditivo dos números reais* $G_2 = (\mathbb{R}, +)$*. Mais do que isso, a função logaritmo real* log *é um isomorfismo (ou seja, um homomorfismo bijetor) entre os grupos* G_1 *e* G_2*, já que a função logaritmo real* log *é uma bijeção entre* $(0, \infty)$ *e a reta real* $\mathbb{R}$*, onde sua inversa é a função* $f : \mathbb{R} \to (0, \infty),\ x \mapsto f(x) := e^x$*.*

EXEMPLO 2.12. *Vamos mostrar que a função cosseno real* $x \mapsto \cos(x)$ *possui exatamente um único ponto fixo no intervalo aberto* $(0, \frac{\pi}{2})$ *(na verdade, um único ponto fixo em toda reta real* $\mathbb{R}$*), i.e,* $\exists!\ \widetilde{x} \in (0, \frac{\pi}{2})$*;* $\cos(\widetilde{x}) = \widetilde{x}$*, e determinar a quantidade mínima de etapas a serem realizadas pelo método da bissecção para que se tenha uma aproximação desse ponto fixo com um erro* $< 10^{-6}$*. Para isso, consideramos a função real de uma única variável real* $f : \mathbb{R} \to \mathbb{R}, x \mapsto f(x) := \cos(x) - x$*. Equivalentemente, para mostrar que a função* cos *real possui um único ponto fixo no intervalo aberto* $(0, \frac{\pi}{2})$*, vamos mostrar que a equação auxiliar* $f(x) = \cos(x) - x = 0$ *possui uma única raiz no intervalo aberto* $(0, \frac{\pi}{2})$ *(na verdade, uma única raiz em toda reta real* $\mathbb{R}$*), i.e,* $\exists!\ \widetilde{x} \in (0, \frac{\pi}{2})$*;* $f(\widetilde{x}) = \cos(\widetilde{x}) - \widetilde{x} = 0$*. Inicialmente, notamos que a função* f *é contínua, pois é soma das funções contínuas* $g_1, g_2 : \mathbb{R} \to \mathbb{R}$*, dadas por* $g_1(x) := \cos(x)$*,* $g_2(x) := -x$*. Além disso, a função* f *troca de sinal no intervalo fechado* $[0, \frac{\pi}{2}]$*. De fato, temos que* $f(0) = \cos(0) - 0 = 1 - 0 = 1 > 0$*, já que* $\cos(0) = 1$*. Ainda,* $f(\frac{\pi}{2}) = \cos(\frac{\pi}{2}) - \frac{\pi}{2} = 0 - \frac{\pi}{2} = \frac{-\pi}{2} < 0$*, já que* $\cos(\frac{\pi}{2}) = 0$*. Logo, temos que* $\exists\ \widetilde{x} \in (0, \frac{\pi}{2}); f(x_0) = 0$*. Para mostrar que existe apenas uma única solução para equação* $f(x) = \cos(x) - x = 0$ *no intervalo aberto* $(0, \frac{\pi}{2})$*, vamos mostrar que a derivada da função derivável* f*, que é a função* $f' : \mathbb{R} \to \mathbb{R},\ x \mapsto f'(x) = -\,sen(x) - 1$*, é estritamente decrescente no intervalo aberto* $(0, \frac{\pi}{2})$*. Para isso, vamos mostrar que* $f'(x) = -1 - sen(x) < 0,\ \forall x \in (0, \frac{\pi}{2})$*. De fato, sendo* $f'(x) = -1 - sen(x) = -(1 + sen(x))$*, temos que:*

$$-(1 + sen(x)) < 0 \Leftrightarrow 1 + sen(x) > 0 \Leftrightarrow sen(x) > -1.$$

Mas, como $sen(x) \in (0, 1),\ \forall x \in (0, \frac{\pi}{2})$*, i.e,* $0 < sen(x) < 1,\ \forall x \in (0, \frac{\pi}{2})$*, então* $sen(x) > -1$*,* $\forall x \in (0, \frac{\pi}{2})$ *e, consequentemente,* $f'(x) = -1 - sen(x) < 0,\ \forall x \in (0, \frac{\pi}{2})$*. Portanto, a função* f' *é estritamente decrescente no intervalo aberto* $(0, \frac{\pi}{2})$*. Logo, a função* f *admite apenas um único ponto fixo no intervalo aberto* $(0, \frac{\pi}{2})$*, i.e,* $\exists!\ \widetilde{x} \in (0, \frac{\pi}{2}); f(\widetilde{x}) = \cos(\widetilde{x}) - \widetilde{x} = 0$*. Vamos, agora, determinar o número mínimo de etapas a serem realizadas pelo método da bissecção para que se tenha uma aproximação do ponto fixo da função cosseno real com um erro menor do que* 10^{-6}*. Para isso, devemos ter* $n > \log_2(\frac{b-a}{\epsilon})$*, onde* $\epsilon = 10^{-6}$*,* $b = 1$ *e* $a = 0$*. Mas,*

$$\log_2(\tfrac{1-0}{10^{-6}}) = \log_2(\tfrac{1}{10^{-6}}) = \log_2(10^6) = 6\log_2(10) = 6\log_2(2.5) = 6(\log_2(2) + \log_2(5)) = 6(1 + \log_2 5).$$

Assim, devemos ter que $n > 6(1 + \log_2 5)$*. Sem fazer uso de uma calculadora, por exemplo, podemos obter um valor aproximado para o número* $\log_2(5)$ *da seguinte forma: Inicialmente, notamos que* $\log_2(5) = u \Leftrightarrow 2^u = 5$*. Mas* $4 < 5 < 8$*, ou seja,* $2^2 < 5 < 2^3$*. Como a função exponencial real* $x \mapsto \exp(x)$ *é uma bijeção crescente de* $\mathbb{R}$ *em* $(0, \infty)$ *então:* $2^2 < 2^u < 2^3 \Leftrightarrow 2 < u < 3$*. Se tomarmos, por exemplo,* $u = \frac{2+3}{2} = \frac{5}{2} = 2,5$*, então*

$$2^u = 2^{2,5} = 2^{2+0,5} = 2^2.2^{0,5} = 2^2.2^{\frac{1}{2}} = 4\sqrt{2} \approx 4.1,41 = 5,64 > 5$$

onde usamos a aproximação $\sqrt{2} \approx 1,41$*. Nos contentando com essa aproximação, i.e, considerando que* $\log_2(5) \approx 2,5$ *obtemos que* $6(1 + \log_2(5)) \approx 6(1 + 2,5) = 6.3,5 = 21$*. Assim,* $n \in \mathbb{N}$ *deve* *ser o primeiro número natural* > 21, *i.e*, $n = 22 \in \mathbb{N}$. *Dessa forma, se tomarmos* $n = 22 \in \mathbb{N}$, *após 22-etapas no método da bissecção, vamos obter um erro* $< 10^{-6}$ *para o ponto fixo da função* cos *real.*

Vamos a seguir, por meio de um exemplo, usar o método da bissecção para encontrar aproximadamente a raiz de uma equação $f(x) = 0$ *específica, onde* f *é uma função específica dada.*

Exemplo 2.13. *Consideramos a função real de uma única variável real* $f : \mathbb{R} \to \mathbb{R}, x \mapsto f(x) := 2^{6x} - 10$. *Vamos mostrar que a equação* $f(x) = 2^{6x} - 10 = 0$, *possui apenas uma única raiz* $\widetilde{x}$, *a qual pertence ao intervalo aberto* $(0,1)$, *e depois determinar aproximadamente essa raiz usando o método da bissecção. Notamos, inicialmente, que a função* f *é contínua, pois é soma das funções contínuas* g_1 *e* g_2 *dadas por* $g_1(x) := 2^{6x}$ *(a função exponencial é contínua em qualquer base* $a \in \mathbb{R}/\{0,1\}$*) e* $g_2(x) = -10$ *(função identicamente constante igual a* -10*). Temos que,*

$$f(0) = 2^{6.0} - 10 = 2^0 - 10 = 1 - 10 = -9 < 0 \text{ e } f(1) = 2^{6.1} - 10 = 64 - 10 = 54 > 0.$$

Logo, $f(0).f(1) < 0$, *e sendo* f *uma função contínua,* $\exists\, \widetilde{x} \in (0,1);\ f(\widetilde{x}) = 2^{6\widetilde{x}} - 10 = 0$. *Podemos provar que a raiz dessa equação é única de duas maneiras distintas. A primeira maneira consiste em notar que a derivada da função* f, *é a função real de uma única variável real* $f' : \mathbb{R} \to \mathbb{R}$, $x \mapsto f(x) = \ln(6).6^x$, *que é* $> 0, \forall x \in \mathbb{R}$, *i.e,* $f'(x) = 6.2^{6x} > 0, \forall x \in \mathbb{R}$, *já que a função exponencial real é estritamente positiva quando a base é* $a > 1$. *Em particular,* $f'(x) > 0, \forall x \in (0,1)$ *e, assim, a função* f *é crescente no intervalo aberto* $(0,1)$ *(na verdade crescente em toda a reta real* $\mathbb{R}$*). Logo,* $\exists!\, \widetilde{x} \in (0,1);\ f(x) = 0$ *(na verdade,* $\exists!\, \widetilde{x} \in \mathbb{R};\ f(x) = 0$*). A segunda maneira consiste em notar que os gráficos das funções* g_1 *e* $g_3 := -g_2$ $(-g_2(x) = 10)$, *que são, respectivamente, os subconjuntos do plano real*

$$Graf(g_1) := \{(x, 2^{6x}), x \in \mathbb{R}\},\ Graf(g_3) := \{(x, 10), x \in \mathbb{R}\} \subset \mathbb{R}^2$$

se "cortam" em um único ponto, onde $Graf(g_3)$ *é uma reta horizontal paralela ao eixo das abscissas, i.e, o eixo dos* x, *que "corta" o eixo das ordenadas, i.e, o eixo dos* y, *no ponto* $p = (0,10)$. *Vamos, então, agora encontrar uma aproximação dessa raiz* $\widetilde{x}$ *pelo método da bissecção. De acordo com esse método, uma primeira aproximação para a raiz* $\widetilde{x}$ *será o ponto médio do intervalo aberto* $I_1 := (0,1)$, *que é o ponto*

$$x_1 = \frac{0+1}{2} = \frac{1}{2} = 0,5,\ i.e,\ \widetilde{x} \approx x_1 = \frac{1}{2} = 0,5,\ i.e,$$

$\widetilde{x} \approx x_1 = \dfrac{1}{2} = 0,5$. *Agora, notamos que,* $x_1 = \dfrac{1}{2}$ *não é raiz da equação* $f(x) = 2^6x - 10 = 0$, *i.e,* $f(x_1) = f\left(\dfrac{1}{2}\right) \neq 0$. *De fato,*

$$f\left(\frac{1}{2}\right) = 2^{6\frac{1}{2}} - 10 = 2^3 - 10 = 8 - 10 = -2 < 0.$$

Devemos, agora, decidir se $\widetilde{x} \in \left(0, \frac{1}{2}\right)$ *ou se* $\widetilde{x} \in \left(\frac{1}{2}, 1\right)$. *Temos que,*

$$f\left(\frac{1}{2}\right) = 2^{6.\frac{1}{2}} - 10 = 2^3 - 10 = 8 - 10 = -2 < 0.$$

Como $f(1) > 0$ *e* $f\left(\frac{1}{2}\right) < 0 \Rightarrow \widetilde{x} \in \left(\frac{1}{2}, 1\right)$. *Consideramos, agora, uma nova aproximação da raiz* $\widetilde{x}$, *como sendo o ponto médio do intervalo aberto* $I_2 := \left(\frac{1}{2}, 1\right)$, *que é o ponto*

$$x_2 = f(x_1) = \frac{\frac{1}{2} + 1}{2} = \left(\frac{1}{2} + \frac{2}{2}\right)\frac{1}{2} = \frac{3}{4} = 0,75,$$

i.e, $\widetilde{x} \approx x_2 = \frac{3}{4} = 0,75$. *Notamos, agora, que*

$$f(x_2) = f\left(\frac{3}{4}\right) = 2^{6.\frac{3}{4}} - 10 = 2^{\frac{9}{2}} - 10 = 2^{(\frac{8}{2}+\frac{1}{2})} - 10 = 2^{\frac{8}{2}}.2^{\frac{1}{2}} - 10 = 2^4.2^{\frac{1}{2}} - 10 = 16\sqrt{2} - 10 =$$
$$2(8\sqrt{2} - 5) > 0,$$

i.e, x_2 *não é raiz da equação* $f(x) = 2^6 x - 10 = 0$. *Mas, como* $f(0) < 0$ *e* $f\left(\frac{3}{4}\right) > 0 \Rightarrow \widetilde{x} \in \left(0, \frac{3}{4}\right)$. *Assim, tomamos o ponto médio do intervalo aberto* $I_3 := \left(0, \frac{3}{4}\right)$, *que é o ponto*

$$x_3 = \frac{\frac{3}{4} + 0}{2} = \frac{3}{8} = 0,375,$$

como sendo uma nova aproximação para a raiz $\widetilde{x}$, *i.e,* $\widetilde{x} \approx \frac{3}{8} = 0,375$. *Ainda, temos que*

$$f(x_3) = f\left(\frac{3}{8}\right) = 2^{6.\frac{3}{8}} - 10 = 2^{\frac{9}{4}} - 10 = 2^{\frac{8}{4}}.2^{\frac{1}{4}} - 10 = 2^2.2^{\frac{1}{4}} - 10 = 4\sqrt[4]{4} - 10.$$

Precisamos, agora, verificar o sinal do número real $4\sqrt[4]{4} - 10 \in \mathbb{R}$, *i.e, decidir se* $4\sqrt[4]{4} - 10 > 0$ *ou se* $4\sqrt[4]{4} - 10 < 0$. *Para isso, observamos que*

$$\sqrt[4]{4} = 4^{\frac{1}{4}} = (2^2)^{\frac{1}{4}} = 2^{\frac{2}{4}} = 2^{\frac{1}{2}} = \sqrt{2}.$$

Dessa forma,

$$f\left(\frac{3}{8}\right) = 4\sqrt[4]{4} - 10 = 4\sqrt{2} - 10.$$

Mas,

$$\sqrt{2} < 2 \Rightarrow 4\sqrt{2} < 8 \Rightarrow 4\sqrt{2} - 10 < 8 - 10 = -2 < 0.$$

Logo, a raiz $\widetilde{x} \in \left(\frac{3}{8}, \frac{3}{4}\right)$. *Dessa forma, uma nova aproximação para a raiz* $\widetilde{x}$, *é o ponto médio do intervalo* $I_4 := \left(\frac{3}{8}, \frac{3}{4}\right)$, *que é o número*

$$x_4 = \frac{\frac{3}{8} + \frac{3}{4}}{2} = \frac{\frac{3}{8} + \frac{6}{8}}{2} = \frac{9}{8}.\frac{1}{2} = \frac{9}{16},$$

i.e, $\widetilde{x} \approx x_4 = \dfrac{9}{16} = 0,5625$. *Mas,*

$$f(x_4) = f\left(\frac{9}{16}\right) = 2^{6.\frac{9}{16}} - 10 = 2^{3.\frac{9}{8}} - 10 = 2^{\frac{27}{8}} - 10 = 2^{\frac{24}{8}+\frac{3}{8}} = 2^{3+\frac{3}{8}} - 10 = (2^3.2^{\frac{3}{8}}) - 10 =$$
$$(2^3.2^{\frac{2}{8}+\frac{1}{8}}) - 10 = (8.2^{\frac{1}{4}+\frac{1}{8}}) - 10 = 8.2^{\frac{1}{4}}.2^{\frac{1}{8}} - 10 = 8\sqrt[4]{2}\sqrt[8]{2} - 10.$$

A partir disso, podemos notar que, para esse caso, sem o auxílio de uma calculadora, por exemplo, a cada passo do método da bissecção, vai se tornando cada vez mais difícil dizer se $f(x_n)$, *para algum* $n \in \mathbb{N}$, *é positivo ou negativo, i.e, se* $f(x_n) > 0$, *para algum* $n \in \mathbb{N}$, *ou se* $f(x_n) < 0$, *para algum* $n \in \mathbb{N}$, *onde* x_n *é a n-ésima aproximação para a raiz* $\widetilde{x}$ *da equação* $f(x) = 2^{6x} - 10$. *Assim, tomamos uma aproximação para a raiz* $\widetilde{x}$ *como sendo o número* $x_4 = \frac{9}{16} = 0,5625$. *Ainda, usando as aproximações dos números irracionais* $\sqrt[4]{2}, \sqrt[8]{2} \in \mathcal{I} = \mathbb{R}/\mathbb{Q}$ *até quatro casas decimais (com o auxílio de uma calculadora, por exemplo), obtemos:* $\sqrt[4]{2} \approx 1,1892$, $\sqrt[8]{2} \approx 1,0905$. *Além disso, aproximando o produto* $\sqrt[4]{2}\sqrt[8]{2}$ *até quatro casas decimais, obtemos que*

$$1,1892.1,0905 \approx 1,2968 \Rightarrow 8\sqrt[4]{2}\sqrt[8]{2} \approx 8.1,2968 = 10,3744 \Rightarrow 8\sqrt[4]{2}\sqrt[8]{2} - 10 \approx 10,3744 - 10 =$$
$$0,3744 \approx 0.$$

Logo, com quatro passos no método da bissecção, obtemos o número racional $\dfrac{9}{16} = 0,5625 \in \mathbb{Q}$, *que está relativamente próximo da raiz* $\widetilde{x}$ *da equação* $f(x) = 2^{6x} - 10 = 0$.

OBSERVAÇÃO 2.15. *Notamos que:*

$$2^{6x} - 10 = 0 \Leftrightarrow 2^{6x} = 10 \Leftrightarrow \log_2(2^{6x}) = \log_2 10 \Leftrightarrow 6x.\log_2 2 = \log_2 10 \Leftrightarrow 6x.1 = 6x = \log_2 10 \Leftrightarrow$$
$$6x = \log_2(2.5) = \log_2 2 + \log_2 5 = 1 + \log_2 5 \Leftrightarrow x = \frac{1 + \log_2 5}{6}.$$

Dessa forma, a cada etapa do método da bissecção teremos uma aproximação do número $\dfrac{1 + \log_2 5}{6}$ *e, consequentemente, uma aproximação para o número* $\log_2 5$. *Por exemplo, vimos que uma aproximação para a raiz* $\widetilde{x} \in \mathbb{R}$ *da equação* $2^{6x} - 10 = 0$ *é o número* $x = \dfrac{9}{16}$. *Assim,* $\dfrac{1 + \log_2 5}{6} \approx \dfrac{9}{16}$ *e, portanto,*

$$1 + \log_2 5 \approx 6.\frac{9}{16} \Rightarrow \log_2 5 \approx 6.\frac{9}{16} - 1 = 3.\frac{9}{8} - 1 = \frac{27}{8} - \frac{8}{8} = \frac{19}{8} = 2,375.$$

Como, $a^b = c \Leftrightarrow b = \log_a c$, *então* $\log_2 5 \approx 2,375 \Rightarrow 2^{2,375} \approx 5$. *Quanto mais passos fizermos no método da bissecção para aproximar a raiz* $\widetilde{x}$ *da equação* $2^{6x} - 10 = 0$, *obteremos também uma melhor aproximação para o número real* $\log_2 5 \in \mathbb{R}$. *De maneira geral, consideramos a equação* $a^{bx} + c = 0$, *onde* $c < 0$ *(caso contrário não haveria raiz real para essa equação já que a função exponencial real é estritamente positiva). Dessa forma, temos que*

$$a^{bx} + c = 0 \Leftrightarrow a^{bx} = -c \Leftrightarrow \log a^{bx} = \log(-c) \Leftrightarrow bx.\log a = \log(-c) \Leftrightarrow bx = \frac{\log(-c)}{\log a} \Leftrightarrow x =$$
$$\frac{1}{b}.\frac{\log(-c)}{\log a} = \frac{1}{b}.\log_a(-c),$$

onde usamos a propriedade de mudança de base da função logaritmo real $x > 0 \mapsto \log(x)$ *que é:*

$$\log_b a = \frac{\log_c a}{\log_c b}, \quad a > 0, \quad 1 \neq b, c > 0.$$

Assim, ao encontrar uma aproximação para a raiz da equação $a^{bx} + c = 0$, $c < 0$, *estamos encontrando, portanto, uma aproximação para o número* $\widetilde{x} = \frac{1}{b}\log_a(-c)$ *e, consequentemente, para o número real* $\log_a(-c) \in \mathbb{R}$. *Como uma aplicação desse fato, vejamos um exemplo a seguir:*

EXEMPLO 2.14. *Vamos supor que precisamos encontrar uma aproximação para o número real* $\log_6(11) \in \mathbb{R}$. *Assim, façamos o seguinte: Notamos que*

$$\log_6(11) = u \Leftrightarrow 6^u = 11 \Leftrightarrow 6^u - 11 = 0.$$

Dessa forma, consideramos a função real de uma única variável real $f : \mathbb{R} \to \mathbb{R}$, $x \mapsto f(x) := 6^x - 11$, *e procedemos como no exemplo 2.13, observando que a função* f *é uma função contínua que troca de sinal no intervalo aberto* $(1, 2)$, *i.e,* $f(1).f(2) < 0$ *e, portanto, a equação* $f(x) = 6^x - 11 = 0$ *admite uma raiz que pertence ao intervalo aberto* $(1, 2)$. *Mostramos também que essa raiz é única e usamos o método da bissecção para encontrar essa raiz, que é o número real* $\log_6(11) \in \mathbb{R}$, *com uma precisão pré-fixada, i.e, com um erro menor do que* $\epsilon > 0$ *arbitrariamente dado. Para maiores detalhes veja o exercício de número 2 proposto no capítulo 5 e uma sugestão de solução do mesmo no capítulo 6.*

6. O Método de Newton Real

O método de Newton [2] *é um caso particular dos chamados "métodos de ponto fixo". Ao contrário do método da bissecção, não temos sempre garantia de convergência para o método, mas quando este ocorre, a "velocidade" dessa convergência pode se tornar "muito maior" quando comparado com a "velocidade" de convergência do método da bissecção. Vamos descrevê-lo a seguir: Seja* $f : I \to \mathbb{R}$, $x \mapsto f(x)$, $I := [a, b] \subset \mathbb{R}$ *intervalo fechado da reta, uma função real de uma única variável real, que é derivável em todos os pontos do intervalo aberto* $Int(I) = (a, b)$, *i.e,* $\exists f'(x)$, $\forall x \in (a, b)$, *e contínua em todos os pontos do intervalo fechado* $I = [a, b]$, *i.e,* $\exists \lim_{x \to x_0} f(x) = f(x_0)$, $\forall x_0 \in I$. *Chama-se função de Newton associada à função* f, *a função real de uma única variável real* $\phi_f : A \to \mathbb{R}$, $x \mapsto \phi_f(x) := x - \frac{f(x)}{f'(x)}$, *onde* $A := \{x \in \mathbb{R}; f'(x) \neq 0\}$. *Vamos considerar, agora, a sequência iterativa de números reais* $\{x_n\}_{n \in \mathbb{N}} \subset \mathbb{R}$, *dada por* $n \mapsto x_{n+1} := x_n - \frac{f(x_n)}{f'(x_n)}$, *onde* $f'(x_n) \neq 0$, $\forall n \in \mathbb{N}$. *O método de Newton consiste em a cada etapa seguinte aproximar a raiz* $\widetilde{x} \in \mathbb{R}$ *da equação* $f(x) = 0$ *pelo número* $x_{n+1} := x_n - \frac{f(x_n)}{f'(x_n)}$, $f'(x_n) \neq 0$, $\forall n \in \mathbb{N}$. *Uma das maneiras de garantir convergência para o método de Newton é o resultado seguinte:*

[2] O que se conhece como método de Newton utilizado no cálculo numérico já era conhecido pelos gregos ancestrais a mais de 2000 anos antes de Cristo. Entretanto, devemos a Newton a maneira como conhecemos o método nos dias de hoje.

TEOREMA 2.5. *Sobre as hipóteses feitas acima com respeito à função real de uma única variável real f, suponha que sua função de Newton satisfaça a condição $|\phi'_f(x)| < 1$, $\forall x$ em uma vizinhança da raiz $\widetilde{x}$ (por exemplo, em um intervalo relativamente "pequeno" (p, q) que contenha a raiz $\widetilde{x}$), i.e, que a derivada da função de Newton seja relativamente "pequena" próxima da raiz $\widetilde{x}$, então o método de Newton converge (para a raiz $\widetilde{x}$), i.e, $\lim_{n\to\infty} x_n = \widetilde{x}$.*

DEMONSTRAÇÃO. Consulte os livros de Cálculo e Análise do autor Serge Lang. □

OBSERVAÇÃO 2.16. *Notamos que o teorema descrito acima nos dá uma condição suficiente, porém não necessária, para se garantir que o método de Newton seja convergente. Assim, mesmo fora das hipóteses desse teorema, pode ser que ocorra convergência do método de Newton. Em geral, a divergência do método de Newton é causada por uma escolha errada do valor inicial ("chute inicital") x_0 para se dar início ao método iterativo ou mesmo se para alguma das n-iterações, ocorrer que $f'(x_n) = 0$. No fundo, o que o teorema acima nos diz é que se tomarmos o primeiro termo do método de Newton x_0 pertencente em um intervalo no qual a derivada da função de Newton satisfaça $|\phi'_f(x)| < 1$, então temos garantia de convergência do método. Em alguns casos é mais indicado usar diretamente a condição seguinte que vamos obter para a função de Newton associada à função f, ϕ'_f que é:*

$$\phi(x) = x - \frac{f(x)}{f'(x)} \Rightarrow \phi'(x) = 1 - \frac{(f'(x)f'(x) - f(x)f''(x))}{(f'(x))^2} = 1 - \frac{((f'(x))^2 - f(x)f''(x))}{(f'(x))^2} =$$
$$\frac{(f'(x))^2}{(f'(x))^2} - \frac{((f'(x))^2 - f(x)f''(x))}{(f'(x))^2} = \frac{(f'(x))^2 - (f'(x))^2 + f(x)f''(x)}{(f'(x))^2} = \frac{f(x)f''(x)}{(f'(x))^2} \Rightarrow |\phi'(x)| =$$
$$\left|\frac{f(x)f''(x)}{(f'(x))^2}\right| = \frac{|f(x)f''(x)|}{(f'(x))^2} < 1 \Leftrightarrow |f(x)f''(x)| < (f'(x))^2.$$

Logo, se a função f satisfaz a condição de que $|f(x)f''(x)| < (f'(x))^2$, $\forall x$ em uma vizinhança da raiz $\widetilde{x}$, então temos garantia de convergência para o método de Newton. Notamos, porém, que a função f deve ser duas vezes derivável no intervalo aberto $Int(I) = (a, b)$ e, dessa forma, deveríamos ter mencionado essa hipótese sobre a função f. Acontece que na grande maioria dos casos dos exemplos didáticos encontrados, ocorre que a função f é sempre duas vezes derivável no intervalo aberto $Int(I) = (a, b)$. Entretanto, como mencionamos anteriormente, mesmo a função f não sendo duas vezes derivável no intervalo aberto $Int(I) = (a, b)$ pode ser que o método de Newton seja convergente. Porém, o teorema acima enunciado não pode mais ser utilizado.

De acordo com o teorema 2.5 e o que foi dito na observação 2.16 acima temos então o:

COROLÁRIO 2.1. *Seja $f : [a, b] \to \mathbb{R}$, $x \mapsto f(x)$, uma função real de uma única variável real contínua no intervalo fechado $[a, b]$ e duas vezes derivável no intervalo aberto. Se a função f satisfaz a condição*

$$|f(x)f''(x)| < (f'(x))^2, \forall x \in J,$$

onde $J = (p, q)$ é um "pequeno" intervalo que contém a raiz $\widetilde{x}$ da equação $f(x) = 0$, então o método de Newton converge.

Vamos, a seguir, dar um exemplo de uso do método de Newton, que é o cálculo aproximado da raiz quadrada positiva de um número real positivo $a > 0$. Apenas salientamos, que também poderíamos utilizar o método da bissecção para esse caso, porém, o método de Newton é mais "eficaz", neste caso.

Exemplo 2.15. *(Cálculo aproximado da raiz quadrada positiva de um número real positivo). Pelo método de Newton, encontrar a raiz quadrada positiva do número real positivo $a > 0$, é equivalente a encontrar a raiz positiva da equação $f(x) = 0$ onde $f(x) := x^2 - a$, $x \in \mathbb{R}$. Nesse caso, a função de Newton para a função f é dada por (sendo $f'(x) = 2x$):*

$$\phi_f(x) = x - \frac{f(x)}{f'(x)} = x - \frac{x^2 - a}{2x} = \frac{2x^2}{2x} - \frac{(x^2 - a)}{2x} = \frac{2x^2 - x^2 + a}{2x} = \frac{x^2 + a}{2x}.$$

Dessa forma, a sequência iterativa que dá as sucessivas aproximações para a raiz da equação $f(x) = 0$ será dada por:

$$x_{n+1} = x_n - \frac{f(x_n)}{f'(x_n)} = \frac{x_n^2 + a}{2x_n},\ n \in \mathbb{N}.$$

Precisamos, agora, escolher um valor inicial ("chute" incial) $x_0 \in \mathbb{R}$, de tal modo a garantir a convergência do método de Newton para esse caso. Para isso, vamos usar o teorema 2.5 descrito acima. Notamos, inicialmente, que a função $f(x) = x^2 - a$ possui segunda derivada (na verdade, possui derivada de todas as ordens, já que é uma função polinomial, neste caso de grau igual a 2) que é a função constante dada por $f''(x) = 2, \forall x \in \mathbb{R}$. Como a função f é duas vezes derivável, então a função de Newton para f, ϕ_f, é derivável e sua derivada (pela regra do quociente) é dada por

$$\phi'(x) = \left(\frac{x^2 + a}{2x}\right)' = \frac{[(x^2 + a)'.2x] - [(x^2 + a).(2x)']}{(2x)^2} = \frac{[2x.2x] - [(x^2 + a).2]}{4x^2} = \frac{4x^2 - 2x^2 - 2a}{4x^2} =$$

$$\frac{2x^2 - 2a}{4x^2} = \frac{2(x^2 - a)}{4x^2} = \frac{x^2 - a}{2x^2}.$$

Assim,

$$|\phi'(x)| < 1 \Leftrightarrow \left|\frac{x^2 - a}{2x^2}\right| = \frac{|x^2 - a|}{2x^2} < 1 \Leftrightarrow |x^2 - a| < 2x^2 \Leftrightarrow -2x^2 < x^2 - a < 2x^2,$$

já que, $2x^2 \geq 0, \forall x \in \mathbb{R}$ e, neste caso, como necessariamente deve-se ter $x \neq 0$, pois a função de Newton ϕ_f não está definida para $x = 0$, então $2x^2 > 0$, já que $x \neq 0 \Rightarrow x^2 > 0$. Vamos resolver cada uma das duas desigualdades acima separadamente.

$$1)\ x^2 - a < 2x^2 \Leftrightarrow -x^2 - a < 0 \Leftrightarrow -(x^2 + a) < 0 \Leftrightarrow x^2 + a > 0.$$

A última desigualdade acima, que é $x^2 + a > 0$, vale $\forall x \in \mathbb{R}$, já que $x^2 > 0, \forall x \in \mathbb{R}$, e sendo $a > 0$ temos então que $x^2 + a > 0, \forall x \in \mathbb{R}$.

2) $x^2 - a > -2x^2 \Leftrightarrow 3x^2 - a > 0 \Leftrightarrow 3x^2 > a \Leftrightarrow x^2 > \dfrac{a}{3} \Rightarrow x > \sqrt{\dfrac{a}{3}}$ *ou* $x < -\sqrt{\dfrac{a}{3}}$ *(lembrando que* $a > 0$*).*

Podemos, então, observar que o número positivo $\sqrt{\dfrac{a}{3}} > 0$ *está relativamente próximo da raiz da equação* $f(x) = x^2 - a = 0$*, que é o número real positivo* $\sqrt{a} > 0$*. Portanto, tomando* $x_0 \in \left(\sqrt{\dfrac{a}{3}}, \sqrt{a}\right)$ *ou* $x_0 > \sqrt{a}$ *temos, então, a garantia de convergência para o método de Newton. Como, neste caso, a sequência das iteradas* $\{x_n\}_{n\in\mathbb{N}}$ *é estritamente decrescente, tomamos um* x_0 *próximo de* $\sqrt{a}$ *satisfazendo a condição* $x_0 > \sqrt{a}$*. No caso* $x < -\sqrt{\dfrac{a}{3}}$*, temos que, se tomarmos* $x_0 \in \left(-\sqrt{a}, -\sqrt{\dfrac{a}{3}}\right)$ *ou* $x_0 < -\sqrt{a}$*, então teremos aproximações sucessivas para a raiz negativa da equação* $f(x) = x^2 - a = 0$*, que é o número real negativo* $-\sqrt{a} < 0$*, onde* $a > 0$*. De maneira mais concreta, vamos considerar o problema de aproximar sucessivamente a partir de um valor inicial* $x_0 \in \mathbb{R}$ *(que vamos estabelecer) o número real positivo* $\sqrt{66} > 0$ *usando o método de Newton. Pelo teorema 2.5, devemos ter que* $x_0 \in \left(\sqrt{\dfrac{66}{3}}, \sqrt{66}\right) = \left(\sqrt{22}, \sqrt{66}\right)$ *ou então* $x_0 > \sqrt{66}$ *mas ainda relativamente próximo de* $\sqrt{66}$*. Como a sequência das iteradas* $\{x_n\}_{n\in\mathbb{N}}$ *é estritamente decrescente, tomamos* $x_0 > \sqrt{66}$*, porem relativamente próximo de* $\sqrt{66}$*. Notamos que*

$$81 = 9^2 > 66 \Rightarrow 9 > \sqrt{66}.$$

Dessa forma, tomamos $x_0 = 9$ *e, assim, obtemos:*

$$x_1 = \frac{9^2 + 66}{2.9} = \frac{147}{18} = \frac{49}{6} = 8,16666....$$

Notamos, ainda, que

$$(x_1)^2 = \left(\frac{49}{6}\right)^2 = \frac{2401}{36} \approx 66,7.$$

Agora, tomamos, então, $x_1 = \dfrac{49}{6}$ *e, dessa forma, obtemos:*

$$x_2 = \frac{\left(\frac{49}{6}\right)^2 + 66}{2.\frac{49}{6}} = \frac{\frac{2401}{36} + 66}{\frac{49}{3}} = \frac{\frac{2401}{36} + \frac{66.36}{36}}{\frac{49}{3}} = \frac{\frac{2401}{36} + \frac{2376}{36}}{\frac{49}{3}} = \frac{(2401 + 2376)}{36}.\frac{3}{49} =$$

$$\frac{2401 + 2376}{12.49} = \frac{4777}{588} \approx 8,1241.$$

Notamos, ainda, que

$$(x_2)^2 = \left(\frac{4777}{588}\right)^2 = \frac{22819729}{345744} \approx 66,0018.$$

Logo, o número racional $x_2 = \dfrac{4777}{588} \approx 66,0018$ *está bastante próximo do número* $\sqrt{66}$*. Notamos que, com apenas dois passos do método de Newton, temos uma aproximação bastante considerável, para este caso.*

Observação 2.17. *O método de Newton (assim como outros métodos) é chamado de método de ponto fixo pois, dada uma equação do tipo* $f(x) = 0$*, a sequência das iteradas* $\{x_n\}_{n\in\mathbb{N}} \subset \mathbb{R}$ *(quando) converge para a raiz da equação e também para o ponto fixo da função de Newton associada à função* f*,* $\phi_f(x) = x - \dfrac{f(x)}{f'(x)}$*. Para o caso da equação* $f(x) = x^2 - a = 0$*,* $a > 0$*, a função de Newton é* $\phi_f(x) = \dfrac{x^2 + a}{2x}$ *e, desse modo, temos que*

$$\phi_f(\sqrt{a}) = \frac{\sqrt{a}^2 + a}{2\sqrt{a}} = \frac{a + a}{2\sqrt{a}} = \frac{2a}{2\sqrt{a}} = \frac{a}{\sqrt{a}} = \frac{a}{\sqrt{a}}.\frac{\sqrt{a}}{\sqrt{a}} = \frac{a\sqrt{a}}{a} = \sqrt{a}.$$

Portanto, o número real positivo $\sqrt{a} > 0$ *é ponto fixo da função de Newton associada à função* f*,* $\phi_f(x)$*.*

Observamos também que, mesmo a função f *não possuindo derivada segunda* f'' *contínua ou mesmo sequer não possuindo derivada segunda, podemos mesmo assim ter que a sequência das iteradas* $x_{n+1} := x_n - \dfrac{f(x_n)}{f'(x_n)}$ *convergem para a raiz* $\widetilde{x}$ *da equação* $f(x) = 0$*. Entretanto, isso não é mais garantido pelo teorema 2.5. O teorema 2.5 não é o método de Newton, mas sim uma condição suficiente (mas não necessária) para garantir a convergência do método escolhido um ponto de partida* x_0 *(escolhido sob determinadas condições), i.e, o primeiro termo das iteradas que vão convergir para a raiz da equação* $f(x) = 0$*. Em termos de significado matemático traduzido para a linguagem (no caso a língua portuguesa), isso quer dizer o seguinte: Uma condição necessária (mas não suficiente) para que o método de Newton convirja é o seguinte: Suponha que* $f : X \subsetneq \mathbb{R} \to \mathbb{R}$ *seja uma função real de uma única variável real definida e de classe* $C^2(X)$ *no subconjunto* X *da reta real* $\mathbb{R}$ *(onde, para efeitos de raciocínio, pode ser pensado como um intervalo aberto da reta), cuja derivada primeira em um ponto* $x_0 \in X$ *seja não nula, i.e,* $f'(x_0) \neq 0$*. Assuma, além disso, que o ponto* $x_0 \in X$ *seja raiz da equação associada à* f*,* $f(x) = 0$*, i.e,* $f(x_0) = 0$*. Então, dado* $y \in \mathbb{R}$ *suficiente próximo de 0, i.e,* $y \approx 0$*, segue que* $\exists$ $x \in \mathbb{R}$ *(suficientemente) próximo de* x_0*, i.e,* $x \approx x_0$*, de tal forma que* $f(x) = y$*, e isso pode ser verificado utilizando-se a função auxiliar* $\mathbb{R} \ni g(x) := f(x) - y$*,* $\forall x \in X$*. Na verdade, para finalizar esta observação, podemos, perfeitamente, pensar no caso complexo* $f : Z \subsetneq \mathbb{C} \to \mathbb{C}$*, onde o subconjunto* Z *pode ser pensado como um disco aberto, ou mesmo em casos casos mais gerais para funções definidas e tomando valores em espaços de Banach. O Princípio da Conservação das Propriedades Funcionais (PCPF) irá garantir o "bom funcionamento" do teorema (que garante a convergência do método de Newton) nesses "ambientes" mais gerais.*

7. O Método das Séries de Potências no Cálculo Numérico

Exemplo 2.16. *Considere a equação* $e^x = 6 - x$*. Podemos constatar gráfica e analiticamente que* $\exists!\ x_0 \in (1, 2) \subsetneq \mathbb{R}$*;* $e^{x_0} = 6 - x_0$*. Para se constatar analiticamente, definimos a função auxiliar* $f : \mathbb{R} \to \mathbb{R}$*,* $\mathbb{R} \ni x \mapsto f(x) := e^x - (6 - x) = e^x + x - 6$*, e notamos que ela é contínua em todos* *os pontos da reta real* $\mathbb{R}$ *(pois é soma de funções contínuas a saber: a função exponencial e a função afim) e, além disso, temos que* $f(1) = e - 5 < 0$ *(já que* $e = 2,71... < 3 \Rightarrow e - 5 < 3 - 5 = -2 < 0$*),* $f(2) = e^2 - 4 > 0$ *(já que* $e = 2,71... > 2 \Rightarrow e^2 > 2^2 = 4 > 0$*) e, portanto, a equação* $e^2 = 6 - x$ *tem pelo menos uma raiz no intervalo aberto* $(1, 2)$*. Graficamente, comprovamos que ela é única, mas uma maneira analítica de comprovar a unicidade dessa raiz (não só no intervalo aberto* $(1, 2)$ *como em toda a reta real* $\mathbb{R}$*) consiste em demonstrar que* $e^x > 6 - x$*,* $\forall x \in \mathbb{R}$*. De fato, sendo* $f(x) := e^x + x - 6 \Rightarrow f'(x) = \underbrace{e^x}_{>0, \forall x \in \mathbb{R}} +1 > 0$*,* $\forall x \in \mathbb{R}$ *e, portanto,* $e^x + x - 6 > 0$*,* $\forall x \in \mathbb{R} \Rightarrow e^x > 6 - x$*,* $\forall x \in \mathbb{R}$*, pois se uma função real de uma única variável real derivável possuir derivada* > 0 *em um intervalo da reta (podendo ser a reta toda, vendo-a como um intervalo), então essa função é crescente nesse intervalo. O método das séries de potências para o caso de equações como a equação acima, consiste em expandir um dos membros da equação em série de potências (sendo essa função analítica) e "truncar" a série convenientemente, sendo assim, obtida uma equação polinomial a ser resolvida. Lembramos que a expansão em série de potências da função exponencial (em torno do ponto* $x_0 = 0$*) é dada por* $e^x = \sum_{n=0}^{+\infty} \frac{x^n}{n!} = 1 + x + \frac{x^2}{2} + \frac{x^3}{3!} + ... + \frac{x^{n-1}}{(n-1)!} + \frac{x^n}{n!} + ...$*,* $\forall x \in \mathbb{R}$ *e, portanto, a equação "escrita sob a forma"* $e^x = \sum_{n=0}^{+\infty} \frac{x^n}{n!} = 1 + x + \frac{x^2}{2} + \frac{x^3}{3!} + ... + \frac{x^{n-1}}{(n-1)!} + \frac{x^n}{n!} + ... = 6 - x$*, nos "sugere truncar" o "polinômio infinito" em um dos membros da equação para um "polinômio finito" e "tentar" resolver a equação obtida. Por exemplo, "truncando" o polinômio até a ordem igual a 2, i.e, até o terceiro Taylor da função exponencial, vamos obter o seguinte polinômio* $p(x) := 1 + x + \frac{x^2}{2}$ *e, portanto, a seguinte equação polinomial* $1 + x + \frac{x^2}{2} = 6 - x \Leftrightarrow 2 + 2x + x^2 = 12 - 2x \Leftrightarrow x^2 + 4x - 10 = 0 \Leftrightarrow x = \frac{-4 \pm \sqrt{16 + 40}}{2} = \frac{-4 \pm \sqrt{2^2.14}}{2} = \frac{-4 \pm 2\sqrt{14}}{2} = \frac{2(-2 \pm \sqrt{14})}{2} = -2 \pm \sqrt{14}$*. Como já isolamos a raiz e sabemos que ela* $\in (1, 2)$*, devemos desconsiderar a raiz* $-2 - \sqrt{14} = \underbrace{-(2 + \sqrt{14})}_{<0} \notin (1, 2)$*. Para finalizar o problema, devemos fazer um "teste de consistência" para verificar se, de fato,* $\sqrt{14} - 2 \in (1, 2)$*. Para isso, notamos que* $3^2 = 9 < 14 < 16 = 4^2 \underbrace{\Rightarrow}_{x \mapsto \sqrt{x} \text{ função crescente}} 3 < \sqrt{14} < 4 \Rightarrow 1 = 3 - 2 < \sqrt{14} - 2 < 4 - 2 = 2 \Rightarrow \sqrt{14} - 2 \in (1, 2)$.

OBSERVAÇÃO 2.18. *A partir de agora, faremos algumas observações com respeito ao exemplo anterior, onde tentamos apresentar uma construção "heurística" dos principais aspéctos do método e do processo de convergência do mesmo para solução aproximada de equações (onde, para isso, pelo menos um dos membros da equação for uma função analítica).*

(1) *O método acima pode ser usado para uma estimativa inicial da raiz da equação* $e^x = 6 - x$ *e, posteriormente, "aprimorado" por intermédio de outros métodos (bissecção, Newton,*

secante, etc).

(2) *De modo "intuitivo", podemos "esperar" que quanto maior for o grau do polinômio truncado, "melhor" será a aproximação da raiz* x_0 *da equação* $e^x = 6 - x$, *obtida por meio da resolução da equação polinomial dada por* $\sum_{k=0}^{n} \frac{x^k}{k!} = 1+x+\frac{x^2}{2}+\frac{x^3}{3!}+...+\frac{x^{n-1}}{(n-1)!}+\frac{x^n}{n!} = 6-x$.

(3) *"Algo interessante" e derivado de acordo com o método apresentado, é que todas as equações polinomiais da forma* $\sum_{k=0}^{n} \frac{x^k}{k!} = 1 + x + \frac{x^2}{2} + \frac{x^3}{3!} + ... + \frac{x^{n-1}}{(n-1)!} + \frac{x^n}{n!} = 6 - x$, *possuem (exatamente) uma (única) raiz no intervalo aberto* $(1, 2)$, *i.e, em notação simbólica,* $\exists!\ x_0 \in (1, 2) \subsetneq \mathbb{R};\ \sum_{k=0}^{n} \frac{x_0^k}{k!} = 1 + x_0 + \frac{x_0^2}{2} + \frac{x_0^3}{3!} + ... + \frac{x_0^{n-1}}{(n-1)!} + \frac{x_0^n}{n!} = 6 - x_0, \forall n \in \mathbb{N}$. *Isso, em linguagem expressiva (informal), se traduz como uma espécie de "uniformidade" de uma raiz para uma equação envolvendo uma sequência de polinômios, ou seja, o método das séries é produtivo no sentido de que se pode construir uma sequência de polinômios que possuem todos uma raiz em comum em um dado intervalo da reta real* $\mathbb{R}$. *Como um exemplo do que foi escrito acima, vamos considerar o "caso* $n = 3$*", i.e, a equação polinomial de grau igual a 3 dada por* $\sum_{k=0}^{3} \frac{x^k}{k!} = 1 + x + \frac{x^2}{2} + \frac{x^3}{6} = 6 - x \Leftrightarrow 6 + 6x + 3x^2 + x^3 = 36 - 6x \Leftrightarrow x^3 + 3x^2 + 12x - 30 = 0$. *Assim, definimos a função polinomial mônica de grau igual a 3,* $p : \mathbb{R} \to \mathbb{R}, \mathbb{R} \ni x \mapsto p(x) := x^3 + 3x^2 + 12x - 30 \in \mathbb{R}$, *e mostramos que* $\exists!\ x_0 \in (1, 2) \subsetneq \mathbb{R};\ p(x_0) = x_0^3 + 3x_0^2 + 12x_0 - 30 = 0$. *Mostremos, inicialmente, a existência da raiz* $x_0 \in (1, 2)$, *e depois sua unicidade. Temos que,* $p(1) =$ *soma dos coeficientes da função polinomial* $p = 1 + 3 + 12 - 30 = 16 - 30 = -14 < 0$, $p(2) = 2^3 + 3.2^2 + 12.2 - 30 = 8 + 3.4 + 24 - 30 = 8 + 12 + 24 - 30 = 44 - 30 = 14 > 0$ *(e, em particular,*$p(1) = -p(2)$*). Como a função* p *é contínua em toda a reta real* $\mathbb{R}$ *(já que toda função polinomial o é), então o fato de que a função* p *troca de sinal no intervalo aberto* $(1, 2) \Rightarrow \exists\ x_0 \in (1, 2); p(x_0) = 0$. *Além disso, a derivada da função polinomial* p *(que é outra função polinomial de grau igual a 2) é dada por* $p'(x) = 3x^2 + 6x + 12 = 3(x^2 + 2x + 4) = 3([x^2 + 2x + 1] + 3) = 3(\underbrace{[x + 1]^2}_{>0, \forall x \in \mathbb{R}} + 3) > 0, \forall x \in \mathbb{R} \Rightarrow p$ *é uma função crescente em toda a reta retal* $\mathbb{R}$ *e, em particular, crescente em todo intervalo aberto* $(1, 2)$. *Concluímos, portanto, que essa raiz é única, pois se uma função crescente troca de sinal em um dado intervalo da reta ela só o faz uma única vez. Esta análise é substancialmente analógica ao caso acima (porém, com maiores dificuldades operacionais) para os casos de maior grau, como por exemplo, as equações* $\sum_{k=0}^{4} \frac{x^k}{k!} = 6 - x$, $\sum_{k=0}^{5} \frac{x^k}{k!} = 6 - x$, ..., $\sum_{k=0}^{n} \frac{x^k}{k!} = 6 - x$, ..., *onde todas possuem (uniformemente) uma única raiz*

no intervalo aberto $(1,2) \subsetneq \mathbb{R}$. Deixamos esses últimos casos para serem verificados pelos leitores.

(4) *Para encerrar esta observação, vamos analisar de "maneira intuitíva" o que entendemos por "convergência" da técnica estudada acima. É "razoável esperar" que, quanto maior o grau de "truncagem" do polinômio da série de Taylor que representa a função exponencial, melhor será a "aproximação" para a raiz $x_0 \in (1,2)$ da equação $e^x = 6 - x$. Mais do que isso, sejam $x_1 :=$ única raiz que está no itervalo aberto $(1,2)$ da equação $1 + x + \dfrac{x^2}{2} = 6 - x$, $x_2 :=$ única raiz que está no itervalo aberto $(1,2)$ da equação $1 + x + \dfrac{x^2}{2} + \dfrac{x^3}{6} = 6 - x$, $x_3 :=$ única raiz que está no itervalo aberto $(1,2)$ da equação $1+x+\dfrac{x^2}{2}+\dfrac{x^3}{6}+\dfrac{x^4}{24} = 6-x$, ..., $x_n :=$ única raiz que está no itervalo aberto $(1,2)$ da equação $1+x+\dfrac{x^2}{2}+\dfrac{x^3}{6}+\dfrac{x^4}{24}+..+\dfrac{x^n}{n!} = 6-x$, ... Obtemos, assim, uma "sequência" de números reais $\{x_n\}_{n\in\mathbb{N}} \subsetneq \mathbb{R}$, de tal forma que é "razoável esperar" que $\exists \lim_{n\to\infty} x_n = x_0 \in (1,2) \subsetneq \mathbb{R}$, onde $x_0 \in (1,2)$ é a única raiz da equação $e^x = 6 - x$. Deixamos essa última observação para ser verificada pelos leitores. Podemos perceber, portanto, que o método das séries de potências pode ser usado como alternativa aos métodos da bissecção, Newton e secante, para quando, pelo menos, um dos membros da equação for uma função analítica.*

Vamos precisar recordar, de maneira mais precisa, o conceito de função analítica:

Definição 2.3. *Seja $f : X \to \mathbb{R}$, $X \subset \mathbb{R}$, $x \mapsto f(x)$, uma função real de uma única variável real. Dizemos que a função f é analítica no ponto $x_0 \in X$, se existe uma série de potências centrada em x_0, $\sum\limits_{n=n_0}^{\infty} a_n(x - x_0)^n$ e um intervalo contendo o ponto x_0, digamos (a,b), de tal forma que*

$$f(x) = \sum_{n=n_0}^{\infty} a_n(x - x_0)^n, \ \forall x \in (a,b).$$

Chamamos a função f de analítica, se ela for analítica em todos os pontos de $X \subset \mathbb{R}$.

Observação 2.19. *Os coeficientes da série de potências são dados por $a_n = \dfrac{f^{(n)}(x_0)}{n!}$, $\forall n \in \mathbb{N}$ e, dessa forma, toda função analítica possui derivada de todas as ordens. A recíproca, em geral, é falsa. O intervalo (a,b) da definição anterior tem sempre a forma $(-r,r)$ para algum número real positivo $r > 0$, chamado de "raio" de convergência da série de potências, sempre que a série estiver centrada na origem, 0. A convergência pode ou não ocorrer nos extremos $-r$ e r do intervalo e deve ser testada separadamente. Outro fato é que, como para cada ponto $x \in X$, as derivadas da função f nesse ponto, $f^{(n)}(x)$, em geral, mudam de valores, então os coeficientes a_n da série possivelmente também mudam, e isso significa que, para cada $x \in X$, a expansão em série de potências de f em torno do ponto x tem um intervalo de convergência possivelmente diferente,* *i.e, tem um raio de convergência possivelmente diferente. Porém, se uma função é analítica em toda reta em torno de um ponto x_0, então ela também será analítica em toda reta para qualquer outro ponto x de seu domínio, i.e, se uma função tiver raio de convergência infinito em torno de um ponto do seu domínio e for analítica em toda reta, então o raio de convergência será infinito em torno de qualquer outro ponto do seu domínio. Essa é uma propriedade importante e característica das funções analíticas em todos os pontos do seu domínio.*

Também adiantamos que, vamos ver no capítulo 3 seguinte, que dada uma função complexa de uma única variável complexa $f : X \to \mathbb{C}$, $X \subset \mathbb{C}$, $z = x + iy \mapsto f(z) = u(x, y) + iv(x, y)$, $u, v : X \to R$, $X \subset R^2_{\mathbb{R}} \sim \mathbb{C}_{\mathbb{R}}$, $(x, y) \mapsto u(x, y), v(x, y)$, é analítica em um ponto $z_0 = x_0 + iy_0 \in X$ se, e só se, possuir a primeira derivada (no sentido de variável complexa que será definido no capítulo 3 seguinte) em uma vizinhança do ponto z_0, i.e, se ela for holomorfa no ponto z_0. Tal fato caracteriza a "rigidez" da teoria das funções holomorfas. A palavra "holomorfa" é dividida em duas partes: "holo" e "morfa", que significam, respectivamente, "vizinhança" e "forma". Assim, holomorfa significa "a forma assumida em uma vizinhança". Isso se deve ao fato de que, para uma classe de funções complexas de uma única variável complexa (as holomorfas), o fato da função ser derivável em um ponto acarreta no fato dela ser derivável em uma vizinhança do ponto, vizinhança essa que é exatamente a região de convergência em série de potências (também chamada série de Taylor) da função em torno desse ponto, i.e, as funções que são deriváveis no sentido de variável complexa.

Algo importante a ser mencionado é que, uma função (seja ela de variável real ou complexa) que é analítica, se comporta localmente como uma função polinomial. Essa propriedade é local, pois a função pode globalmente crescer mais rápido do que uma função polinomial (como a função exponencial, por exemplo) ou mais lentamente (como a função logaritmo, por exemplo).

De maneira geral, algumas operações envolvendo séries de potências não são válidas. Por exemplo, consideramos a função real de uma única variável real $f : \mathbb{R}/\{0\} \to \mathbb{R}$, $x \mapsto f(x) := \dfrac{e^x}{x}$. A expansão em série de potências da função exponencial real é dada por

$$\exp(x) = e^x = \sum_{n=0}^{\infty} \frac{x^n}{n!} = 1 + x + \frac{x^2}{2} + \frac{x^3}{3!} + ... + \frac{x^n}{n!} + ..., \forall x \in \mathbb{R}.$$

Dessa forma, a função exponencial real é analítica em todos os pontos da reta real $\mathbb{R}$, já que é analítica em torno do ponto $x_0 = 0$ para todos os pontos da reta real $\mathbb{R}$, i.e, sua expansão em série de potências em torno do ponto x_0 converge $\forall x \in \mathbb{R}$. Notamos, porém que,

$$f(x) = \frac{\exp(x)}{x} = \frac{e^x}{x} = \frac{1}{x}\sum_{n=0}^{\infty} \frac{x^n}{n!} = \frac{1}{x}(1 + x + \frac{x^2}{2} + \frac{x^3}{3!} + ... + \frac{x^n}{n!} + ...) = \frac{1}{x} + 1 + \frac{x}{2} + \frac{x^2}{3!} + ... + \frac{x^{n-1}}{n!} + ...$$

Desse modo, nos "parece" que a expansão em série de potências da função $f(x) = \dfrac{e^x}{x}$ em torno do ponto $x_0 = 0$ é igual a $\frac{1}{x} + g(x)$, onde g é uma função real de uma única variável real que tem expansão em série de potências em torno do ponto $x_0 = 0$ igual a

$$g(x) = \sum_{n=1}^{\infty} \frac{x^{n-1}}{n!} = 1 + \frac{x}{2} + \frac{x^2}{3!} + ... + \frac{x^{n-1}}{n!} + ..., \forall x \in \mathbb{R}.$$

Entretanto, isso não é verdade pois a função $f(x) = \dfrac{e^x}{x}$ *não é definida no ponto* $x = 0$ *e, dessa forma, a expansão acima em torno de* $x_0 = 0$ *não é válida. De fato, se isso ocorresse, teríamos que*

$$\frac{e^x}{x} = \frac{1}{x} + g(x), \forall x \in \mathbb{R}/\{0\} \Leftrightarrow g(x) = \frac{e^x}{x} - \frac{1}{x} = \frac{1}{x}(e^x - 1).$$

Mas isso não é possível, pois a função real de uma única variável real $g(x) := \dfrac{1}{x}(e^x - 1)$ *não está definida no ponto* $x = 0$ *e, portanto, não pode ter expansão em série de potências em torno desse ponto.*

Seja $f : X \to \mathbb{R}$, $X \subset \mathbb{R}$, $x \mapsto f(x)$, *uma função analítica no ponto* $x_0 \in X$. *Em torno do ponto* x_0, *vamos considerar a expansão de* f *em série de potências*

$$f(x) = \sum_{n=n_0}^{\infty} a_n(x - x_0)^n,\ a_n = \frac{f^{(n)}(x_0)}{n!},\ |x| < r,\ r > 0.$$

Algumas funções não possuem primitiva elementar, i.e, uma função que não pode ser escrita como combinações finitas de funções elementares (i.e, funções exponenciais, logarítmicas, trigonométricas e hiperbólicas) e operações aritméticas (i.e, as operações de adição, subtração, multiplicação, divisão e radicação). Desse modo, para se determinar o valor da integral definida $\int_a^b f(x)dx$ *de uma função analítica sem primitiva elementar, podemos formalmente integrar termo a termo da série que representa a função* f *em torno do ponto* x_0 *(de modo que* $x_0 \in [a, b]$*) e obter:*

$$\int_a^b f(x)dx = \int_a^b \sum_{n=n_0}^{\infty} a_n(x - x_0)^n = \sum_{n=n_0}^{\infty} \int_a^b a_n(x - x_0)^n dx = \sum_{n=n_0}^{\infty} a_n \int_a^b (x - x_0)^n dx = \sum_{n=n_0}^{\infty} a_n \frac{1}{n+1}(x - x_0)^{n+1}\Big|_a^b = \sum_{n=n_0}^{\infty} a_n \frac{1}{n+1}(b^{n+1} - a^{n+1}) = \sum_{n=n_0}^{\infty} \frac{f^{(n)}(x_0)}{n!(n+1)}(b^{n+1} - a^{n+1}) = \sum_{n=n_0}^{\infty} \frac{f^{(n)}(x_0)}{(n+1)!}(b^{n+1} - a^{n+1}).$$

Vamos dar um exemplo de aplicação do que foi visto acima.

Exemplo 2.17. *Consideramos a função real de uma única variável real* $f : \mathbb{R} \to \mathbb{R}$, $x \mapsto f(x) := e^{-x^2}$. *A função* f *é contínua, pois é composição de funções contínuas* $f_1, f_2 : \mathbb{R} \to \mathbb{R}$, $f_1(x) := \exp(x) = e^x$ *e* $f_2(x) := -x^2$. *Sendo, então,* f *uma função contínua, ela possui uma primitiva, i.e, uma função real de uma única variável real* $F : \mathbb{R} \to \mathbb{R}$, $x \mapsto F(x)$, *que satisfaz a condição de que* $\frac{dF}{dx}(x) = F'(x) = f(x)$. *Porém, é de conhecimento que a primitiva da função* f *não é uma função elementar. Vamos, então, usar o método descrito acima para calcular o valor da integral definida* $\int_0^1 e^{-x^2}dx$. *A expansão da função exponencial real* $x \mapsto \exp(x) = e^x$ *em torno do ponto* $x_0 = 0$ *é dada por*

$$f_1(x) = \exp(x) = e^x = \sum_{n=0}^{\infty} \frac{x^n}{n!}, \forall x \in \mathbb{R}.$$

Na verdade, a função exponencial real é analítica em todos os pontos da reta retal $\mathbb{R}$ *e sua expansão em série de potências em torno de um ponto* $x_0 \in \mathbb{R}$ *qualquer é dada por*

$$f_1(x) = \exp(x) = e^x = \sum_{n=0}^{\infty} \tfrac{e^{x_0}}{n!}(x - x_0)^n = e^{x_0} \sum_{n=0}^{\infty} \frac{(x - x_0)^n}{n!}, \ \forall x \in \mathbb{R},$$

já que, sendo $f_1(x) = \exp(x) = e^x \Rightarrow f_1^{(n)}(x_0) = \exp(x_0) = e^{x_0}$, $\forall n \in \mathbb{N}$, *pois* $(\exp(x))' = \exp(x), \forall x \in \mathbb{R}$ *(ou em outra notação,* $(e^x)' = e^x, \forall x \in \mathbb{R}$*), i.e, a derivada da função exponencial real é a própria função exponencial real. Pelo princípio da conservação das propriedades funcionais (PCPF - vide um dos apêndices) segue que a expansão em série de potências da função* $f(x) = \exp(-x^2) = e^{-x^2}$ *em torno do ponto* $x_0 = 0$ *é dada por*

$$f(x) = \exp(-x^2) = e^{-x^2} = \sum_{n=0}^{\infty} \frac{(-x^2)^n}{n!} = \sum_{n=0}^{\infty}(-1)^n \frac{x^{2n}}{n!} = 1 - x^2 + \frac{x^4}{2!} - \frac{x^6}{3!} + ... + (-1)^n \frac{x^{2n}}{n!} + ... \Rightarrow$$

$$\int_0^1 e^{-x^2} dx = \int_0^1 \sum_{n=0}^{\infty}(-1)^n \frac{x^{2n}}{n!} = \sum_{n=0}^{\infty} \frac{(-1)^n}{n!} \int_0^1 x^{2n} dx = \sum_{n=0}^{\infty} \frac{(-1)^n}{n!(2n+1)}(x^{2n+1})|_0^1 = \sum_{n=0}^{\infty} \frac{(-1)^n}{n!(2n+1)} =$$

$$1 - \frac{1}{3} + \frac{1}{2!5} - \frac{1}{3!7} + \frac{1}{4!9} + ... + \frac{(-1)^n}{n!(2n+1)} + ...$$

Na verdade, isso é apenas uma outra "maneira" de notar que a função f, $f(x) := e^{-x^2}$ *é analítica, já que é composta de duas funções analíticas, a saber, a exponencial real* $x \mapsto e^x$ *e a função polinomial* $x \mapsto -x^2$*. Ainda, qualquer função polinomial real de grau* $n \in \mathbb{N}$, $x \mapsto p(x) := a_0 + a_1x + a_2x^2 + ... + a_nx^n$, $a_j \in \mathbb{R}$, $\forall j \in \{1, 2, ..., n\}$, *é uma função analítica em toda reta e sua expansão em série de potências em torno de qualquer ponto* $x_0 \in \mathbb{R}$ *é a própria função polinomial* p *(deixamos para os leitores verificarem esse fato).*

Desse modo, "truncando" a série até a quarta parcela (quarta ordem), por exemplo, obtemos a seguinte aproximação:

$$\int_0^1 e^{-x^2} dx \approx 1 - \frac{1}{3} + \frac{1}{2!5} - \frac{1}{3!7} = \frac{(5.10.42) - (10.42) + (3.42) - (3.10)}{3.10.42} = \frac{1260 - 420 + 126 - 30}{1260} =$$

$$\frac{936}{1260} = \frac{468}{630} = \frac{234}{315} = \frac{78}{105} = \frac{26}{35} \approx 0,7428571429$$ *(Recomendamos aos leitores fazerem truncagens de maior grau e comparar os resultados obtidos).*

Observação 2.20. *Faremos, agora, as seguintes observações sobre o método das séries de potências:*

(1) Observamos que a primitiva da função f, $f(x) := e^{-x^2}$ *é dada pela seguinte série de potências em torno do ponto* $x_0 = 0$*:*

$$F(x) = \sum_{n=0}^{\infty} \frac{(-1)^n}{n!(2n+1)} x^{2n+1} = 1 - \frac{x^3}{3} + \frac{x^5}{2!5} - \frac{x^7}{3!7} + \frac{x^9}{4!9} - ... + \frac{(-1)^n x^{2n+1}}{n!(2n+1)} + ..., \ \forall x \in \mathbb{R}.$$

(2) Observamos que, quanto mais parcelas (termos) da soma anterior colocarmos, melhor será a aproximação para o valor da integral definida $\int_0^1 e^{-x^2} dx$*. Isso ocorre, pois o "erro de truncamento" é menor.*

(3) *Por fim, notamos que, para se realizar os procedimentos desse método, a função real de uma única variável real $x \mapsto f(x)$, deve ser analítica em torno de um ponto $x_0 \in [a, b]$, onde o intervalo fechado $[a, b]$ é o intervalo no qual a função f será integrada. Se a função não for analítica, então ela não tem expansão em série de potências em torno de algum ponto qualquer de seu domínio e, portanto, o método das séries de potências não pode ser aplicado para essa função.*

Exemplo 2.18. *(Série geométrica de números reais e complexos.) A série que vamos apresentar a seguir, chamada de "série geométrica", é um dos exemplos de séries mais importantes dentro da matemática. Ela é um caso particular de série de potências (que por sua vez é uma caso particular de série de funções) e é usada para se provar diversos resultados envolvendo séries numéricas e séries de potências em geral. Além disso, ela também é utilizada para se expandir em série de potências em torno da origem $x_0 = 0$ diversas funções que também são importantes em geral. Para o que vamos considerar a seguir não há diferença substancial em se considerar números reais $x \in \mathbb{R}$ ou números complexos $z \in \mathbb{C}$. Dessa forma, vamos considerar o caso mais geral, i.e, para números complexos $z \in \mathbb{C}$. Vamos provar que a série geométrica de números complexos satisfaz a condição*

$$\sum_{n=0}^{\infty} z^n = \begin{cases} \dfrac{1}{1-z}, & se\ |z| < 1 \\ +\infty, & se\ |z| \geq 1 \end{cases}$$

Pelo Princípio da Conservação das Propriedades Funcionais (PCPF - vide um dos apêndices), trocando o número complexo $z \in \mathbb{C}$ pelo número real $x \in \mathbb{R}$, temos que a série geométrica de números reais satisfaz a condição

$$\sum_{n=0}^{\infty} x^n = \begin{cases} \dfrac{1}{1-x}, & se\ |x| < 1 \\ +\infty, & se\ |x| \geq 1 \end{cases}$$

Para provar esses fatos, precisamos "estimar" as somas parciais da série geométrica de números complexos (e, consequentemente, as somas parciais da série geométrica de números reais) e efetuar o processo de limite (a série é, por definição, limite das sequências de somas parciais). Vamos denotar a soma

$$S_n := 1 + z + z^2 + z^3 ... + z^n,\ n \in \mathbb{N},$$

que é a soma das parciais da série geométrica de números complexos $\sum\limits_{n=0}^{\infty} z^n$. Observamos que

$$(1-z).S_n := (1-z).(1+z+z^2+z^3...+z^n) = 1+z+z^2+z^3+...+z^n-z-z^2-z^3-z^4-...-z^n-z^{n+1} =$$
$$1+(z-z)+(z^2-z^2)+(z^3-z^3)+...(z^n-z^n)-z^{n+1} = 1+0+0+0...+0-z^{n+1} = 1-z^{n+1},$$
$$\forall z \in \mathbb{C} \Rightarrow (1-z).S_n = 1-z^{n+1}, \forall z \in \mathbb{C} \Rightarrow S_n = \frac{1-z^{n+1}}{1-z}, \forall z \in \mathbb{C}/\{1\}, \forall n \in \mathbb{N}.$$

Dessa forma, podemos notar que obtemos um efeito "telescópico" para a soma acima. Vamos supor, agora, que $|z| < 1$. *Então,* $|z|^n < |z|^{n-1} < |z|^{n-2} < ... < |z|^2 < |z| < 1$, $\forall n \in \mathbb{N}$. *Sendo, por exemplo,* $|z| = r < 1 \Rightarrow |z|^n = r^n < r^{n-1} < r^{n-2} < ... < r^2 < r < 1, \forall n \in \mathbb{N} \Rightarrow \lim_{n\to\infty} = r^n = 0$ *e, portanto,* $\sum\limits_{n=0}^{\infty} z^n = \frac{1}{1-z}$, *se* $|z| < 1$. *Uma outra maneira de ver isso é que, pela fórmula de de Moivre, dado* $z \in \mathbb{C}$ *então,* $z^n = |z|^n(\cos(\theta) + i\, sen(\theta))$, $\forall n \in \mathbb{Z}$, *onde* $|z| = \sqrt{(Re(z))^2 + (Im(z))^2}$ *e* $\theta = \arg(z) =$ *argumento do número complexo* $z \in \mathbb{C}$, *por exemplo,* z *no primeiro quadrante, i.e,* $\arg(z) \in (0, \frac{\pi}{2}) \Rightarrow \arg(z) = \arctan\left(\frac{Im(z)}{Re(z)}\right)$, *e dessa forma, temos que* $\lim_{n\to\infty} z^n = 0$, *já que é limite de um produto onde um dos fatores tende a zero, 0, e outro é limitado, pois* $\lim_{n\to\infty} |z|^n = 0$ *e* $|\cos(\theta) + i\, sen(\theta)| = \sqrt{(\cos(\theta))^2 + (sen(\theta))^2} = \sqrt{1} = 1$, $\forall \theta \in \mathbb{R}$ *(logo limitado), de acordo com a relação fundamental da trigonometria. Agora, se* $|z| = 1 \Rightarrow z = \cos(\theta) + i\, sen(\theta)$, *para algum* $\theta \in \mathbb{R}$. *Dessa forma, a série geométrica de números complexos* $\sum\limits_{n=0}^{\infty} z^n = \infty$, *i.e, a série diverge, já que sendo* $|z| = 1$ *então,*

$$\sum_{n=0}^{\infty} z^n = \sum_{n=0}^{\infty}(\cos(\theta) + i\, sen(\theta))^n = \sum_{n=0}^{\infty}(\cos(n\theta) + i\, sen(n\theta)) = \sum_{n=0}^{\infty}\cos(n\theta) + i\sum_{n=0}^{\infty} sen(n\theta) = \infty + i\infty = \infty,$$

pois $\nexists \lim_{n\to\infty} sen(n\theta)$ *e* $\nexists \lim_{n\to\infty} \cos(n\theta)$, *já que as funções seno e cosseno real são periódicas (de período igual a* 2π*). Aí usamos o fato de que, se* $\sum\limits_{n=n_0}^{\infty} a_n < \infty \Rightarrow \lim_{n\to\infty} a_n = 0$ *(a recíproca é, em geral, falsa - tratamos de um contra-exemplo no texto, mais precisamente no item 1) da Observação 2.21). Portanto, se* $\lim_{n\to\infty} a_n \neq 0 \Rightarrow \sum\limits_{n=n_0}^{\infty} a_n = \infty$, *i.e, se o termo geral da série não tender a zero, 0, então a série é divergente. Vamos supor, finalmente, que* $|z| > 1$. *Sendo* $\theta = \arg(z)$, *novamente, pela fórmula de de Moivre, podemos escrever que*

$$\sum_{n=0}^{\infty} z^n = \sum_{n=0}^{\infty} |z^n(\cos(n\theta) + i\, sen(n\theta))| = \sum_{n=0}^{\infty}(|z^n|\cos(n\theta) + i|z^n|\, sen(n\theta)) =$$
$$\sum_{n=0}^{\infty}(|z^n|\cos(n\theta)) + i\sum_{n=0}^{\infty}(|z^n|\, sen(n\theta)) = \sum_{n=0}^{\infty}(|z|^n\cos(n\theta)) + i\sum_{n=0}^{\infty}(|z|^n\, sen(n\theta)) = \infty + i\infty = \infty,$$

já que, sendo $|z| > 1 \Rightarrow |z|^n > |z|^{n-1} > |z|^{n-2} > ... > |z|^2 > |z| > 1, \forall n \in \mathbb{N} \Rightarrow \lim_{n\to\infty} |z|^n = +\infty$, *e também as funções* $\theta \mapsto sen(n\theta), \cos(n\theta)$, *são limitadas pois,* $|sen(n\theta)|, |\cos(n\theta)| \le 1$, $\forall \theta \in \mathbb{R}$, $\forall n \in \mathbb{N}$. *Portanto, chegamos a conclusão de que*

$$\sum_{n=0}^{\infty} z^n = \begin{cases} \frac{1}{1-z}, & se\ |z| < 1 \\ +\infty, & se\ |z| \ge 1 \end{cases}$$

Logo, pelo Princípio da Conservação das Propriedades Funcionais (PCPF), trocando $z \in \mathbb{C}$ *por* $x \in \mathbb{R}$ *concluímos que*

$$\sum_{n=0}^{\infty} x^n = \begin{cases} \dfrac{1}{1-x}, & se\ |x| < 1 \\ +\infty, & se\ |x| \geq 1 \end{cases}$$

como queríamos provar.

OBSERVAÇÃO 2.21. *(1) Notamos que a série geométrica de números complexos* $\sum_{n=0}^{\infty} z^n$ *converge para a função complexa de uma única variável complexa dada por* $\dfrac{1}{1-z}$ *quando* $|z| < 1$. *Entretanto, essa função pode ser "analiticamente estendida" para o conjunto* $\mathbb{C}/\{1\}$, *i.e, faz sentido definir* $f(z) := \dfrac{1}{1-z}$, $\forall z \neq 1$. *Porém, para os números complexos fora do disco unitário (i.e, de raio* $r = 1$*) de centro na origem, 0, no plano complexo* $\mathbb{C}$, $D(0,1) := \{z \in \mathbb{C}; |z| < 1\} \subset \mathbb{C}$, *a função* $f(z) = \dfrac{1}{1-z}$, *não é mais o resultado da soma pela série geométrica de números complexos, ou seja, só existe convergência para pontos do disco unitário de centro na origem.*

(2) É menos complicado mostrar os resultados acima para série geométrica de números reais do que para a série geométrica de números complexos. O que podíamos ter feito é provar para o caso real e depois usar o Princípio da Conservação das Propriedades Funcionais (PCPF - vide apêndice), e o resultado continua válido para o caso mais geral que é a série geométrica de números complexos, onde apenas devemos "trocar" o número real $x \in \mathbb{R}$ *pelo número complexo* $z \in \mathbb{C}$, *e nesse caso, o resultado se mantém "intacto". De maneira geral, o Princípio da Conservação das Propriedades Funcionais (PCPF), diz que qualquer propriedade concernente a funções (i.e, propriedades "funcionais"), se mantém "inalteradas" sob determinadas hipóteses quando "levadas" para "ambientes mais gerais" (na prática, "espaços mais gerais" - geralmente espaços vetoriais). O único "problema" dessa questão é entender o que seria esse "levar" para "ambientes mais gerais". Para isso, recomendamos que os leitores leiam o apêndice sobre EDOs holomorfas e as técnicas de conservação para se estudá-las.*

OBSERVAÇÃO 2.22. *Vamos dar um exemplo de uma série de números reais cujo termo geral tende a zero, 0, mas a série é divergente e também vamos fazer algumas observações importantes sobre sequências e séries de números complexos.*

(1) Vamos dar um exemplo de série de números reais cujo termo geral a_n *tendo a zero, 0, quando* $n \in \mathbb{N}$ *tende infinito,* ∞, *mas a série é divergente, ou seja,* $\lim_{n\to\infty} a_n = 0$ *mas* $\sum_{n=n_0}^{\infty} a_n = +\infty$. *Consideramos para isso, a série de números reais dada por*

$\sum_{n=0}^{\infty}\left(\sqrt{n+1}-\sqrt{n}\right)$. *Seja* $a_n := \sqrt{n+1}-\sqrt{n}$. *Como,* $\sqrt{n+1}-\sqrt{n} = \left(\sqrt{n+1}-\sqrt{n}\right)\dfrac{(\sqrt{n+1}+\sqrt{n})}{\sqrt{n+1}+\sqrt{n}} = \dfrac{n+1-n}{\sqrt{n+1}+\sqrt{n}} = \dfrac{1}{\sqrt{n+1}+\sqrt{n}} \Rightarrow \lim_{n\to\infty} a_n = \lim_{n\to\infty}\dfrac{1}{\sqrt{n+1}+\sqrt{n}} = 0$. *Entretanto, as somas parciais da série* $S_n = \sum_{k=0}^{n}\sqrt{k+1}-\sqrt{k} = 1-0+\sqrt{2}-1+\sqrt{3}-\sqrt{2}+\ldots+\sqrt{n}-\sqrt{n-1}+\sqrt{n+1}-\sqrt{n} = \sqrt{n+1} \Rightarrow \lim_{n\to\infty} S_n = \lim_{n\to\infty}\sqrt{n+1} = +\infty$ *e, dessa forma, obtemos um efeito telescópico, e a série* $\sum_{n=0}^{\infty}\left(\sqrt{n+1}-\sqrt{n}\right) = +\infty$, *diverge.*

(2) *Seja* $\{z_n\}_{n\in\mathbb{N}} \subset \mathbb{C}$ *uma sequência de números complexos. Suponha que* $\exists \lim_{n\to\infty} z_n = s \in \mathbb{C}$. *O limite da sequência é um número complexo* $s = s_1 + is_2 \in \mathbb{C}$, *onde* $s_1, s_2 \in \mathbb{R}$. *Para cada* $n \in \mathbb{N}$, *a sequência* z_n *tem uma parte real e imaginária, a saber,* $Re(z_n) = x_n$, $Im(z_n) = y_n$, *onde* $\{x_n\}_{n\in\mathbb{N}}, \{y_n\}_{n\in\mathbb{N}} \subset \mathbb{R}$, *são sequências de números reais. Então, vale que*

$$\lim_{n\to\infty} z_n = \lim_{n\to\infty} x_n + iy_n = s = s_1 + is_2 \Leftrightarrow \lim_{n\to\infty} x_n = s_1, \lim_{n\to\infty} y_n = s_2,$$

ou seja,

$$\lim_{n\to\infty} z_n = \lim_{n\to\infty}(x_n + iy_n) = \lim_{n\to\infty} x_n + i\lim_{n\to\infty} y_n,$$

desde que $\exists \lim_{n\to\infty} x_n$, $\exists \lim_{n\to\infty} y_n$.

Vamos considerar, por exemplo, a sequência de números complexos $z_n = \dfrac{1+i\sqrt{n}}{n}$, *e determinar seu limite quando* $n \in \mathbb{N}$ *tende a infinito,* ∞. *Podemos escrever que*

$$z_n = \frac{1}{n} + i\frac{\sqrt{n}}{n} = \frac{1}{n} + i\frac{\sqrt{n}\sqrt{n}}{n\sqrt{n}} = \frac{1}{n} + i\frac{n}{\sqrt{n}n} = \frac{1}{n} + i\frac{i}{\sqrt{n}},$$

onde racionalizamos o denominador da fração $\dfrac{\sqrt{n}}{n}$ *e obtemos, dessa forma, a fração equivalente* $\dfrac{1}{\sqrt{n}}$. *Desse modo, temos que:*

$$Re(z_n) = Re\left(\frac{1+i\sqrt{n}}{n}\right) = x_n = \frac{1}{n},\ Im(z_n) = Im\left(\frac{1+i\sqrt{n}}{n}\right) = y_n = \frac{1}{\sqrt{n}}.$$

Como

$$\lim_{n\to\infty}\frac{1}{n} = \lim_{n\to\infty}\frac{1}{\sqrt{n}} = 0,$$

segue que

$$\lim_{n\to\infty}\frac{1+i\sqrt{n}}{n} = \lim_{n\to\infty}\frac{1}{n} + i\lim_{n\to\infty}\frac{1}{\sqrt{n}} = 0 + i0 = 0.$$

Exemplo 2.19. *Vamos mostrar que:*

(1) $\sum_{n=0}^{\infty}\left(\dfrac{6}{7}\right)^n = 7 \in \mathbb{R}$.

(2) $\sum_{n=0}^{\infty}\left(\dfrac{e}{\pi}\right)^n = \dfrac{\pi}{\pi - e} \in \mathbb{R}$.

(3) $\sum_{n=0}^{\infty}\left(\frac{1}{6}+\frac{i}{6}\right)^n = \frac{3(5+i)}{13} \in \mathbb{C}.$

(4) $\sum_{n=0}^{\infty}\frac{\cos(2n)+i\,sen(2n)}{4^n} = \frac{4(4-\cos(2)+i\,sen(2))}{17-8\cos(2)} \in \mathbb{C}.$

De fato, para demonstrar (1), *notamos que* $x = \frac{6}{7} \in \mathbb{R} \Rightarrow |x| = \frac{6}{7} < 1 \Rightarrow \sum_{n=0}^{\infty} x^n = \sum_{n=0}^{\infty}\left(\frac{6}{7}\right)^n = \frac{1}{1-x} = \frac{1}{1-\frac{6}{7}} = \frac{7.1}{7.\left(1-\frac{6}{7}\right)} = \frac{7}{7-6} = \frac{7}{1} = 7 \in \mathbb{R}$. *Agora, para demonstrar* (2), *notamos que* $x = \mathbb{R} \ni \frac{e}{\pi} < \frac{\pi}{\pi} = 1 \Rightarrow \sum_{n=0}^{\infty}\left(\frac{e}{\pi}\right)^n = \frac{1}{1-x} = \frac{1}{1-\frac{e}{\pi}} = \frac{\pi.1}{\pi.\left(1-\frac{e}{\pi}\right)} = \frac{\pi}{\pi-e} \in \mathbb{R}$. *Ainda, para demonstrar* (3), *notamos que* $z = \frac{1}{6}+\frac{i}{6} = \frac{1}{6}(1+i) \in \mathbb{C} \Rightarrow |z| = \left|\frac{1}{6}(1+i)\right| = \left|\frac{1}{6}\right|.|1+i| = \frac{1}{6}.\sqrt{1^2+1^2} = \frac{1}{6}.\sqrt{1+1} = \sqrt{2}.\frac{1}{6} = \frac{\sqrt{2}}{6} < \frac{\sqrt{4}}{6} = \frac{2}{6} = \frac{1}{3} < 1 \Rightarrow \sum_{n=0}^{\infty} z^n = \sum_{n=0}^{\infty}\left(\frac{1}{6}+\frac{i}{6}\right)^n = \frac{1}{1-z} = \frac{1}{1-\left(\frac{1}{6}+\frac{i}{6}\right)} = \frac{1}{1-\frac{1}{6}(1+i)} = \frac{6.1}{6.\left(1-\frac{1}{6}(1+i)\right)} = \frac{6}{6-(1+i)} = \frac{6}{6-1-i} = \frac{6}{5-i} = \frac{6.(5+i)}{(5-i).(5+i)} = \frac{6.(5+i)}{5^2+1^2} = \frac{6.(5+i)}{25+1} = \frac{6.(5+i)}{26} = \frac{2.3.(5+i)}{2.13} = \frac{3(5+i)}{13} \in \mathbb{C}$. *Finalmente, para demonstrar* (4), *verificamos inicialmente que* $z = \frac{1}{4}(\cos(2)+i\,sen(2)) \in \mathbb{C} \Rightarrow z^n = \left(\frac{\cos(2)+i\,sen(2)}{4}\right)^n = \frac{(\cos(2)+i\,sen(2))^n}{4^n} = \frac{\cos(2n)+i\,sen(2n)}{4^n}$, $\forall n \in \mathbb{N}$ *(na verdade,* $\forall n \in \mathbb{Z}$*). Além disso, temos que*

$$|z| = \left|\frac{1}{4}(\cos(2)+i\,sen(2))\right| = \left|\frac{1}{4}\right|.|\cos(2)+i\,sen(2)| = \frac{1}{4}.\sqrt{\cos^2(2)+\ sen^2(2)} = \frac{1}{4}.\sqrt{1} = \frac{1}{4}.1 = \frac{1}{4} < 1 \Rightarrow \sum_{n=0}^{\infty} z^n = \sum_{n=0}^{\infty}\left(\frac{\cos(2)+i\,sen(2)}{4}\right)^n = \sum_{n=0}^{\infty}\frac{\cos(2n)+i\,sen(2n)}{4^n} = \frac{1}{1-z} = \frac{1}{1-\frac{1}{4}(\cos(2)+i\,sen(2))} =$$

$$\frac{4.1}{4.(1-\frac{1}{4}(\cos(2)+i\,sen(2)))} = \frac{4}{4-(\cos(2)+i\,sen(2))} = \frac{4}{(4-\cos(2))-i\,sen(2)} =$$

$$\frac{4.(4-\cos(2)+i\,sen(2))}{(4-\cos(2)-i\,sen(2)).(4-\cos(2)+i\,sen(2))} = \frac{4.(4-\cos(2)+i\,sen(2))}{(4-\cos(2))^2+\ sen^2(2)} =$$

$$\frac{4.(4-\cos(2)+i\,sen(2))}{16-8\cos(2)+\underbrace{\cos^2(2)+\ sen^2(2)}_{=1}} = \frac{4(4-\cos(2)+i\,sen(2))}{17-8\cos(2)} \in \mathbb{C}.$$

EXEMPLO 2.20. *Este exemplo constitui, em certo sentido, problemas envolvendo uma "espécie" de "sobrejetividade" com relação a séries geométricas de números reais e de números complexos.*

(1) *Encontre uma série geométrica de números reais de tal forma que sua soma seja igual a* $\frac{10}{11} \in \mathbb{R}$.

(2) *Encontre uma série geométrica de números complexos de tal forma que sua soma seja igual* $\dfrac{6(3+2i)}{13} \in \mathbb{C}$.

Para resolver (1), *notamos que* $\sum_{n=0}^{\infty} x^n \underbrace{=}_{|x|<1} \dfrac{1}{1-x} = \dfrac{10}{11} \Leftrightarrow 10.(1-x) = 11 \Leftrightarrow 1-x = \dfrac{11}{10} \Leftrightarrow$ $x - 1 = \dfrac{-11}{10} \Leftrightarrow x = 1 - \dfrac{11}{10} \Leftrightarrow x = \dfrac{10}{10} - \dfrac{11}{10} = \dfrac{10-11}{10} = \dfrac{-1}{10} \in \mathbb{R}$, *onde* $|x| = \left|\dfrac{-1}{10}\right| = \dfrac{1}{10} < 1$ *e, portanto, a série geométrica de números reais procurada é dada por* $\sum_{n=0}^{\infty} \left(\dfrac{-1}{10}\right)^n = \dfrac{10}{11} \in \mathbb{R}$. *Agora, para resolver* (2), *notamos que* $\sum_{n=0}^{\infty} z^n \underbrace{=}_{|z|<1} \dfrac{1}{1-z} = \dfrac{6(3+2i)}{13} \Leftrightarrow 13 = 6.(3+2i).(1-z) \Leftrightarrow 1-z =$ $\dfrac{13}{6(3+2i)} \Leftrightarrow z - 1 = \dfrac{-13}{6(3+2i)} \Leftrightarrow z = 1 - \dfrac{13}{6(2+3i)} = 1 - \dfrac{13.(2-3i)}{6(2+3i).(2-3i)} = 1 - \dfrac{13.(3-2i)}{6.(3^2+2^2)} =$ $1 - \dfrac{13.(3-2i)}{6.(9+4)} = 1 - \dfrac{\cancel{13}.(3-2i)}{6.\,\cancel{13}} = 1 - \dfrac{3-2i}{6} = \dfrac{6}{6} - \dfrac{3-2i}{6} = \dfrac{6-(3-2i)}{6} = \dfrac{6-3+2i}{6} = \dfrac{3+2i}{6} \in \mathbb{C}$, *onde* $|z| = \left|\dfrac{3+2i}{6}\right| = \dfrac{1}{6}.\sqrt{3^2+2^2} = \dfrac{1}{6}.\sqrt{9+4} = \dfrac{1}{6}.\sqrt{13} = \dfrac{\sqrt{13}}{6} < \dfrac{\sqrt{25}}{6} = \dfrac{\sqrt{5^2}}{6} = \dfrac{5}{6} < 1$ *e, portanto, a série de números complexos procurada é dada por* $\sum_{n=0}^{\infty} \left(\dfrac{3+2i}{6}\right)^n = \dfrac{6(3+2i)}{13} \in \mathbb{C}$.

Exemplo 2.21. *Este exemplo consiste em verificar que nem todo número complexo* $w \in \mathbb{C}$ *é o resultado de uma série geométrica de números complexos. De fato, isso ocorre pois a função complexa de uma única variável complexa* $f : D(0;1) \subsetneq \mathbb{C} \to \mathbb{C}$, $\mathbb{C} \supsetneq D(0;1) \ni z \mapsto f(z) := \dfrac{1}{1-z} \in \mathbb{C}$ *não é uma função sobrejetiva (de acordo com a observação feita posteriormente a este exemplo). Deixamos para que os leitores verificarem as contas com mais detalhes. Nesse espírito, vamos mostrar que a série geométrica não possui ponto fixo real nem complexo. Temos que:*

(1) *Verifique que não existe série geométrica de números complexos de tal modo que seu resultado seja igual ao número complexo puramente imaginário dado por* $\dfrac{i}{7} \in \mathbb{C}$. *Mais geralmente, mostre que não existe série geométrica de números complexos de tal modo que seu resultado seja igual a um número complexo puramente imaginário arbitrário, i.e, um número complexo da forma* $ki \in \mathbb{C}$, *para alguma constante real arbitrária fixada* $k \in \mathbb{R}$, *ou seja, um múltiplo real da unidade imaginária* $i \in \mathbb{C}$.

(2) *Verifique que não existe série geométrica de números complexos de tal modo que seu resultado seja igual ao número complexo dado por* $7 + i \in \mathbb{C}$.

(3) *Para verificar que a série geométrica, tanto de números reais, quanto a de números complexos, não possuem ponto fixo, devemos resolver a equação algébrica dada por*

$\dfrac{1}{1-z} = z$, *que nos leva a seguinte equação polinomial de grau igual a 2,* $z^2 - z + 1 = 0$, *cujas raízes são os números complexos conjugados dados por* $\dfrac{1 \pm \sqrt{3}i}{2}$, *os quais possuem módulo igual a 1 e, portanto, fazem a série geométrica divergir, como vimos anteriormente.*

Exemplo 2.22. *(Série de potências que representa a função arcotangente,* arctan, *em torno da origem* $x_0 = 0$*; uma maneira de aproximar o número irracional "transcendente"* $\pi \in \mathcal{I}_t = \mathbb{R}/\mathbb{Q}$*). Como um exemplo de aplicação do uso da série geométrica para números reais, vamos estabelecer um roteiro o qual os leitores podem seguir para se obter aproximações para o número* π*. Inicialmente, levando-se em conta que* $\sum_{n=0}^{+\infty} x^n = \dfrac{1}{1-x}, \forall |x| < 1$ *e que* $\dfrac{1}{1+x^2} = \dfrac{1}{1-(-x^2)}, \forall x \in \mathbb{R}$, *então* $\sum_{n=0}^{+\infty} (-1)^n x^{2n} = \dfrac{1}{1+x^2}, \forall |x| < 1$*. Integrando-se termo a termo a última série, invertendo a ordem do símbolo de integral com o de somatório e lembrando que a primitiva da função* $\dfrac{1}{1+x^2}$ *é a função arco tangente,* $x \mapsto \arctan(x)$, *então vamos obter que:* $\int \sum_{n=0}^{+\infty} (-1)^n x^{2n} dx = \sum_{n=0}^{+\infty} \int (-1)^n x^{2n} dx = \sum_{n=0}^{\infty} \dfrac{(-1)^n x^{2n+1}}{2n+1} = \int \dfrac{1}{1+x^2} = \arctan(x), \forall |x| \leq 1$*. Dessa forma, obtemos a expansão em série de Taylor em torno do ponto* $x_0 = 0$ *para a função arco tangente real, a saber,* $\arctan(x) = \sum_{n=0}^{\infty} \dfrac{(-1)^n x^{2n+1}}{2n+1}, \forall |x| \leq 1$*. Substituindo-se o valor* $x = 1$ *na série acima, obtemos que* $\dfrac{\pi}{4} = \arctan(1) = \sum_{n=0}^{+\infty} \dfrac{(-1)^n}{2n+1} = 1 - \dfrac{1}{3} + \dfrac{1}{5} - \dfrac{1}{7} + \ldots$*. Dessa forma, truncando a última série, obtemos aproximações para o número* π*.*

Exemplo 2.23. *(Uso da série de potências que representa a função exponencial real,* exp, *para aproximar o número irracional "transcendente"* $e \in \mathcal{I}_t$*). Sabemos que, em torno do ponto* $x_0 = 0$*, vale a seguinte expansão para a função exponencial, a saber,* $\sum_{n=0}^{+\infty} \dfrac{x^n}{n!} = e^x, \forall x \in \mathbb{R}$ *e, portanto, considerando-se* $x = 1$ *na última série, vamos obter que* $e = \sum_{n=0}^{+\infty} \dfrac{1}{n!} = 1 + 1 + \dfrac{1}{2} + \dfrac{1}{3!} + \ldots$*. Dessa forma, truncando a última série obtemos aproximações para o número* e*.*

8. Expansão em Série de Potências de Algumas Funções

Vamos, a seguir, fornecer expansões em série de potências para algumas funções elementares do Cálculo de modo que os leitores possam consultá-las quando precisarem. Várias delas, entretanto, já foram ou vão ser demonstradas ao longo do livro.

(1) $\dfrac{1}{1-x} = \sum_{n=0}^{\infty} x^n, \forall x \in (-1, 1)$ *em torno de* $x_0 = 0$*.*

(2) $e^x = \sum_{n=0}^{\infty} \dfrac{x^n}{n!}, \forall x \in \mathbb{R}$, *em torno de* $x_0 = 0$*. Mais geralmente,* $e^x = \sum_{n=0}^{\infty} \dfrac{e^{x_0}(x - x_0)^n}{n!}, \forall x \in \mathbb{R}$, *em torno de* $x_0 \in \mathbb{R}$ *qualquer.*

(3) $sen(x) = \sum_{n=1}^{\infty} \frac{(-1)^{n+1}x^{2n-1}}{(2n-1)!}$, *$\forall x \in \mathbb{R}$ em torno de $x_0 = 0$.*

(4) $\cos(x) = \sum_{n=0}^{\infty} \frac{(-1)^n x^{2n}}{(2n)!}$, *$\forall x \in \mathbb{R}$ em torno de $x_0 = 0$.*

(5) $\arctan(x) = \sum_{n=0}^{\infty} \frac{(-1)^n (x)^{2n+1}}{2n+1}$, *$\forall x \in (-1,1)$ em torno de $x_0 = 0$*

(6) $\log(x+1) = \sum_{n=1}^{\infty} \frac{(-1)^{n-1}x^n}{n}$, *$\forall x \in (-1,1)$ em torno de $x_0 = 0$.*

(7) $\sinh(x) = \sum_{n=0}^{\infty} \frac{x^{2n+1}}{(2n+1)!}$, *$\forall x \in \mathbb{R}$ em torno de $x_0 = 0$, onde a função "seno hiperbólico" de um número real $x \in \mathbb{R}$ é definido como* $\sinh : \mathbb{R} \to \mathbb{R}$, $x \mapsto \sinh(x) := \frac{e^x - e^{-x}}{2} = \frac{e^{2x}-1}{2e^x}$.

(8) $\cosh(x) = \sum_{n=0}^{\infty} \frac{x^{2n}}{(2n)!}$, *$\forall x \in \mathbb{R}$ em torno de $x_0 = 0$, onde a função "cosseno hiperbólico" de um número real $x \in \mathbb{R}$ é definido como* $\cosh : \mathbb{R} \to \mathbb{R}$, $x \mapsto \cosh(x) := \frac{e^x + e^{-x}}{2} = \frac{e^{2x}+1}{2e^x}$.

(9) $(\tanh(x))^{-1} = \sum_{n=0}^{\infty} \frac{x^{2n+1}}{(2n+1)}$, *$\forall x \in (-1,1)$ em torno de $x_0 = 0$, onde a função "tangente hiperbólica inversa" ou também chamada de "arco tangente hiperbólica" é definida como* $(\tanh)^{-1} : (-1,1) \to \mathbb{R}$, $(\tanh(x)^{-1}) := \frac{1}{2}\ln\left(\frac{1+x}{1-x}\right)$.

(10) $F(x) = \sum_{n=0}^{\infty} \frac{(-1)^n x^{2n+1}}{n!(2n+1)}$, *$\forall x \in \mathbb{R}$ em torno de $x_0 = 0$ onde $F'(x) := e^{-x^2}$.*

9. Ajuste de Transformações de Möbius

Recomendamos que os leitores consultem a parte do texto que contém a definição e uma série de itens envolvendo as Transformações de Möbius antes de ler esse exemplo.

Exemplo 2.24. *Determine a (única) transformação de Möbius que satisfaz $T(1) = 2, T(2) = 1$ e $T(i) = -i$ (sempre verificar a resposta). Sendo $T(z) = \frac{az+b}{cz+d}$ a expresão cabível aos três pontos propostos, temos então que, $T(1) = 2 \Leftrightarrow \frac{a+b}{c+d} = 2 \Leftrightarrow a+b = 2c+2d$. De maneira analógica, temos que $T(2) = 1 \Leftrightarrow 2a+b = 2c+d$ e $T(i) = -i \Leftrightarrow ai+b = c-di$. Façamos, agora, o seguinte: Subtraindo-se a segunda equação da primeira, obtemos que $a = -d$. Além disso, subtraindo-se a terceira equação da primeira, obtemos que $a(1-i) = c + d(2+i)$. Agora, substituindo-se a condição de que $a = -d$ na última equação, obtemos que $3a = c$. Por fim, substituindo-se a condição de que $3a = c$ na na equação $a+b = 2c+2d$, então vamos obter que $b = 3a$. Logo, $T(z) = \frac{az+3a}{3az-3} = \frac{a(z+3)}{a(3z-1)} = \frac{z+3}{3z-1}$, que é a Transformação de Möbius procurada. De fato, sendo $T(z) := \frac{z+3}{3z-1} \Rightarrow T(1) = \frac{1+3}{3-1} = \frac{4}{2} = 2, T(2) = \frac{2+3}{6-1} = \frac{5}{5} = 1$ e $T(i) = \frac{3+i}{-1+3i} = \frac{3+i}{i(3+i)} = \frac{1}{i} = -i$.*

10. Estimativas de Integrais Definidas

Nesta sessão vamos fornecer um exemplo prático envolvendo integrais definidas de funções contínuas em um dado intervalo (que pode ser aberto ou fechado dependendo do caso) $I \subset \mathbb{R}$ da reta real. Sabemos o seguinte: Dada uma função real de uma única variável real $f : I \to \mathbb{R}$, $x \mapsto f(x)$, definida e contínua em um intervalo da reta real, então se o intervalo I é fechado, digamos $I := [a, b] \subseteq \mathbb{R}$ segue que a função f admite um máximo e um mínimo nesse intervalo, i.e, $\exists\ M_1, M_2 \in \mathbb{R};\ M_1 \leq f(x) \leq M_2,\ \forall x \in [a, b]$. Assim, $\exists\ x_1, x_2 \in [a, b];\ f(x_1) = M_1,\ f(x_2) = M_2$. Este fato não vale se a função f não for definida e contínua em um intervalo aberto $J := (a, b) \subseteq \mathbb{R}$. De fato, seja a função tangente real $f : \mathbb{R}/A \to \mathbb{R}$, $A := \{x \in \mathbb{R}; \cos(x) = 0\} = \{x \in \mathbb{R}; x = \frac{\pi}{2} + 2k\pi, k \in \mathbb{Z}\}$, $x \mapsto f(x) := tg(x) := \frac{sen(x)}{\cos(x)}$. Sua restrição ao intervalo aberto $J := (-\frac{\pi}{2}, \frac{\pi}{2})$, $f_{|J} : J \to \mathbb{R}$, $x \mapsto tg(x)$ é uma função definida e contínua em J, porém não possui nem mínimo nem máximo nesse intervalo. Aliás, $f(J) = \mathbb{R}$, i.e, a imagem de J por f é toda reta real $\mathbb{R}$, e assim, f é sobrejetora e, portanto, não tem máximo nem mínimo em J, já que sequer é limitada nesse intervalo.

Vamos, portanto, para o que se segue, nos concentrarmos em funções reais de uma única variável real definidas e contínuas em intervalos fechados da reta real. Isso é importante devido ao seguinte fato: Seja $f : I \to \mathbb{R}$, definida e contínua no intervalo fechado $I := [a, b]$. Logo, f é limitada nesse intervalo, digamos $|f(x)| \leq K$, $\forall x \in [a, b]$, $K > 0$, constante positiva, e vale que $|\int_a^b f(x)\ dx| \leq \int_a^b |f(x)|\ dx \leq \int_a^b k\ dx = (kx)|_a^b = k(x)|_a^b = k(b - a)$ (onde em uma das passagens acima usamos a "desigualdade triangular" para integrais). Assim, temos uma estimativa para a integral definida da função contínua f no intervalo fechado I. Podemos observar que a constante positiva $k > 0$, depende de dois fatores: da função f, i.e, de sua lei de atuação em x e do intervalo em que ela está definida e é contínua. De fato, por exemplo, se uma função é contínua em toda reta, ela é limitada em cada intervalo fechado da reta, mas a constante que a limita pode (e provavelmente vai) mudar. Em notação simbólica podemos escrever $k = k(f, [a, b])$. Entretanto, mesmo sabendo da existência da constante positiva $k > 0$, encontrá-la na prática pode ser complicado, principalmente para funções que "oscilam" muito no intervalo fechado $I := [a, b] \subseteq \mathbb{R}$. Em alguns casos específicos é menos difícil encontrá-la, por exemplo, para funções estritamente crescentes ou estritamente decrescentes no intervalo fechado I.

A seguir, vamos fazer um exemplo concreto de estimativa de integrais definidas de funções contínuas em um intervalo fechado $I := [a, b] \subseteq \mathbb{R}$. Para isso, não vamos encontrar a constante k descrita acima, mas sim faremos uma estimativa usando outros métodos. É importante observar que essa estimativa pode não ser tão "efetiva" como a descrita acima.

Exemplo 2.25. *Vamos mostrar que dados dois números reais $a < b \in (0, 1) \subseteq \mathbb{R}$,*

$$\left|\int_a^b \frac{sen(x)}{\sqrt{x}+\sqrt[3]{x}}dx\right| \leq \sqrt{b}-\sqrt{a}.$$

Para isso, inicialmente observamos que $x \in (0,1) \Rightarrow \sqrt[n]{x} < \sqrt[n+1]{x}$, $\forall n \in \mathbb{N}$. *Em particular,* $x \in (0,1) \Rightarrow \sqrt{x} < \sqrt[3]{x} \Rightarrow \sqrt{x}+\sqrt{x} \Rightarrow \sqrt{x}+\sqrt[3]{x} \Rightarrow 2\sqrt{x} < \sqrt{x}+\sqrt[3]{x} \Rightarrow \frac{1}{\sqrt{x}+\sqrt[3]{x}} < \frac{1}{2\sqrt{x}}$. *Ainda, vamos relembrar os fatos de que* $|sen(x)| \leq 1$, $\forall x \in \mathbb{R}$ *e que, sendo* $0 < x < 1 \Rightarrow 0 < \sqrt[n]{x} < 1$, $\forall n \in \mathbb{N}$ *e, em particular,* $\sqrt{x}, \sqrt[3]{x} \in (0,1)$, $\forall x \in (0,1)$. *Agora, vamos estimar a integral definida. Temos que*

$$\left|\int_a^b \frac{sen(x)}{\sqrt{x}+\sqrt[3]{x}}dx\right| \leq \int_a^b \left|\frac{sen(x)}{\sqrt{x}+\sqrt[3]{x}}\right| dx = \int_a^b \frac{|sen(x)|}{|\sqrt{x}+\sqrt[3]{x}|}dx = \ldots$$

A partir desse estágio, deixamos a cargo dos leitores a conclusão desse item. Como uma dica: use o fato de que $|sen(x)| \leq 1, \forall x \in \mathbb{R}$, *e faça uma estimativa dos valores de* $\frac{1}{\sqrt{x}+\sqrt[3]{x}}$ *no intervalo "positivo-unitário"* $(a,b) \subseteq (0,1)$.

CAPÍTULO 3

Elementos de Variáveis Complexas

Todas as funções elementares do cálculo em uma única variável real, como funções polinomiais, racionais, exponenciais, trigonométricas, trigonométricas inversas, logarítmicas, hiperbólicas e hiperbólicas inversas, possuem suas versões complexas (bem como suas versões matriciais). A seguir, vamos ver (em um sentido a ser mencionado ao longo deste capítulo) que as versões complexas dessas funções generalizam as funções do caso real. Muitas das propriedades das funções do caso real mantém-se conservadas (via o Princípio da Conservação das Propriedades Funcionais - PCPF). Porém, novas propriedades surgem (já que são mais gerais do que as do caso real) e algumas dessas propriedades, de certa forma, não são esperadas (por exemplo, a função exponencial complexa é periódica de período complexo e as funções seno e cosseno complexo não são mais limitadas sendo, na verdade, sobrejetivas). Inicialmente, vamos descrever os principais fatos sobre o conjunto (grupo, espaço vetorial, corpo, etc) dos números complexos e apresentar as equações de Cauchy-Riemann para depois estudar as funções elementares de uma única variável complexa.

1. Números Complexos e o Plano Complexo de Argand-Gauss

Teorema 3.1. *Vamos, a seguir, enunciar e provar alguns resultados sobre números complexos:*

(1) $\overline{z \pm w} = \overline{z} \pm \overline{w}$, $\overline{z.w} = \overline{z}.\overline{w}$, $\forall z, w \in \mathbb{C}$ *e* $\overline{(z/w)} = \overline{z}/\overline{w}$, $\forall z \in \mathbb{C}, \forall w \in \mathbb{C}/\{0\}$.

(2) $z \in \mathbb{C} \Rightarrow z \in \mathbb{R} \Leftrightarrow z = \overline{z}$.

(3) $|z| \geq 0, \forall z \in \mathbb{C}$ *e* $|z| = 0 \Leftrightarrow z = 0$, *ou seja,* $z \neq 0 \Leftrightarrow |z| \neq 0$.

(4) $|z| = |-z| = |\overline{z}|, \forall z \in \mathbb{C}$.

(5) $z.\overline{z} = |z|^2, \forall z \in \mathbb{C}$. *Logo,* $z^{-1} = \dfrac{\overline{z}}{|z|^2}, \forall z \in \mathbb{C}/\{0\}$.

(6) $|z.w| = |z|.|w|, \forall z, w \in \mathbb{C}$. *Mais geralmente,* $|z_1.z_2.....z_{n-1}.z_n| = |z_1|.|z_2|.....|z_{n-1}|.|z_n|, \forall z_k \in \mathbb{C}, k \in \{1, 2, ..., n\} \subsetneq \mathbb{N}$. *Em particular,* $|z^n| = |z|^n, \forall z \in \mathbb{C}, \forall n \in \mathbb{N}$.

(7) $\left|\dfrac{z}{w}\right| = \dfrac{|z|}{|w|}$, $\forall z \in \mathbb{C}$, $\forall w \in \mathbb{C}/\{0\}$.

(8) *Se* $z \in \mathbb{C}/\{0\}$ *é um número complexo não nulo, então o número complexo não nulo* $\dfrac{z}{|z|} \in \mathbb{C}/\{0\}$, *tem módulo unitário, 1, i.e,* $\left|\dfrac{z}{|z|}\right| = 1$. *Mais ainda, sendo* k *um número real arbitrário, então o número complexo* $\dfrac{kz}{|z|}$ *tem módulo igual a* $|k|$.

(9) $Re(z) \leq |Re(z)| \leq |z|$, $Im(z) \leq |Im(z)| = |z|$, $\forall z \in \mathbb{C}$.

(10) $Re(z) = \dfrac{z + \overline{z}}{2}$, $Im(z) = \dfrac{z - \overline{z}}{2i}$, $\forall z \in \mathbb{C}$.

(11) $|z + w| \leq |z| + |w|$, $\forall z, w \in \mathbb{C}$. *Esta propriedade é chamada de primeira desigualdade triangular ou primeira desigualdade do triângulo, que condiz com a propriedade de que, em um triângulo qualquer, a soma dos comprimentos de dois de seus lados é sempre maior do que o comprimento do outro lado. Vale, também, a desigualdade triangular generalizada,*

$$|z_1 + z_2 + ... + z_{n-1} + z_n| \leq |z_1| + |z_2| + ... + |z_{n-1}| + |z_n|, \forall z_k \in \mathbb{C}, k \in \{1, 2, ..., n\} \subsetneq \mathbb{N}.$$

Em notação de somatório,

$$\left|\sum_{j=1}^{n} z_j\right| \leq \sum_{j=1}^{n} |z_j|.$$

Ainda, vale a segunda desigualdade triangular,

$$|z| - |w| \leq ||z| - |w|| \leq |z \pm w|, \forall z, w \in \mathbb{C},$$

que condiz com a propriedade de que, em um triangulo qualquer, o comprimento de um dos seus lados é sempre maior do que a subtração dos comprimentos dos seus outros dois lados. Portanto, resumindo parcialmente o que foi dito acima nesse item, temos que

$$|z| - |w| \leq ||z| - |w|| \leq |z \pm w| \leq |z| + |w|, \forall z, w \in \mathbb{C}.$$

Ou seja, isso traduz a propriedade de que em um triângulo qualquer, a soma dos comprimentos de dois de seus lados é sempre maior do que a medida do comprimento do outro lado e a medida de um lado qualquer é sempre maior do que a subtração dos comprimentos dos outros dois lados.

(12) $|z + w|^2 + |z - w|^2 = 2(|z|^2 + |w|^2)$, $\forall z, w \in \mathbb{C}$. *Esta propriedade é chamada de lei do paralelogramo, que condiz com a propriedade de que em um paralelogramo, a soma dos quadrados dos comprimentos de suas diagonais é igual a soma dos quadrados de cada um de seus lados. Como em um paralelogramo os comprimentos de lados paralelos*

são iguais, podemos dizer que a propriedade da lei do paralelogramo é que a soma dos quadrados de suas diagonais é igual ao dobro da soma dos quadrados de dois lados adjacentes (i.e, lados não paralelos).

(13) $\sum_{j=1}^{n} z_j w_j \leq \left|\sum_{j=1}^{n} z_j w_j\right| \leq \sqrt{\sum_{j=1}^{n} |z_j|^2}.\sqrt{\sum_{j=1}^{n} |w_j|^2}$. *Esta desigualdade é conhecida como desigualdade de Cauchy–Schwarz para séries (no caso somas finitas) de números complexos. Se a soma não for finita ela continua válida, i.e, trocando-se j por n e n por $+\infty$.*

(14) $|z| \leq |Re(z)| + |Im(z)| \leq \sqrt{2}|z|, \forall z \in \mathbb{C}$.

(15) Vamos relembrar o item 6) *do exemplo* 1.1 *do capítulo* 1*:*

$$\text{“}\forall z \in \mathbb{C}/\{0\}, \exists! w \in \mathbb{C}/\{0\}, |w| = 1, \exists! r > 0; z = rw\text{”}.$$

Leia-se: “Para todo número complexo não nulo z existe úm único número complexo w de módulo unitário (que necessariamente é não nulo) e um único número real positivo r tal que seu produto rw é igual a z”. Equivalentemente: “Um número complexo não nulo é sempre o produto entre um único número real positivo e um único número complexo de módulo unitário, i.e, de módulo igual a 1*”.*

(16) Todo número complexo de módulo igual a 1 *pode ser escrito sob a forma* $\frac{1+it}{1-it} \in \mathbb{C}$, *para algum* $t \in \mathbb{R}$. *Em símbolos:* $\forall z = e^{i\theta} \in \mathbb{C}, \theta \in \mathbb{R}, \exists t \in \mathbb{R}; z = \frac{1+it}{1-it} \in \mathbb{C}$. *Ou ainda,* $z = e^{i\theta} \in \mathbb{C}, \theta \in \mathbb{R} \Leftrightarrow \exists t \in \mathbb{R}; z = e^{i\theta} = \cos(\theta) + i\,sen(\theta) = \frac{1+it}{1-it} \in \mathbb{C}$.

(17) $\arg(z_1.z_2) = \arg(z_1) + \arg(z_2), \forall z_1, z_2 \in \mathbb{C}, \arg\left(\frac{z_1}{z_2}\right) = \arg(z_1) - \arg(z_2), \forall z_1 \in \mathbb{C}, \forall z_2 \in \mathbb{C}/\{0\}$, *ou seja, o argumento de um produto é a soma dos argumentos e o argumento de um quociente é a subtração dos argumentos. Funcionalmente esta propriedade é semelhante a propriedade de homomorfismo da função logaritmo.*

(18) (Identidade de Apolônio [1] *para Números Complexos). Vale que*

$$|z - w|^2 + |z - p|^2 = \frac{1}{2}|w - p|^2 + 2\left|z - \frac{1}{2}(w + p)\right|^2, \forall z, w, p \in \mathbb{C},$$

onde a interpretação geométrica para essa identidade é a seguinte: “A soma dos quadrados dos comprimentos de dois lados quaisquer de um triângulo qualquer é equivalente a

[1]Apolônio de Perga, geômetra e astrônomo grego nascido na cidade de Perga por volta do final do século *III* e início do século *II* antes de Cristo, conhecido por seus trabalhos nas teorias envolvendo secções cônicas.

metade do quadrado do comprimento do terceiro lado somado com o dobro do quadrado do comprimento da mediana que bissecta o terceiro lado", ou seja, este é um resultado que relaciona o comprimento da mediana de um triângulo relativo a um de seus lados (bem como o comprimento deste mesmo lado) com o comprimento de seus dois outros lados.

(19) $|x^3 - y^3| \leq (x^2 + y^2)^{3/2}, \forall x, y \in \mathbb{R}$. *O caso complexo é o seguinte:* $|z^3 - w^3| \leq (|z|^2 + |w|^2)^{3/2}, \forall z, w \in \mathbb{C}$.

Demonstração. Vamos resolver inteiramente o item 16) e deixar a cargo dos leitores a solução dos demais itens (sugerimos fortemente que sejam feitos todos os itens). Inicialmente, vamos mostrar que dado um número complexo de módulo igual a 1, i.e, $z = e^{i\theta} = \cos(\theta) + i\,\text{sen}(\theta)$, $\theta \in \mathbb{R} \Rightarrow \exists t \in \mathbb{R};\ z = \dfrac{1+it}{1-it} \in \mathbb{C}$. Para isso, notamos que

$$\frac{\cos(\theta/2) + i\,\text{sen}(\theta/2)}{\cos(\theta/2) - i\,\text{sen}(\theta/2)} = \cos(\theta) + i\,\text{sen}(\theta),\ \forall \theta \in \mathbb{R}.$$

Logo,

$$\frac{\dfrac{\cos(\theta/2) + i\,\text{sen}(\theta/2)}{\cos(\theta/2)}}{\dfrac{\cos(\theta/2) - i\,\text{sen}(\theta/2)}{\cos(\theta/2)}} = \frac{1 + i\,\text{tg}(\theta/2)}{1 - i\,\text{tg}(\theta/2)},\ \forall \theta \in \left(-\frac{\pi}{2}, \frac{\pi}{2}\right) \subsetneq \mathbb{R}.$$

A função $f : \left(-\frac{\pi}{2}, \frac{\pi}{2}\right) \to \mathbb{R},\ \theta \mapsto f(\theta) := \text{tg}(\theta/2)$ é sobrejetiva, i.e, $\forall t \in \mathbb{R},\ \exists \theta \in \left(-\frac{\pi}{2}, \frac{\pi}{2}\right)$; $\text{tg}(\theta/2) = t$. Dessa forma, $\cos(\theta) + i\,\text{sen}(\theta) = \dfrac{1+it}{1-it}$, para algum $t \in \mathbb{R}$ (no caso $t = \text{tg}(\theta/2)$, $\theta \in \left(-\frac{\pi}{2}, \frac{\pi}{2}\right) \subsetneq \mathbb{R}$). Reciprocamente, vamos mostrar agora que o número complexo $\dfrac{1+it}{1-it} \in \mathbb{C}$, $t \in \mathbb{R}$ tem módulo igual a 1. De fato,

$$z = \frac{1+it}{1-it} = \frac{(1+it)}{(1-it)}\frac{(1+it)}{(1+it)} = \frac{(1+it)^2}{|1-it|^2} = \frac{1+2it-t^2}{1^2+(-t)^2} = \frac{(1-t^2)+i(2t)}{1+t^2} = \frac{1-t^2}{1+t^2} + i\frac{(2t)}{1+t^2} \Rightarrow |z| =$$
$$\sqrt{\left(\frac{1-t^2}{1+t^2}\right)^2 + \left(\frac{2t}{1+t}\right)^2} = \sqrt{\frac{(1-t^2)^2}{(1+t^2)^2} + \frac{4t^2}{(1+t^2)^2}} = \sqrt{\frac{1}{(1+t^2)^2}([1-t^2]^2 + 4t^2)} =$$
$$\left|\frac{1}{1+t^2}\right| \sqrt{(1-t^2)^2 + 4t^2} = \frac{1}{1+t^2}\sqrt{1 - 2t^2 + t^4 + 4t^2} = \frac{1}{1+t^2}\sqrt{t^4 + 2t^2 + 1} = \frac{1}{1+t^2}\sqrt{(1+t)^2} =$$
$$\frac{|1+t^2|}{1+t^2} = \frac{1+t^2}{1+t^2} = 1,\ \forall t \in \mathbb{R}.$$

□

Exemplo 3.1. *Vamos mostrar de duas maneiras distintas, que as duas raízes quadradas do número complexo (unidade imaginária)* $i := \sqrt{-1} \in \mathbb{C}$, *são dadas por* $\pm\left(\frac{1}{\sqrt{2}} + i\frac{1}{\sqrt{2}}\right) \in \mathbb{C}$. *De fato, a primeira maneira é a seguinte: Seja* $z := 1+i \Rightarrow z^2 = (1+i)^2 = 1+2i-1 = 2i \Rightarrow \frac{z^2}{2} = i \Rightarrow \left(\frac{z^2}{\sqrt{2}}\right)^2 = i \Rightarrow \left(\frac{1+i}{\sqrt{2}}\right)^2 = i \Rightarrow \left(\frac{1}{\sqrt{2}} + i\frac{1}{\sqrt{2}}\right)^2 = i \Rightarrow (\pm\left(\frac{1}{\sqrt{2}} + i\frac{1}{\sqrt{2}}\right))^2 = i \Rightarrow \sqrt{i} = \pm\left(\frac{1}{\sqrt{2}} + i\frac{1}{\sqrt{2}}\right) \in \mathbb{C}$. *De fato, sendo* $w := \left(\frac{1}{\sqrt{2}} + i\frac{1}{\sqrt{2}}\right) \Rightarrow (\pm w)^2 = \left(\frac{1}{\sqrt{2}} + i\frac{1}{\sqrt{2}}\right)^2 = \frac{1}{2} + \frac{2i}{\sqrt{2}.\sqrt{2}} - \frac{1}{2} = i$. *Já a segunda maneira é a seguinte: queremos encontrar um número complexo* $w = x + iy \in \mathbb{C}$; $w^2 = i$. *Temos que,* $w^2 = i \Leftrightarrow (x+iy)^2 = i \Leftrightarrow (x^2 - y^2) + i(2xy) = i = 0 + 1.i \Leftrightarrow \begin{cases} x^2 - y^2 = 0 \\ 2xy = 1 \end{cases} \Leftrightarrow$

$$\begin{cases} x^2 - y^2 = 0 \\ y = \dfrac{1}{2x} \end{cases} \underbrace{\Rightarrow}_{y=\frac{1}{2x}} x^2 - \left(\frac{1}{2x}\right)^2 = 0 \Leftrightarrow x^2 - \frac{1}{4x^2} = 0 \Leftrightarrow 4x^4 - 1 = 0 \Leftrightarrow (2x^2)^2 = 1 \leftrightarrow 2x^2 = \pm 1 \Leftrightarrow$$

$2x^2 = 1 \Leftrightarrow x^2 = \frac{1}{2} \Leftrightarrow x = \pm\frac{1}{\sqrt{2}}$. *Dessa forma,* $x = \frac{1}{\sqrt{2}} \Rightarrow y = \frac{1}{2x} = \frac{1}{2\frac{1}{\sqrt{2}}} = \frac{\sqrt{2}}{2} = \frac{1}{\sqrt{2}} = x$. *De maneira substancialmente análoga* $x = -\frac{1}{\sqrt{2}} \Rightarrow y = -\frac{1}{\sqrt{2}} = x$. *Portanto, encontramos que* $w = \pm\left(\frac{1}{\sqrt{2}} + i\frac{1}{\sqrt{2}}\right) \in \mathbb{C}$, *i.e,* $\sqrt{i} = \pm\left(\frac{1}{\sqrt{2}} + i\frac{1}{\sqrt{2}}\right) \in \mathbb{C}$.

Teorema 3.2. *Seja* $z = x+iy \in \mathbb{C}$ *um número complexo qualquer. Existem duas raízes quadradas complexas de* z, *a saber,* $\pm w \in \mathbb{C}$, *i.e,* $(\pm w)^2 = z$, *onde* $w = \sqrt{\frac{\sqrt{x^2+y^2}+x}{2}} + i\beta\sqrt{\frac{\sqrt{x^2+y^2}-x}{2}}$,

$$\text{onde } \beta := \begin{cases} 1, \text{ se } y = 0. \\ \dfrac{|y|}{y}, \text{ se } y \in \mathbb{R}/\{0\}. \end{cases} = \begin{cases} 1, \text{ se } \mathbb{R} \ni y \geq 0. \\ -1, \text{ se } \mathbb{R} \ni y < 0. \end{cases} = \begin{cases} 1, \text{ se } y = 0. \\ \text{sinal do número real } y \text{ , se } y \in \mathbb{R}/\{0\} \end{cases}.$$

Demonstração. Sejam $w = u+iv, z = x+iy \in \mathbb{C}$; $w^2 = (u+iv)^2 = z = x+iy \Leftrightarrow (u^2-v^2)+i(2uv) = x+iy \Leftrightarrow \begin{cases} u^2 - v^2 = x \\ 2uv = y \end{cases} \Leftrightarrow \begin{cases} u^2 - v^2 = x \\ v = \dfrac{y}{2u}, u \neq 0 \end{cases} \Rightarrow u^2 - \frac{y^2}{4u^2} = x \Rightarrow 4u^4 - 4xu^2 - y^2 = 0 \Rightarrow u^2 = \frac{x + \sqrt{x^2+y^2}}{2} \Rightarrow u = \pm\sqrt{\frac{\sqrt{x^2+y^2}+x}{2}}, v = \frac{y}{2u} = \pm\sqrt{\frac{\sqrt{x^2+y^2}-x}{2}}$. Portanto, $\exists m$ duas soluções (distintas) para a equação $w^2 = z$ (quando $z \neq 0$), que são os números complexos $\pm w \in \mathbb{C}$ onde $w = \sqrt{\frac{\sqrt{x^2+y^2}+x}{2}} + i\beta\sqrt{\frac{\sqrt{x^2+y^2}-x}{2}}$, onde $\beta := \begin{cases} 1, \text{ se } y = 0. \\ \dfrac{|y|}{y}, \text{ se } y \in \mathbb{R}/\{0\}. \end{cases} =$

$$\begin{cases} 1, \text{ se } \mathbb{R} \ni y \geq 0. \\ -1, \text{ se } \mathbb{R} \ni y < 0. \end{cases} = \begin{cases} 1, \text{ se } y = 0. \\ \text{sign(y)} \text{ , se } y \in \mathbb{R}/\{0\} \end{cases}.$$

□

Exemplo 3.2. *Vamos usar a fórmula explícita para as (duas) raízes quadradas de um número complexo descrita acima, para mostrar que:*

(1) $\sqrt{3-4i} = \pm(2-i)$.

(2) $\sqrt{ai} = \pm\left(\sqrt{\frac{a}{2}} + i\sqrt{\frac{a}{2}}\right), \mathbb{R} \ni a > 0$.

De fato, para demonstrar 1), *observamos que, neste caso,* $x = 3, y = 4 \Rightarrow \sqrt{x^2+y^2} = 5, \frac{|y|}{y} = -1 \Rightarrow \sqrt{3-4i} = \pm w, w = \sqrt{\frac{5+3}{2}} - i\sqrt{\frac{5-3}{2}} = 2-i$. *Agora, para demonstrar* 2), *observamos que, neste caso,* $x = 0$, $y = a > 0 \Rightarrow \sqrt{ai} = \pm w, w = \sqrt{\frac{\sqrt{0+a^2}+0}{2}} + i\sqrt{\frac{\sqrt{0+a^2}-0}{2}} = \sqrt{\frac{a}{2}} + i\sqrt{\frac{a}{2}}$.

Teorema 3.3. *(Teorema de de Moivre). Seja* $z = x + iy \in \mathbb{C}$, *um número complexo e consideramos sua forma polar* $z = |z|(\cos(\theta) + i\,sen(\theta))$, *onde* $|z| := \sqrt{x^2+y^2}$, $\theta := \arg(z)$. *Então, vale que:*

(1) Primeira fórmula de de Moivre:

$$z^n = (|z|(\cos(\theta) + i\,sen(\theta)))^n = |z|^n(\cos(n\theta) + i\,sen(n\theta)), \forall n \in \mathbb{Z}.$$

(2) Segunda fórmula de de Moivre:

$$\sqrt[n]{z} = \sqrt[n]{|z|}\left(\cos\left(\tfrac{\theta+2k\pi}{n}\right) + i\,sen\left(\tfrac{\theta+2k\pi}{n}\right)\right), \forall k \in \{0,1,2,...,n-1\}.$$

Demonstração. Para provar (1), inicialmente notamos que $z^n = (|z|(\cos(\theta) + i\,\mathrm{sen}(\theta)))^n = |z|^n(\cos(\theta) + i\,\mathrm{sen}(\theta))^n, \forall n \in \mathbb{N}$, de modo que devemos, agora, provar que $(\cos(\theta) + i\,\mathrm{sen}(\theta))^n = \cos(n\theta) + i\,\mathrm{sen}(n\theta), \forall n \in \mathbb{N}$. De fato, faremos por indução. Vale para $n = 2$, pois $(\cos(\theta) + i\,\mathrm{sen}(\theta))^2 = \underbrace{(\cos^2(\theta) - \mathrm{sen}^2(\theta))}_{=\cos(2\theta),\forall\theta\in\mathbb{R}} + i\underbrace{(2\,\mathrm{sen}(\theta)\cos(\theta))}_{=\,\mathrm{sen}(2\theta),\forall\theta\in\mathbb{R}} = \cos(2\theta) + i\,\mathrm{sen}(2\theta), \forall\theta \in \mathbb{R}$. Agora, vamos supor que a propriedade é válida para n e provaremos que vale, também, para $n+1$. De fato, temos que

$$z^{n+1} = z^n.z = (|z|^n(\cos(n\theta) + i\,\mathrm{sen}(n\theta))).(|z|(\cos(\theta) + i\,\mathrm{sen}(\theta))) =$$
$$|z|^{n+1}\underbrace{(\cos(n\theta)\cos(\theta) - \mathrm{sen}(n\theta)\,\mathrm{sen}(\theta))}_{\cos(n\theta+\theta),\forall\theta\in\mathbb{R},\forall n\in\mathbb{N}} + i\underbrace{(\,\mathrm{sen}(\theta)\cos(n\theta) + \mathrm{sen}(n\theta)\cos(\theta))}_{\mathrm{sen}(n\theta+\theta),\forall\theta\in\mathbb{R},\forall n\in\mathbb{N}}) =$$
$$|z|^{n+1}(\cos(n\theta+n) + i\,\mathrm{sen}(n\theta+n)) = |z|^n(\cos([n+1]\theta) + i\,\mathrm{sen}([n+1]\theta)), \forall n \in \mathbb{N}.$$

Para provar o item (2), inicialmente notamos que, $\sqrt[n]{z} = w \Leftrightarrow z = w^n \Rightarrow |z| = |w|^n$. Sejam, então, $z = |z|(\cos(\theta) + i\,\mathrm{sen}(\theta)), w = |w|(\cos(\beta) + i\,\mathrm{sen}(\beta)) \Rightarrow w^n = \underbrace{|w|^n}_{=|z|}(\cos(n\beta) + i\,\mathrm{sen}(n\beta)) = |z|(\cos(n\beta) + i\,\mathrm{sen}(n\beta))$. Logo, $z = w^n \Leftrightarrow |z|(\cos(\theta) + i\,\mathrm{sen}(\theta)) = |z|(\cos(n\beta) + i\,\mathrm{sen}(n\beta)) \Leftrightarrow \cos(\theta) + i\,\mathrm{sen}(\theta) = \cos(n\beta) + i\,\mathrm{sen}(n\beta) \Leftrightarrow \mathrm{sen}(n\beta) = \mathrm{sen}(\theta), \cos(n\beta) = \cos(\theta) \Leftrightarrow n\beta = \theta + 2k\pi, k = 0,1,2,...,n-1 \Leftrightarrow \beta = \frac{\theta+2k\pi}{n}, k = 0,1,2,...,n-1$. Desse modo, notando que, $|z| = |w|^n \Rightarrow= |w| = \sqrt[n]{|z|}$, então segue que $\sqrt[n]{z} = w = |w|(\cos(\beta) + i\,\mathrm{sen}(\beta)) = \sqrt[n]{z} = \sqrt[n]{|z|}\left(\cos\left(\frac{\theta+2k\pi}{n}\right) + i\,\mathrm{sen}\left(\frac{\theta+2k\pi}{n}\right)\right), \forall k \in \{0,1,2,...,n-1\}$. □

Exemplo 3.3. *Vamos usar a teoria sobre números complexos para provar que* $\arctan(1/2) + \arctan(1/3) = \dfrac{\pi}{4}$. *Sabemos que,* $z = 1+i \in \mathbb{C}$ *tem argumento igual a* $\theta = \arctan(1/1) = \arctan(1) = \dfrac{\pi}{4}$. *Sejam* $z_1 = 2+i$, $z_2 = x+iy \in \mathbb{C}$. *Então,* $z_1.z_2 = 1+i \Leftrightarrow (2+i).(x+iy) = 1+i \Leftrightarrow 2x+i2y+ix-y = (2x-y)+i(x+2y) = 1+i \Leftrightarrow x, y \in \mathbb{R}$ *satisfazem o seguinte sistema linear de equações:*

$$\begin{cases} 2x - y = 1 \\ x + 2y = 1 \end{cases}$$

A solução desse sistema são os números reais $x = 3/5$, $y = 1/5 \in \mathbb{R}$, *logo* $z_2 = \dfrac{1}{5}(3+i) \in \mathbb{C}$. *Podemos notar que,* $\arg(z_1) = \arctan(1/2)$ *e* $\arg(z_2) = \arctan(1/3)$. *Como vale que,* $\arg(z_1.z_2) = \arg(z_1) + \arg(z_2)$, $\forall z_1, z_2 \in \mathbb{C} \Rightarrow \dfrac{\pi}{4} = \arg[(1+i)1/5(3+i)] = \arg(1+i) + \arg(1/5(3+i)) = \arg(1+i) + \arg(3+i) = \arctan(1/2) + \arctan(1/3) = \dfrac{\pi}{4}$.

Observação 3.1. *Vale a igualdade que diz que* $\arg(1/5(3+i)) = \arg(3+i)$, *pois ao multiplicar um número complexo por qualquer número real positivo, este número complexo continua com o mesmo argumento (muda-se apenas o seu comprimento, que fica multiplicado por este número real positivo). Podemos também provar a igualdade acima que diz que* $\arctan(1/2) + \arctan(1/3) = \dfrac{\pi}{4}$ *usando a fómula de adição de arcos da trigonometria circular plana para a tangente da soma de dois ângulos que diz que:* $tg(\theta_1 + \theta_2) = \dfrac{tg(\theta_1) + tg(\theta_2)}{1 - tg(\theta_1)\,tg(\theta_2)}$, $\forall \theta_1, \theta_2 \neq \pm\pi/2 + k\pi$, $k \in \mathbb{Z}$, $tg(\theta_1)\,tg(\theta_2) \neq 1$. *De fato,* $\theta_1 = \arctan(1/2) \Leftrightarrow tg(\theta_1) = \dfrac{1}{2}$ *e* $\theta_2 = \arctan(1/3) \Leftrightarrow tg(\theta_2) = \dfrac{1}{3}$. *Logo,* $tg(\arctan(1/2) + \arctan(1/3)) = \dfrac{1/2 + 1/3}{1 - 1/2.1/3} = \dfrac{3/6 + 2/6}{1 - 1/6} = \dfrac{5/6}{6/6 - 1/6} = \dfrac{5/6}{5/6} = 1 \Rightarrow \theta = \dfrac{\pi}{4}$, *se* $\theta_1 + \theta_2 \in (0, 2\pi) \subset \mathbb{R}$.

Observação 3.2. *Como vale a propriedade* $\arg(z_1.z_2) = \arg(z_1) + \arg(z_2)$, $\forall z_1, z_2 \in \mathbb{C}$, *i.e, o argumento do produto de dois números complexos é igual a soma dos argumentos desses mesmos números complexos, então a aplicação*

$$\arg : (\mathbb{C}/\{0\}, .) \to (\mathbb{R}, +),\ \mathbb{C}/\{0\} \ni z \mapsto \arg(z) \in \mathbb{R}$$

é um homomorfismo sobrejetivo (não injetivo) entre o grupo multiplicativo dos números complexos não nulos $(\mathbb{C}/\{0\}, .)$ *no grupo aditivo dos números reais* $(\mathbb{R}, +)$. *É sobrejetivo, pois dado um número real* $r \in \mathbb{R}$ *qualquer, sempre existe um número complexo* $z \in \mathbb{C}$ *que possui* r *como argumento, i.e,* $\arg(z) = r$. *É não injetivo, pois dado um número real* $r \in \mathbb{R}$ *qualquer, sempre existem números complexos diferentes (de um múltiplo real) que possuem* r *como argumento, i.e, se* $\arg(z_1) = r$ *e* $\exists\ k \in \mathbb{R}$; $z_2 = kz_1 \Rightarrow \arg(z_1) = \arg(z_2)$. *Por exemplo,* $\arg(1+i) = \arg(2+2i) = \dfrac{\pi}{4}$, *mas* $1+i \neq 2+2i = 2(1+i)$.

Exemplo 3.4. *Vamos usar a teoria de números complexos, mais precisamente, as fórmulas que dizem que*

$$\arg(z_1.z_2) = \arg(z_1) + \arg(z_2),\ \forall z_1, z_2 \in \mathbb{C},\ \arg\left(\frac{z_1}{z_2}\right) = \arg(z_1) - \arg(z_2),\ \forall z_1 \in \mathbb{C},\ \forall z_2 \in \mathbb{C}/\{0\},$$

e, em particular, que

$$\arg(k.z) = \arg(z),\ \forall z \in \mathbb{C},\ \forall \mathbb{R} \ni k > 0,$$

para provar as seguintes identidades:

$$\arctan\left(\frac{1}{7}\right) + \arctan\left(\frac{3}{4}\right) = \frac{\pi}{4},\ \arctan(6) - \arctan\left(\frac{5}{7}\right) = \frac{\pi}{4}.$$

De fato, inicialmente, para mostrar que $\arctan\left(\frac{1}{7}\right) + \arctan\left(\frac{3}{4}\right) = \frac{\pi}{4}$, *consideramos os seguintes números complexos:* $z_1 = 7 + i \in \mathbb{C}$, $z_2 = 4 + 3i \in \mathbb{C} \Rightarrow \arg(z_1) = \arg(7 + i) = \arctan\left(\frac{1}{7}\right)$, $\arg(z_2) = \arg(4 + 3i) = \arctan\left(\frac{3}{4}\right)$. *Tomando o produto de* z_1 *por* z_2, *temos que* $z_1.z_2 = (7 + i).(4 + 3i) = 28 + 21i + 4i - 3 = 25 + 25i = 25(1 + i)$, *e como vale que* $\arg(z_1.z_2) = \arg(z_1) + \arg(z_2)$, $\forall z_1, z_2 \in \mathbb{C}, \arg(k.z) = \arg(z),\ \forall z \in \mathbb{C},\ \forall \mathbb{R} \ni k > 0 \Rightarrow \arctan\left(\frac{1}{7}\right) + \arctan\left(\frac{3}{4}\right) = \arg(7+i) + \arg(4+3i) = \arg((7 + i).(4 + 3i)) = \arg(25(1 + i)) = \arg(1 + i) = \arctan\left(\frac{1}{1}\right) = \arctan(1) = \frac{\pi}{4}$. *Agora, para mostrar que* $\arctan(6) - \arctan\left(\frac{5}{7}\right) = \frac{\pi}{4}$, *consideremos os seguintes números complexos:* $z_1 = 1 + 6i \in \mathbb{C}$, $z_2 = 7 + 5i \in \mathbb{C}/\{0\} \Rightarrow \arg(z_1) = \arctan\left(\frac{6}{1}\right) = \arctan(6)$, $\arg(z_2) = \arctan\left(\frac{5}{7}\right)$. *Tomando o quociente de* z_1 *por* z_2, *temos que* $\frac{z_1}{z_2} = \frac{z_1\overline{z_2}}{|z_2|^2} = \frac{(1 + 6i).(\overline{7 + 5i})}{|z_2|^2} = \frac{(1 + 6i).(7 - 5i)}{|z_2|^2} = \frac{1}{|z_2|^2}.(7 - 5i + 42i + 30) = \frac{1}{|z_2|^2}.(37 + 37i) = \frac{1}{|z_2|^2}.(37(1 + i)) = \frac{37}{|z_2|^2}.(1 + i) = k(1 + i)$, $\mathbb{R} \ni k = \frac{37}{|z_2|^2} > 0$, *e como vale que* $\arg\left(\frac{z_1}{z_2}\right) = \arg(z_1) - \arg(z_2)$, $\forall z_1 \in \mathbb{C}$, $\forall z_2 \in \mathbb{C}/\{0\}$, $\arg(k.z) = \arg(z)$, $\forall z \in \mathbb{C}$, $\forall \mathbb{R} \ni k > 0 \Rightarrow \arctan(6) - \arctan\left(\frac{5}{7}\right) = \arg(1+6i) - \arg(7+5i) = \arg(k(1+i)) = \arg(1+i) = \arctan\left(\frac{1}{1}\right) = \arctan(1) = \frac{\pi}{4}$, $\mathbb{R} \ni k = \frac{37}{|z_2|^2} > 0$. *Assim, concluímos os resultados.*

Exemplo 3.5. *Vamos usar a primeira fórmula de de Moivre, que diz que, dado um número complexo em sua forma polar*

$$z = |z|(\cos(\theta) + i\,sen(\theta)) \in \mathbb{C},\ |z| = \sqrt{Re^2(z) + Im^2(z)},\ \theta = \arg(z),$$

então vale que

$$z^n = |z|^n(\cos(n\theta) + i\,sen(n\theta)),\ \forall n \in \mathbb{Z},\ \forall \theta \in \mathbb{R},$$

para provar (simultaneamente) que valem as seguintes identidades:

$$sen(3\theta) = 3\,sen(\theta) - 4\,sen^3(\theta),\ \forall \theta \in \mathbb{R},$$

$$\cos(3\theta) = 4\cos^3(\theta) - 3\cos(\theta),\ \forall\theta \in \mathbb{R}.$$

A partir disso, vamos conseguir mostrar que os números $sen(10°) = sen\left(\frac{\pi}{18}\right)$, $\cos(20°) = \cos\left(\frac{\pi}{9}\right)$ *são números irracionais. Para isso, inicialmente observamos, que tomando* $|z| = 1$ *na primeira fórmula de de Moivre, obtemos que*

$$(\cos(\theta) + i\,sen(\theta))^n = \cos(n\theta) + i\,sen(n\theta),\ \forall n \in \mathbb{Z},\ \forall\theta \in \mathbb{R}.$$

Logo, sendo $e^{i\theta} := \cos(\theta) + i\,sen(\theta)$, $\theta \in \mathbb{R} \Rightarrow (e^{i\theta})^n = e^{in\theta}$, $\forall n \in \mathbb{Z}$, $\forall\theta \in \mathbb{R}$. *Portanto, tomando* $n = 3 \Rightarrow (\,sen(\theta) + i\,sen(\theta))^3 = sen(3\theta) + i\,sen(3\theta)$, $\forall\theta \in \mathbb{R}$. *Lembrando (pela fórmula do Binômio de Newton) que*

$$(x + y)^3 = x^3 + 3x^2y + 3xy^2 + y^3,\ \forall x, y \in \mathbb{R},$$

então temos que

$$sen(3\theta)+i\,sen(3\theta) = (\,sen(\theta)+i\,sen(\theta))^3 = \cos^3(\theta)+3\cos^2(\theta)i\,sen(\theta)+3\cos(\theta)(i\,sen(\theta))^2+(i\,sen(\theta))^3 =$$
$$\cos^3(\theta) + 3\cos^2(\theta)i\,sen(\theta) + 3\cos(\theta)(i\,sen(\theta))^2 + (i\,sen(\theta))^3 =$$
$$(\cos^3(\theta) - 3\cos(\theta)(1 - \cos^2(\theta))) + i(3\cos^2(\theta)\,sen(\theta) + (-1)\,sen^3(\theta)) =$$
$$(\cos^3(\theta) - 3\cos(\theta)(1 - \cos^2(\theta))) + i(3(1 -\ sen^2(\theta))\,sen(\theta) -\ sen^3(\theta)) = (\cos^3(\theta) - 3\cos(\theta) +$$
$$3\cos^3(\theta)) + i(3\,sen(\theta) - 3\,sen^3(\theta) -\ sen^3(\theta)) = (4\cos^3(\theta) - 3\cos(\theta)) + i(3\,sen(\theta) - 4\,sen^3(\theta)),\ \forall\theta \in \mathbb{R}.$$

Com isso, provamos então que

$$\cos(3\theta) + i\,sen(3\theta) = (4\cos^3(\theta) - 3\cos(\theta)) + i(3\,sen(\theta) - 4\,sen^3(\theta)),\ \forall\theta \in \mathbb{R},$$

e como dois números complexos são iguais se, e somente se, suas partes real e imaginarias são iguais, então concluímos que valem as identidades

$$sen(3\theta) = 3\,sen(\theta) - 4\,sen^3(\theta),\ \forall\theta \in \mathbb{R},$$

$$\cos(3\theta) = 4\cos^3(\theta) - 3\cos(\theta),\ \forall\theta \in \mathbb{R}.$$

Isso nos mostra que $\cos(3\theta)$, $sen(3\theta)$ *são polinômios trigonométricos de "grau" igual a 3 em função de* $\cos(\theta)$, $sen(\theta)$, *respectivamente. Ainda, pela natureza da fórmula de de Moivre, vai valer que* $\cos(n\theta)$, $sen(n\theta)$ *são polinômios trigonométricos de "grau" igual a* n *em função de* $\cos(\theta)$, $sen(\theta)$.

Mostramos agora que os números $sen(10°) = sen\left(\frac{\pi}{18}\right)$, $\cos(20°) = \cos\left(\frac{\pi}{9}\right)$ *são números irracionais (pergunta para os leitores: eles são algéricos ou transcendentes?). Inicialmente, vamos mostrar que,* $sen(10°) = sen\left(\frac{\pi}{18}\right)$ *é irracional. De fato, denotemos por* $sen(10°) = sen\left(\frac{\pi}{18}\right) = x \Rightarrow sen(3.10°) = sen(30°) = sen\left(\frac{3\pi}{18}\right) = sen\left(\frac{\pi}{6}\right) = \frac{1}{2} = 3\,sen(10°) - 4\,sen^3(10°) = 3x - 4x^3 \Rightarrow 3x - 4x^3 = \frac{1}{2} \Rightarrow 8x^3 - 6x + 1 = 0$. *Por construção, o número* $sen(10°)$ *é solução da equação polinomial incompleta de grau 3 dada por* $8x^3 - 6x + 1 = 0$. *Sabemos que, pelo fato de que o grau desta função polinomial é um número ímpar (no caso igual a 3), então pelo menos uma de suas três raízes (contadas suas multiplicidades algébricas) é real, e vai valer, nesse caso, que a (única) raiz real é exatamente o número* $sen(10°)$. *Isso ocorre pelo fato de que, sempre que tivermos uma função polinomial de grau igual a três incompleta sem o termo quadrático (com coeficientes reais), então este polinômio tem sempre duas raízes complexas conjugadas (deixamos a cargo dos leitores verificarem esse fato). Vamos, então, mostrar que equação* $8x^3 - 6x + 1 = 0$ *não possui sequer alguma raiz racional. Para isso, mostramos (de acordo com a teoria de raízes de equações polinomiais) que sendo* $\pm 1, \pm 2, \pm 4, \pm 8$ *os possíveis divisores do número 8, coeficiente da maior potência de x nesta equação polinomial e sendo 1 o coeficiente independente da função polinomial, então os números* $1, \pm\frac{1}{2}, \pm\frac{1}{4}, \pm\frac{1}{8}$ *que são as possíveis raízes racionais da equação* $8x^3 - 6x + 1 = 0$ *não são sequer alguma delas, de fato, raízes da equação* $8x^3 - 6x + 1 = 0$, *i.e, sendo* $p(x) := 8x^3 - 6x + 1 = 0 \Rightarrow p(\pm 1), p\left(\pm\frac{1}{2}\right), p\left(\pm\frac{1}{4}\right), p\left(\pm\frac{1}{2}\right) \neq 0$. *De fato, como a soma dos coeficientes da função polinomial* $8x^3 - 6x + 1$ *é* $\neq 0$ *e igual a* $8 - 6 + 1 = 3 \Rightarrow p(1) = 3 \neq 0$. *Agora, para se determinar o valor de* $p(-1)$ *basta trocar o sinal das duas primeiras parcelas anteriormente calculadas para se determinar o valor de* $p(1)$ *e teremos que* $p(-1) = -8 + 6 + 1 = -1 \neq 0$. *Ainda,* $p\left(\frac{1}{2}\right) = 8.\frac{1}{8} - 6.\frac{1}{2} + 1 = 1 - 3 + 1 = -1 \neq 0$. *Agora, para se determinar o valor de* $p\left(\frac{-1}{2}\right)$ *basta trocar o sinal das duas primeiras parcelas anteriormente calculadas para se determinar o valor de* $p\left(\frac{1}{2}\right)$ *e teremos que* $p\left(\frac{-1}{2}\right) = -1 + 3 + 1 = 3 \neq 0$. *Continuando, temos que* $p\left(\frac{1}{4}\right) = 2^3.\frac{1}{2^6} - 6.\frac{1}{4} + 1 = \frac{1}{8} - \frac{3}{2} + 1 = \frac{1}{8} - \frac{12}{8} + \frac{8}{8} = \frac{-3}{8} \neq 0$. *Agora, para se determinar o valor de* $p\left(\frac{-1}{4}\right)$ *basta trocar o sinal das duas primeiras parcelas anteriormente calculadas para se determinar o valor de* $p\left(\frac{1}{4}\right)$ *e teremos que* $p\left(\frac{-1}{4}\right) = \frac{-1}{8} + \frac{12}{8} + \frac{8}{8} = \frac{19}{8} \neq 0$. *Prosseguindo,* $p\left(\frac{1}{8}\right) = 8.\frac{1}{8^3} - 6.\frac{1}{8} + 1 = \frac{1}{64} - \frac{48}{64} + \frac{64}{64} = \frac{64 - 47}{64} = \frac{17}{64} \neq 0$. *Finalmente, para se determinar o valor de* $p\left(\frac{-1}{8}\right)$ *basta trocar o sinal das duas primeiras parcelas anteriormente calculadas para se determinar o valor de* $p\left(\frac{1}{8}\right)$ *e teremos que* $p\left(\frac{-1}{8}\right) = \frac{-1}{64} + \frac{48}{8} + \frac{64}{64} = \frac{47 + 64}{64} = \frac{111}{64} \neq 0$. *Dessa forma, concluímos que número algum do conjunto* $\left\{\pm 1, \pm\frac{1}{2}, \pm\frac{1}{4}, \pm\frac{1}{8}\right\}$ *é raiz da equação polinomial* $8x^3 - 6x + 1 = 0$ *e, portanto, essa equação não possui raiz racional e, assim, obtemos que o número* $sen(10°) \in \mathcal{I} = \mathbb{R}/\mathbb{Q}$ *é um número irracional, já que ele é a (única) raiz real dessa equação. Vamos provar agora, de maneira substancialmente análoga, que o número* $\cos(20^0)$ *também é um número irracional. De fato, Denotemos por* $x = \cos(20°) = \cos\left(\frac{\pi}{9}\right) \Rightarrow \frac{1}{2} = \cos\left(3\frac{\pi}{9}\right) =$

$\cos\left(\frac{\pi}{3}\right) = 4\cos^3\left(\frac{\pi}{9}\right) - 3\cos\left(\frac{\pi}{9}\right) = 4x^3 - 3x \Leftrightarrow \frac{1}{2} = 4x^3 - 3x \Leftrightarrow 1 = 8x^3 - 6x \Leftrightarrow 8x^3 - 6x - 1 = 0.$ *Vamos definir o polinômio real incompleto de grau igual a 3 dado por* $p(x) := 8x^3 - 6x - 1$ *e mostrar que* $p(\pm 1), p\left(\pm\frac{1}{2}\right), p\left(\pm\frac{1}{4}\right), p\left(\pm\frac{1}{8}\right) \neq 0$ *e, portanto,* $\cos(20°) = \cos\left(\frac{\pi}{9}\right) \in \mathcal{I}$, *ou seja,* $\cos(20°) = \cos\left(\frac{\pi}{9}\right)$ *é um número irracional, já que, por construção, é a única raiz real da equação polinomial* $8x^3 - 6x - 1 = 0$. *Temos que* $p(1) =$ *soma dos coeficientes de* $8x^3 - 6x - 1 = 8 - 6 - 1 = 1 \neq 0$. *Ao trocar o sinal do número 1, + por −1, − (e, consequentemente, nos demais casos) podemos calcular a soma anterior trocando-se os sinais das primeiras duas parcelas. De fato,* $p(-1) = -8 + 6 - 1 = -3 \neq 0$. *Ainda,* $p\left(\frac{1}{2}\right) = 8.\frac{1}{2^3} - 6.\frac{1}{2} - 1 = 1 - 4 = -3 \neq 0$ *(e, assim, a função* $x \mapsto p(x) := 8x^3 - 6x - 1$ *não é injetiva, pois* $p(-1) = p\left(\frac{1}{2}\right) = 3$*). Continuando,* $p\left(\frac{-1}{2}\right) = 8.\frac{1}{(-2)^3} + 6.\frac{1}{2} - 1 = \frac{-8}{8} + 3 - 1 = -1 + 3 - 1 = -2 + 3 = 1 \neq 0$. *Prosseguindo,* $p\left(\frac{1}{4}\right) = 8.\frac{1}{4^3} - 6.\frac{1}{4} - 1 = 2^3.\frac{1}{2^6} - \frac{3}{2} - 1 = \frac{1}{8} - \frac{3}{2} - 1 = \frac{1}{8} - \frac{12}{8} - \frac{8}{8} = \frac{1 - 12 - 8}{8} = \frac{-19}{8} \neq 0$. *Prosseguindo,* $p\left(\frac{-1}{4}\right) = \frac{-1}{8} + \frac{3}{2} - 1 = \frac{-1}{8} + \frac{12}{8} - \frac{8}{8} = \frac{-1 + 12 - 8}{8} = \frac{3}{8} \neq 0$. *Prosseguindo,* $p\left(\frac{1}{8}\right) = 8.\frac{1}{8^3} - 6.\frac{1}{8} - 1 = \frac{1}{64} - \frac{6}{8} - \frac{64}{64} = \frac{1 - 48 - 64}{64} = \frac{-47 - 64}{64} = \frac{-47 - 63 - 1}{64} = \frac{-110 - 1}{64} = \frac{-111}{64} \neq 0$. *Finalmente,* $p\left(\frac{-1}{8}\right) = \frac{-1}{64} + \frac{48}{64} - \frac{64}{64} = \frac{-1 + 48 - 64}{64} = \frac{48 - 65}{64} = \frac{45 - 65 + 3}{64} = \frac{-20 + 3}{64} = \frac{-17}{64} \neq 0$. *Desse modo, concluímos que o número* $\cos(20°) = \cos\left(\frac{\pi}{9}\right) \in \mathcal{I}$, *ou seja, é um número irracional, já que as possíveis raízes racionais da equação* $8x^3 - 6x - 1 = 0$, *que são os elementos do conjunto* $\{\pm 1, \pm\frac{1}{2}, \pm\frac{1}{4}, \pm\frac{1}{8}\} \subsetneq \mathbb{Q}$ *não a satisfazem, e* $\cos(20°) = \cos\left(\frac{\pi}{9}\right) \in \mathcal{I}$ *é, por construção, raiz dessa equação, e logo não pode ser racional.*

Exemplo 3.6. *Vamos mostrar que todo número complexo não nulo cujo afixo esteja situado no primeiro quadrante do plano complexo* $\mathbb{C}$ *de tal modo que seu módulo é numericamente igual a seu argumento, é dado por* $z = s(\,sen(s) + i\,sen(s)) = se^{is} \in \mathbb{C}, \mathbb{R} \ni s > 0$, *onde* $s = |z| = \arg(z)$, *ou seja,* $A := \{z \in \mathbb{C}; |z| = \arg(z) = s \in (0, +\infty) \subsetneq \mathbb{R}\} = \left\{z \in \mathbb{C}; z = s(\cos(s) + i\,sen(s)) = se^{is}, \mathbb{R} \ni s \in (0, +\infty)\right\} \subsetneq \mathbb{C}$. *De fato, como devemos ter* $|z| = \arg(z)$ *e, necessariamente,* $\mathbb{R} \ni |z| > 0$ *(já que* $z \in \mathbb{C}\{0\}$*), então, necessariamente, deve-se ter* $\mathbb{R} \ni \arg(z) > 0$. *Seja, então,* $|z| = \arg(z) = s \in (0, +\infty) \subsetneq \mathbb{R}$. *Como* $|z| = s \Leftrightarrow \sqrt{x^2 + y^2} = s \Leftrightarrow x^2 + y^2 = s^2$ *e* $\arg(z) = s \underbrace{\Leftrightarrow}_{\arg(z) \in (0,+\infty), z \neq 0} \arctan\left(\frac{y}{x}\right) = s \Leftrightarrow \underbrace{tg(\arctan\left(\frac{y}{x}\right))}_{=\frac{y}{x}} = tg(s)$ *e, portanto, devemos resolver o seguinte sistema dois por dois de* equações não lineares:

$$\begin{cases} x^2 + y^2 = s^2 \\ \frac{y}{x} = tg(s) \end{cases}$$

Isolando a variável y na equação $\frac{y}{x} = tg(s) \Rightarrow y = x\,tg(s)$ *e substituindo-a na equação* $x^2 + y^2 = s^2 \Rightarrow x^2 + (x\,tg(s))^2 = s^2 \Leftrightarrow x^2 + x^2 tg^2(s) = s^2 \Leftrightarrow x^2(1 + tg^2(s)) = s^2 \Rightarrow x^2 = \frac{s^2}{1 + tg^2(s)} \Leftrightarrow$
$x = \frac{\pm|s|}{\sqrt{1 + tg^2(s)}} = \frac{|s|}{\sqrt{\sec^2(s)}} = \frac{\pm|s|}{|\sec(s)|} \underbrace{=}_{\text{“}\pm|r|=r\text{”},\forall r\in\mathbb{R}} \frac{\pm s}{\sec(s)} = \frac{\pm s}{\frac{1}{\cos(s)}} = \pm s\cos(s)$. *Substituindo estes últimos valores encontrados para x na equação* $y = x\,tg(s) \Rightarrow y = s\cos(s)\,tg(s) = s\ /\ \cos(s)\frac{sen(s)}{\cancel{c}os(s)} = s\,sen(s) \Rightarrow z = \pm s\cos(s) + i \pm s\,sen(s) = \pm s(\cos(s) + i\,sen(s)) \underbrace{\Rightarrow}_{\arg(z)\in(0,+\infty)} z = s(\cos(s) + i\,sen(s)) = se^{is}$. *Assim, o subconjunto procurado é* $A := \{z \in \mathbb{C}; |z| = \arg(z) = s \in (0, +\infty) \subsetneq \mathbb{R}\} = \left\{z \in \mathbb{C}; z = s(\cos(s) + i\,sen(s)) = se^{is}, \mathbb{R} \ni s > 0)\right\} \subsetneq \mathbb{C}$. *Por exemplo, para encontrar um número complexo cujo argumento e o módulo sejam iguais a* $\mathbb{R} \ni \frac{\pi}{6} \in \left(0, \frac{\pi}{2}\right) \subsetneq (0, +\infty)$, *substituímos* $s = \frac{\pi}{6}$ *em* $z = s(\,sen(s) + i\,sen(s)) = \frac{\pi}{6}(\cos\left(\frac{\pi}{6}\right) + i\,sen\left(\frac{\pi}{6}\right)) = \frac{\pi}{6}\left(\frac{\sqrt{3}}{2} + i\frac{1}{2}\right) = \frac{\pi}{12}(\sqrt{3} + i) \in \mathbb{C}$. *De fato, seja o número complexo* $z = \frac{\pi}{12}(\sqrt{3} + i) \in \mathbb{C}$. *Então, temos que* $|z| = \frac{\pi}{12}\sqrt{(\sqrt{3})^2 + 1^2} = \frac{\pi}{12}\sqrt{3+1} = \frac{\pi}{12}\sqrt{4} = \frac{\pi}{12}.2 = \frac{\pi}{\cancel{2}.6}.\ \cancel{2} = \frac{\pi}{6}$ e $\arg(z) = \arg\left(\frac{\pi}{12}(\sqrt{3} + i)\right) = \arg(\sqrt{3}+i) = \arctan\left(\frac{1}{\sqrt{3}}\right) = \arctan\left(\frac{\sqrt{3}}{3}\right) = \frac{\pi}{6}$ *e, portanto,* $\left|\frac{\pi}{12}(\sqrt{3} + i)\right| = \arg\left(\frac{\pi}{12}(\sqrt{3} + i)\right) = \frac{\pi}{6}$.

2. Alguns Elementos de Álgebra Linear Complexa

Teorema 3.4. *A função* $f : \mathbb{R}^2 \longrightarrow \mathbb{C}$, $(x, y) \mapsto f(x, y) := x + iy$ *é uma aplicação isométrica (i.e, preserva distâncias)* $\mathbb{R}$*-linear (mas não* $\mathbb{C}$*-linear), uniformemente contínua (i.e, na definição de continuidade* $\delta = \delta(\epsilon) > 0$ *só depende de* $\epsilon > 0$ *e não do ponto* $(x_0, y_0) \in \mathbb{R}^2$*) e bijetiva e, portanto,* $\mathbb{R}$ *e* $\mathbb{C}$*, vistos como espaços vetoriais reais, i.e, sobre o corpo de escalares dos reais* $\mathbb{R}$*, são indistinguíveis de propriedades subjacentes à estrutura de espaço vetorial real, ou seja, são isomorfos. Escrevemos* $\mathbb{R}^2_{\mathbb{R}} \sim \mathbb{C}_{\mathbb{R}}$.

Demonstração. Inicialmente, mostremos que f é $\mathbb{R}$-linear. De fato, para provar a aditividade de f, sejam $(x_1, y_1), (x_2, y_2) \in \mathbb{R}^2$ quaisquer. Então, $f((x_1, y_1), (x_2, y_2)) = f(x_1 + x_2, y_1 + y_2) := (x_1 + x_2) + i(y_1 + y_2) = x_1 + x_2 + iy_1 + iy_2 = (x_1 + iy_1) + (x_2 + iy_2) = f(x_1, y_1) + f(x_2, y_2)$. Para mostrar a homogeneidade (ou homogenia) de f, sejam $(x, y) \in \mathbb{R}^2, \lambda \in \mathbb{R}$ quaisquer. Então, $f(\lambda(x, y)) = f(\lambda x, \lambda y) := \lambda x + i\lambda y = \lambda(x + iy) = \lambda f(x, y)$. Continuando, a função f não é $\mathbb{C}$-linear, i.e, não vale que $f(\lambda(x, y)) = \lambda f(x, y), \forall\lambda \in \mathbb{C}, \forall(x, y) \in \mathbb{R}^2$. De fato, dado $\lambda = \lambda_1 + i\lambda_2 \in \mathbb{C}$ um número complexo qualquer $\Rightarrow f(\lambda(x, y)) = \lambda(x + iy) = (\lambda_1 + i\lambda_2)(x + iy) = (\lambda_1.x - \lambda_2.y) + i(\lambda_1.y + \lambda_2.x) \neq \lambda x + i\lambda y = \lambda(x + iy)$, se $\lambda \in \mathbb{C}/\mathbb{R}$, i.e, se λ é um número complexo não real. Ainda, para mostrar que f é (uniformemente) contínua, por definição, devemos mostrar que, em um ponto $(x_0, y_0) \in \mathbb{R}^2$ qualquer, tenha-se: $\forall\epsilon > 0$, $\exists\delta > 0$;

$\forall (x, y) \in \mathbb{R}^2$, $\|(x, y) - (x_0, y_0)\| < \delta \Rightarrow |f(x, y) - f(x_0, y_0)| = |(x + iy) - (x_0 + iy_0)| < \epsilon$. Mas, como $\|(x, y)\| = |x + iy| = \sqrt{x^2 + y^2} \Rightarrow \|(x, y) - (x_0, y_0)\| = |(x + iy) - (x_0 + iy_0)| = \sqrt{(x - x_0)^2 + (y - y_0)^2}$ e, assim, basta tomar qualquer $\delta \in (0, \epsilon]$ que teremos o resultado desejado. Em particular, f é uma isometria, pois a norma (comprimento) do vetor $(x, y) \in \mathbb{R}^2$ é igual ao módulo do número complexo $x + iy \in \mathbb{C}$, a saber, ambos iguais a $\sqrt{x^2 + y^2}$. Mostremos que f é injetiva de dois modos distintos. Temos que $f(x_1, y_1) = f(x_2, y_2) \Leftrightarrow x_1 + iy_1 = x_2 + iy_2 \Leftrightarrow x_1 = x_2, y_1 = y_2 \Leftrightarrow (x_1, y_1) = (x_2, y_2)$. Uma outra maneira consiste em se lembrar de que uma aplicação linear é injetiva se, e só se, seu núcleo é trivial, ou seja, se, e só se, seu núcleo só contém o vetor nulo de $\mathbb{R}^2$, $(0, 0)$, onde o núcleo de f, $\ker(f) := \{(x, y) \in \mathbb{R}^2; f(x, y) = 0 = 0 + i0\}$. Assim, temos que $f(x, y) = x + iy = 0 = 0 + i0 \Leftrightarrow x = y = 0 \Leftrightarrow (x, y) = (0, 0) \Leftrightarrow \ker(f) = \{(0, 0)\}$. Para finalizar, notamos que a função f é sobrejetiva por construção. □

Observação 3.3. *De maneira um pouco mais compacta, para mostrar que f é linear, i.e, simultaneamente aditiva e homogênea (de grau igual a 1), poderíamos ter mostrado que, dados $(x_1, y_1), (x_2, y_2) \in \mathbb{R}^2, \lambda \in \mathbb{R}$ quaisquer, vale que $f((x_1, y_1) + \lambda(x_2, y_2)) = f(x_1, y_1) + \lambda f(x_2, y_2)$.*

Teorema 3.5. *Seja a função complexa de uma única variável complexa $T : \mathbb{C} \to \mathbb{C}, z \mapsto T(z) = T(z, \bar{z}) := az + b\bar{z}$, $a, b \in \mathbb{C}$ constantes complexas. Então, temos que:*

(1) T é $\mathbb{R}$-linear.

(2) T é $\mathbb{C}$-linear se, e só se, $b = 0$, i.e, se, e só se, $T(z) = az$, $a \in \mathbb{C}$ constante complexa.

(3) T é holomorfa se, e só se, T é $\mathbb{C}$-linear e sua derivada é a própria aplicação T, i.e, sua derivada consiste na multiplicação pelo número complexo $a \in \mathbb{C}$, $z \mapsto T'(z) = az$. (Os leitores poderão conferir esse item depois de estudar a parte do livro sobre funções holomorfas).

Demonstração. Para provar o item 1), inicialmente mostremos a aditividade de T. Para isso, sejam $z, w \in \mathbb{C}$ quaisquer. Então, $T(z + w) = a(z + w) + b(\overline{z + w}) = az + aw + b(\bar{z} + \bar{w}) = az + aw + b\bar{z} + b\bar{w} = (az + b\bar{z}) + (aw + b\bar{w}) = T(z) + T(w)$. Agora, para provar a $\mathbb{R}$-homogeneidade de T, sejam $z \in \mathbb{C}, \lambda \in \mathbb{R}$ quaisquer. Então, como λ é real, segue que $\bar{\lambda} = \lambda$ e, portanto, $T(\lambda z) = a(\lambda z) + b(\overline{\lambda z}) = \lambda az + b\bar{\lambda}\bar{z} = \lambda az + b\lambda\bar{z} = \lambda az + \lambda b\bar{z} = \lambda(az + b\bar{z}) = \lambda T(z)$. O item 2) se mostra de maneira inteiramente analógica ao caso real, i.e, da mesma maneira que se mostra que a função $g : \mathbb{R} \to \mathbb{R}$ dada por $g(x) := kx, k =$ const. real é $\mathbb{R}$-linear. O item 3) fica a cargo dos leitores após lerem o tópico sobre funções holomorfas.

□

A verificação do próximo teorema é deixada a cargo dos leitores bem como sua generalização.

TEOREMA 3.6. *A forma geral de uma aplicação $T : \mathbb{C}^2 \to \mathbb{C}^2$ $\mathbb{C}$-linear é $T(z,w) = (az + bw, cz + dw)$, onde a, b, c, d são constantes complexas arbitrárias. Já a forma geral de uma aplicação $T : \mathbb{C}^2 \to \mathbb{C}^2$ $\mathbb{R}$-linear é $T(z,w) = (az + b\overline{z} + cw + d\overline{w}, \widetilde{a}z + \widetilde{b}\overline{z} + \widetilde{c}w + \widetilde{d}\overline{w})$ onde $a, b, c, d, \widetilde{a}, \widetilde{b}, \widetilde{c}, \widetilde{d}$ são constantes complexas arbitrárias. Generalize para aplicações $T : \mathbb{C}^n \to \mathbb{C}^m$ $\mathbb{C}$−lineares e $\mathbb{R}$−lineares.*

Deixamos a cargo dos leitores verificarem esse próximo teorema.

TEOREMA 3.7. *Uma condição necessária e suficiente para que uma aplicação $T : \mathbb{C}^n \to \mathbb{C}^m$, $\mathbb{R}$-linear seja $\mathbb{C}$-linear, é que $T(iz) = iT(z), \forall z = (z_1, ..., z_n) \in \mathbb{C}^n$.*

Para encerrar as considerações desse tópico, notamos que podemos estudar algumas (porém nem todas) propriedades de uma função complexa de uma única variável complexa via sua correspondente função de $\mathbb{R}^2$ em $\mathbb{R}^2$. Para tal fim, procedemos da seguinte forma: Seja $T : \mathbb{R}^2 \to \mathbb{C}, \mathbb{R}^2 \ni (x,y) \mapsto T(x,y) := x + iy \in \mathbb{C}$. Então T é $\mathbb{R}$−linear, isométrica (i.e, preserva distâncias) e bijetiva com inversa dada explicitamente por $T^{-1} : \mathbb{C} \to \mathbb{R}^2, \mathbb{C} \ni x + iy \mapsto T^{-1}(x + iy) := (x,y) \in \mathbb{R}^2$ (e, em particular, isso nos mostra que, como espaços vetoriais reais, $\mathbb{R}^2$ e $\mathbb{C}$ são isomorfos, i.e, em notação simbólica, $\mathbb{R}^2_{\mathbb{R}} \sim \mathbb{C}_{\mathbb{R}}$). Assim, dada uma função complexa de uma única variável complexa $f : \mathbb{C} \to \mathbb{C}, f(z) = u(x,y) + iv(x,y)$, onde $u, v : \mathbb{R}^2 \to \mathbb{R}$ são funções reais de duas variáveis reais, então $\widetilde{f} = T^{-1} \circ f \circ T : \mathbb{R}^2 \to \mathbb{R}^2$ é dada por $\widetilde{f}(x,y) := (u(x,y), v(x,y))$, já que, por associatividade, vale que $f(T(x,y)) = f(x + iy)$ e, logo mais, $T^{-1}(f(x + iy)) = T^{-1}(u(x,y) + iv(x,y)) = (u(x,y), v(x,y)$. Dessa forma, concluímos que toda propriedade de $\widetilde{f}$ é propriedade de f, porém a recíproca não é verdadeira, i.e, nem toda propriedade de f é propriedade de $\widetilde{f}$. Isso é, basicamente, o que foi dito no item 2) acima, onde buscamos informações do espaço imagem para entender propriedades do espaço de saída. Por exemplo, f é conformal em $\mathbb{C}$ (i.e, f é inteira com $f'(z) \neq 0, \forall z \in \mathbb{C}$) $\Leftrightarrow \widetilde{f}$ é conformal em $\mathbb{R}^2$ (ou seja, preserva ângulos orientados entre curvas).

3. Funções Complexas de Uma Única Variável Complexa

Uma função complexa de uma única variável complexa é uma relação que associa a cada número complexo z de um subconjunto (próprio ou não) de $\mathbb{C}$ a um, e <u>somente</u> um, número complexo $w = f(z)$ de um, também, subconjunto (próprio ou não) de $\mathbb{C}$. Simbolicamente, sejam $Z_1, Z_2 \subseteq \mathbb{C}$ esses subconjuntos e denotemos por f a função entre eles e escrevemos $f : Z_1 \subseteq \mathbb{C} \to Z_2 \subseteq \mathbb{C}, z \mapsto w = f(z)$. Uma função complexa de uma única variável complexa possui uma parte real e uma parte imaginária, a saber, u, v,com $f = u + iv$, onde $u, v : Z_1 \subseteq \mathbb{R}^2 \to \mathbb{R}$ são funções reais de duas variáveis reais $u = u(x,y), v = v(x,y)$, onde Z_1 pode ser visto tanto como subconjunto de $\mathbb{R}^2$ e de $\mathbb{C}$ via a isometria linear $(x,y) \mapsto x + iy$ vista no Teorema 3.4.

A seguir, vamos fornecer dois exemplos de tais funções e listar algumas de suas propriedades, as quais ficarão a cargo dos leitores verificarem.

EXEMPLO 3.7. *Seja a função complexa de uma única variável complexa* $f : \mathbb{C}/\{0\} \to \mathbb{C}$, $z = x + iy \mapsto f(z) = f(z, \overline{z}) := \frac{z}{\overline{z}}$. *Então, temos que:*

(1) $|f(z)| = 1$, $\forall z \in \mathbb{C}/\{0\} \Rightarrow Im(f) = f(\mathbb{C}/\{0\}) \subseteq D(0,1) := \{z \in \mathbb{C}; |z| = 1\} \subseteq \mathbb{C} \Rightarrow f$ *não é sobrejetora.*

(2) $f(z_1) = f(z_2) \Leftrightarrow z_2 = \lambda z_1$, $\lambda \in \mathbb{R} \Rightarrow f$ *não é injetora.*

(3) *Dado* $A := \{\lambda z \in \mathbb{C}, z \in \mathbb{C}, \lambda \in \mathbb{R}, |\lambda| \neq 1\}$, *então* $g : \mathbb{C}/A \to D(0,1)$, $z \mapsto g(z) = g(z, \overline{z}) := \frac{z}{\overline{z}}$ *é bijetora e sua inversa é a função* $g^{-1} : D(0,1) \to \mathbb{C}/A$, $z \mapsto g^{-1}(z) = g^{-1}(z, \overline{z}) := \left(\frac{|z|}{\overline{z}}\right)^2$.

(4) $Re(f) = u$, $Im(f) = v : \mathbb{R}^2/\{(0,0)\} \to \mathbb{R}$, $u(x,y) := \frac{x^2 - y^2}{x^2 + y^2}$, $v(x,y) := \frac{2xy}{x^2 + y^2}$ *são, respectivamente, as partes real e imaginária de* f.

(5) $f(z) \neq 0$, $\forall z \in \mathbb{C}/\{0\}$.

(6) *A função* f *não é holomorfa em ponto algum do plano complexo* $\mathbb{C}$, *já que depende explicitamente da variável conjugada* $\overline{z}$. *(Os leitores poderão constatar esse fato após lerem o tópico sobre funções holomorfas).*

EXEMPLO 3.8. *Considere a função polinomial incompleta de grau igual a 3 na variável complexa* z, $p : \mathbb{C} \to \mathbb{C}$ *dada por* $p(z) := iz^2 + 5z^3$. *Mostre que* p *pode ser escrito como* $p(z) = u(x,y) + iv(x,y)$, *onde* u, v *são funções polinomiais reais, também, de grau igual a 3, nas variáveis* x, y *dadas por* $u = u(x,y) = x(5(x^2 - y^2) - 2y(1 + 5y))$ *e* $v = v(x,y) = (x^2 - y^2)(1 + 5y) + 10x^2 y$. *Escrevendo o polinômio em notação fatorada* $p(z) = iz^2 + 5z^3 = z^2(i + 5z)$ *mostre que* $z = 0$ *e* $z = \frac{-i}{5}$ *são raízes da equação* $p(z) = 0$. *Por fim, fazendo as identificações* $z = 0 = 0 + i0 \sim (0,0)$ *e* $z = \frac{-i}{5} = 0 + \left(\frac{-1}{5}\right) i \sim \left(0, \frac{-1}{5}\right)$, *conclua que as raízes das equações* $u(x,y) = 0$ *e* $v(x,y) = 0$ *(ou, de maneira mais compacta, da equação* $u^2(x,y) + v^2(x,y) = 0$*) são exatamente os pares ordenados* $(0,0)$, $\left(0, \frac{-1}{5}\right)$.

4. Funções Holomorfas

Em termos de diferenciabilidade, integrabilidade, expansão em diversos tipos de séries (como de potências (série de Taylor), séries de Laurent, séries aritméticas (série de Dirichlet), séries theta, dentre outos), produtórios, conformidade (preservação de ângulos orientados entre intersecção de curvas) e propriedades de mapeamento (i.e, transformar conjuntos "interessantes" em conjuntos "interessantes"), podemos dizer que as funções "holomorfas" são as "mais rígidas" da matemática. Isso se deve ao fato de que toda função holomorfa possui as propriedades citadas acima (no caso da conformidade quando a função é holomorfa e sua derivada no ponto considerado é não nula; se a derivada for nula no ponto, então ela não é conforme nesse ponto). Para isso, devemos entender precisamente o que significa uma função complexa de uma única variável complexa ser "holomorfa" em um ponto (de acumulação) do seu domínio. Começamos, para esse fim, entender o significado preciso da palavra "holomorfa". Consideramos as duas "partes" que compõem essa palavra, a saber: "Holo" e "Morfa". A palavra "Holos" vem do Grego e significa "vizinhança" e a palavra "Morfa", que também tem origem grega, significa "forma". Assim, do ponto de vista da linguagem, entendemos a palavra holomorfa como sendo "a forma assumida em uma vizinhança". Isso se deve ao fato de que uma função complexa de uma única variável complexa é holomorfa em um ponto se, e só, se ela é analítica nesse ponto. Como veremos adiante, via quociente de Newton, se a função for holomorfa em um ponto, i.e, se o fato de uma função ter derivada no sentido complexo em um ponto implicar no fato de que ela tem derivada, também, no sentido complexo em um disco centrado desse ponto com raio positivo r, então ela é analítica nesse ponto, i.e, ela possui expansão em série de Taylor em torno desse ponto e seu disco de convergência é exatamente o disco centrado nesse ponto com raio r. Aí está a rigidez da teoria: A definição de função holomorfa, que é mais do que ter derivada no sentido complexo. De fato, veremos exemplos de funções que têm derivada no sentido complexo em um ponto mas, não são holomorfas nesse ponto. Isso se deve ao fato de que essas funções só possuem derivada complexa no ponto em questão, mas, não possuem derivada complexa em vizinhança alguma desse ponto. Cabe aqui observar o seguinte: a palavra "holomorfa" em matemática é usada da mesma forma a qual está definida em um dicionário de linguagem, ao contrário de algumas palavras que em matemática são usadas de maneira diferente as quais estão definidas em um dicionário da linguagem como, por exemplo, as palavras "aberto" e "fechado". De fato, se uma porta está aberta, então ela não está fechada e vice-versa. Já em matemática podem ocorrer todas as situações possíveis, a saber, um conjunto ser aberto não fechado, fechado não aberto, simultaneamente aberto e fechado, e nem aberto nem fechado.

Vamos relembrar o que ocorre no caso real. Uma função real de uma única variável real $f : X \subseteq \mathbb{R} \to \mathbb{R}$, $X \ni x \mapsto f(x) \in \mathbb{R}$, *$X$ um aberto de $\mathbb{R}$ (de preferência um intervalo aberto) é dita* *ser derivável em um ponto de acumulação*[2] $x_0 \in X$, *e escrevemos o símbolo* "$f'(x_0)$", *se existe o seguinte limite em relação ao quociente Newtoniano a seguir*

$$f'(x_0) = \exists \lim_{X \ni x \to x_0} \frac{f(x) - f(x_0)}{x - x_0} = \exists \lim_{X \ni h \to 0} \frac{f(x_0 + h) - f(x_0)}{h}.$$

Observamos que, sendo o domínio da função f um subconjunto (aberto) da reta real $\mathbb{R}$ (que é uma "linha" reta), podemos nos aproximar (por elementos do conjunto X) para o ponto $x_0 \in X$ de três maneiras, a saber: 1) - *estritamente pela direita,* 2) - *estritamente pela esquerda ou* 3) - *oscilando entre a direita e a esquerda. Dessa forma, notamos que, pelo fato de $\mathbb{R}$ ser uma "linha" reta (i.e, ser "rígida"), não temos muitas formas, a não ser três, de nos aproximarmos de um ponto dela (de um ponto de acumulação de um subconjunto dela). Para o caso de uma função complexa de uma única variável complexa, usamos o Princípio da Conservação das Propriedades Funcionais (PCPF) e definimos que ela, $f : Z \subseteq \mathbb{C} \to C$, $Z \ni z \mapsto f(z) \in \mathbb{C}$, definida no aberto $Z \subseteq \mathbb{C}$ é <u>derivável</u> em um ponto (de acumulação) $z_0 \in Z$ e denotamos por "$f'(z_0)$" a derivada de f no ponto z_0, se existir o limite do quociente Newtoniano a seguir:*

$$f'(z_0) = \exists \lim_{Z \ni z \to z_0} \frac{f(z) - f(z_0)}{z - z_0} = \exists \lim_{Z \ni h \to 0} \frac{f(z_0 + h) - f(h)}{h}.$$

"Aparentemente", as definições de função derivável no sentido real e função derivável no sentido complexo (também chamadas de funções $\mathbb{C}$-diferenciáveis) são semelhantes, i.e, aparentam ter o mesmo "formato" de definição. Entretanto, temos duas diferenças muito significativas entre elas, a saber:

(1) Na definição de função derivável para o caso real, quando o limite do quociente Newtoniano existe, ele existe das três maneiras possíveis de se aproximar do ponto em questão: ou pela direita, ou pela esquerda ou oscilando entre a direita e a esquerda, ou seja, um total de três maneiras possíveis. Já no caso de função derivável para o caso complexo, quando o limite do quociente Newtoniano existe, ele existe sobre qualquer direção do plano complexo de tal modo que se aproxime do ponto em questão, ou seja, ele existe sobre um conjunto infinito (e contínuo) de direções e, dessa forma, podemos intuitivamente observar que a definição de derivada no sentido complexo é mais "restritiva" do que a definição de derivada no sentido real.

(2) O quociente Newtoniano para o caso real envolve o conceito de quociente entre números reais, enquanto que no caso complexo, o quociente Newtoniano envolve o conceito de quociente entre números complexos. Esses dois conceitos são estruturalmente diferentes

[2]Um ponto de acumulação x_0 de um subconjunto X de um espaço métrico M é um ponto para o qual existe uma sequência de pontos $\{x_n\}_{n \in \mathbb{N}} \subseteq M$ inteiramente contida em M e diferente do próprio ponto x_0, de tal modo que $\lim_{n\to\infty} x_n = x_0$.

e também ajudam a conduzir as diferenças cruciais entre derivabilidade no caso real e derivabilidade no caso complexo.

Como foi visto acima, o conceito de função derivável no sentido complexo é bem mais restritivo do que o conceito de função derivável no sentido real. Entretanto, mesmo uma função complexa de uma única variável complexa seja derivável em um ponto (de acumulação) do seu domínio, então não necessariamente ela é analítica nesse ponto, i.e, não necessariamente possui expansão em série de potências (com raio de convergência não nulo) em torno desse ponto e, para que isso seja verdadeiro, precisamos introduzir o conceito de função holomorfa em um ponto. Será dita holomorfa em um ponto, se o fato de ter derivada no sentido complexo nesse ponto implicar no fato de que tem derivada no sentido complexo em um disco aberto de raio positivo centrado nesse ponto, sendo esse disco exatamente a região de convergência da expansão em série de potências dessa função em torno desse ponto. Como um exemplo, a função complexa de uma única variável complexa $f : \mathbb{C} \to \mathbb{C}$, $\mathbb{C} \ni z \mapsto f(z) := |z| = \sqrt{z.\bar{z}} = \sqrt{Re^2(z) + Im^2(z)} \in \mathbb{C}$ *(na verdade* $Img(f) = [0, +\infty) \subseteq \mathbb{R}$*) é derivável apenas no ponto* $z_0 = 0$ *(pois satisfaz as equações de Cauchy-Riemann apenas nesse ponto; mais geralmente toda função que depende explicitamente da variável conjugada* $\bar{z}$ *não pode ser holomorfa em ponto algum do seu domínio), porém não admite série de potências em torno desse ponto. Além disso, como consequência das equações de Cauchy-Riemann, se uma função complexa de uma única variável complexa que for não constante e assumir apenas valores reais (i.e, sua função parte imaginária for identicamente nula) ou assumir apenas valores puramente imaginários (i.e, sua função parte real é identicamente nula), então ela não pode ser holomorfa em ponto algum de seu domínio. Podemos notar, nesse caso, uma distinção interessante com o caso real, pois a função real de uma única variável real* $g : \mathbb{R} \to \mathbb{R}$, $\mathbb{R} \ni x \mapsto g(x) := |x| \in \mathbb{R}$ *(na verdade* $Img(g) = [0, +\infty) \subseteq \mathbb{R}$*) não é derivável no ponto* $x_0 = 0$*, porém derivável em todos os pontos de* $\mathbb{R}/\{0\}$*, enquanto que, de maneira contrária, a função* $z \mapsto f(z) := |z|$ *é derivável em* $z_0 = 0$ *mas não derivável em ponto algum de* $\mathbb{C}/\{0\}$*. Nesse sentido, a função módulo de um número complexo generaliza a função módulo de um número real de maneira apenas contínua (já que ambas são funções (uniformemente) contínuas), mas não de maneira diferenciável. De modo um pouco mais preciso, podemos observar que a função* g *é a restrição da função* f *à reta real* $\mathbb{R}$*, i.e,* $g|_{\mathbb{R}} = f$*. Porém, essas funções "coincidem" apenas como funções contínuas e não como funções deriváveis, pois onde uma é derivável a outra não o é e onde uma não é derivável a outra o é. Dessa forma, a função* g *é a restrição contínua da função* f *à reta real* $\mathbb{R}$*, porém a função* g *não é a restrição diferenciável da função* f *à reta real* $\mathbb{R}$*. Portanto, concluímos que a função complexa de uma única variável complexa* $\mathbb{C} \ni z \mapsto f(z) := |z| \in [0, \infty) \subseteq \mathbb{R}$*, não possui expansão em série de potências em torno de ponto algum de seu domínio* $\mathbb{C}$*. Este exemplo mostra que se por um lado é bem difícil exibir* *funções reais de uma única variável real contínua em todos os pontos de seu domínio sem ser diferenciável em ponto algum do seu domínio, o caso complexo, por outro lado, se mostra muito "rico" de exemplos assim; realmente, a definição de função holomorfa é tremendamente restritiva. Para finalizar, notamos que uma das maneiras de ver que f não é holomorfa, além das que já apontamos, é que ela só assume valores reais (mais do que isso, apenas valores reais não negativos).*

Listamos, a seguir, os resultados centrais da Análise Complexa:

(1) *Seja $f : X \to \mathbb{C}$, $X \subset \mathbb{C}$ aberto, $z = x + iy \mapsto f(z) = u(x, y) + iv(x, y)$, uma função complexa de uma única variável complexa, onde $u, v : X \to \mathbb{R}^2$, $X \subset \mathbb{R}^2$, são funções reais de duas variávies reais, que são, respectivamente, as partes real e imaginária da função f, i.e, $u = Re(f)$ e $v = Im(f)$, onde fazemos a identificação entre os espaços vetoriais de dimensão finita sobre o corpo de escalares $\mathbb{R}$, $\mathbb{C}_{\mathbb{R}} \sim \mathbb{R}^2_{\mathbb{R}}$, i.e, vemos agora X como subconjunto de $\mathbb{R}^2$. A função f é holomorfa em X, i.e, derivável no sentido de uma única variável complexa em todos os pontos de X se, e só se, as derivadas parciais das funções u e v, com relação às variáveis x e y, i.e, as funções $\frac{\partial u}{\partial x}, \frac{\partial u}{\partial y}, \frac{\partial v}{\partial x}, \frac{\partial v}{\partial y}$, existam, sejam contínuas em todos os pontos $(x, y) \in X$ e satisfaçam um par de equações diferenciais parciais, a saber, as chamadas de equações (ou condições) de Cauchy-Riemann, que são as seguintes equações:*

$$\frac{\partial u}{\partial x}(x, y) = \frac{\partial v}{\partial y}(x, y) \quad , \quad \frac{\partial u}{\partial y}(x, y) = -\frac{\partial v}{\partial x}(x, y) \quad , \quad \forall (x, y) \in X.$$

Além disso, sendo derivável, sua derivada, em um ponto qualquer $z \in X$, pode ser calculada pela fórmula: $f'(z) = \frac{df}{dz}(z) = \frac{\partial u}{\partial x}(x, y) + i\frac{\partial v}{\partial x}(x, y)$.

(2) *(Teorema de Looman-Menchoff.) O teorema do item acima continua válido mesmo se a hipótese de que as derivadas parciais das partes real e imaginária da função sejam contínuas for suprimida.*

(3) *As partes real e imaginária de uma função holomorfa são funções harmônicas (conjugadas). Toda função harmônica real de duas variáveis reais é localmente a parte real ou imaginária de uma função holomorfa. Dessa forma, toda função real de duas variáveis reais que é harmônica é uma função analítica real, já que localmente é parte real ou imaginária de uma função holomorfa, o qual é analítica complexa. De fato, se uma função complexa de uma variável complexa é holomorfa, então suas partes real e imaginária são funções analíticas reais. Além disso, se pelo menos uma das duas entre a parte real e a parte imaginária da função não trocar de sinal (i.e, for estritamente positiva ou*

estritamente negativa), então f é constante.

(4) *Seja $f : Z \subseteq \mathbb{C} \to \mathbb{C}$, $Z \ni z \mapsto f(z) \in \mathbb{C}$, uma função complexa de uma única variável complexa definida e holomorfa no subconjunto aberto $Z \subseteq \mathbb{C}$. Se uma curva (qualquer e contida em Z) complexa for de classe $\mathbf{C}^1[a,b]$ (i.e, uma curva derivável e com derivada contínua em $[a,b]) \subseteq \mathbb{R}$) e fechada em $[a,b]$, (i.e, $\gamma(a) = \gamma(b)$) $\gamma : [a,b] \subseteq \mathbb{R} \to \mathbb{C}$, $[a,b] \ni t \mapsto \gamma(t) := f_1(t) + i f_2(t) \in \mathbb{C}$, onde f_1, f_2 são funções reais de uma única variável real definida no intervalo fechado e limitado (e, portanto, compacto) $[a,b] \subseteq \mathbb{R}$, então $\int_\gamma f(z)\, dz = \int_a^b f(\gamma(t))\gamma'(t)\, dt = 0$. Este resultado é conhecido como um dos teoremas de Cauchy-Goursat. De maneira "parcialmente recíproca", temos o Teorema de Morera, que diz que se $f : Z \to \mathbb{C}$ é uma função complexa de uma única variável complexa definida e contínua (que é a condição "adicional" para que a "recíproca" seja um fato) no aberto Z e $\int_\gamma f(z)\, dz = 0$, $\forall \gamma : [a,b] \to \mathbb{C}$ de classe $\mathbb{C}^1$ e fechada em $[a,b] \Rightarrow f$ é uma função holomorfa em $Z \subseteq \mathbb{C}$.*

(5) *Uma função complexa de uma única variável complexa é holomorfa em um ponto de (acumulação) seu domínio se, e só se, admite expansão em série de potências (com raio de convergência positivo) em torno desse ponto. De maneira "resumida": "holomorfa $\Leftrightarrow$ analítica". Isso, na prática, significa, em particular, o seguinte: se uma função for holomorfa em um ponto então ela tem as derivadas de qualquer ordem nesse ponto. Logo, não existe função complexa de uma única variável complexa de classe C^∞ que não seja analítca, algo que pode muito bem ocorrer no caso real.*

(6) *(Teorema de Liouville.) Se $f : \mathbb{C} \to \mathbb{C}$ é uma função inteira (i.e, holomorfa em todo o plano complexo $\mathbb{C}$) limitada em módulo, i.e, $\exists\, \mathbb{R} \ni k \geq 0; |f(z)| \leq k$, $\forall z \in \mathbb{C}$, então f é uma função identicamente constante.*

(7) *(Teorema Fundamental da Álgebra.) Uma função polinomial complexa não constante sempre possui um zero complexo. Como consequência, se o grau dessa função polinomial for igual a n, então a soma das multiplicidades algébricas de seus zeros deve ser igual a n.*

(8) *(Teorema de Rouché.) Seja $\gamma : [a,b] \to \mathbb{C}$ uma curva fechada e homóloga a 0 em um aberto $Z \subseteq \mathbb{C}$ e assuma que γ tenha interior não vazio. Sejam $f, g : Z \to \mathbb{C}$ duas funções holomorfas que satisfazem a condição de que $|f(z) - g(z)| < |f(z)|$, $\forall z \in \gamma([a,b])$. Então,*

f, g tem o mesmo número de zeros no interior de γ.

(9) *(Pequeno Teorema de Picard: Generalização do Teorema de Liouville.) Uma função inteira que omite dois ou mais pontos do plano é constante. Em outras palavras, uma função inteira não constante ou é sobrejetiva ou omite apenas um ponto do plano.*

(10) *Uma função complexa de uma única variável complexa que é holomorfa em um ponto (de acumulação) de seu domínio e cuja a derivada (no sentido complexo) nesse ponto é não nula preserva ângulo orientado entre intersecção de curvas nesse ponto, ou seja, é conforme (ou conformal) nesse ponto. Por exemplo, como veremos, a exponencial complexa (assim como a real) nunca se anula e, portanto, é conforme em todos os pontos. Já a função polinomial $p : \mathbb{C} \to \mathbb{C}$ dada por $p(z) := az^3 + bz^2 + cz + d$ é conforme em todos os pontos os quais sua derivada dada por $p'(z) = 3az^2 + 2bz + c$ é não nula, i.e, em todos os pontos que não são da forma $z = \dfrac{-b \pm \sqrt{b^2 - 3ac}}{2a}$, via fórmula resolutiva quadrática (também válida no caso complexo via Princípio da Conservação das Propriedades Funcionais - PCPF).*

(11) *(Teorema da Uniformização de Riemann.) Seja $Z \subsetneq \mathbb{C}$ um subconjunto aberto, conexo e próprio do plano complexo. Então, existe um biholomorfismo (i.e, uma função holomorfa, inversível com inversa, também, holomorfa) entre Z e o disco de raio igual a 1 centrado na origem, $D(0; 1) := \{z \in \mathbb{C}; z = e^{i\theta}, \theta \in \mathbb{R}\}$.*

(12) *Teorema do Efeito dos Pequenos Zeros - veja Teorema 3.7.*

Observação 3.4. *"Combinando" o Teorema de Cauchy-Goursat com o Teorema de Morera e raciocinando de maneira "contrapositiva", chegamos à seguinte interessante conclusão: Dada qualquer função não holomorfa f e fixado um número complexo arbitrário $c \in \mathbb{C}$, sempre existe uma curva fechada de classe C^1, γ de tal forma que $\int_\gamma f(z)dz = c$. Em símbolos: $\forall f \notin Hol(\mathbb{C}), \forall c \in \mathbb{C}, \exists \gamma : [a, b] \to \mathbb{C}; \int_\gamma f(z)dz = \int_a^b f(\gamma(t))\gamma'(t)dt = c$.*

Um dos resultados mais impressionantes da teoria das variáveis complexas é chamado de "O efeito dos pequenos zeros", que vai em sentido contrário à nossa intuição, principalmente com o que aprendemos quando estudamos Cálculo. Este resultado pode ser encontrado na página de número 244 do livro "Complex Analysis" do autor Serge Lang, publicado pela editora Addison-Wesley no ano de 1977. Vamos enunciar esse resultado de acordo como é apresentado nesse livro.

Não faremos a demonstração, mas vamos construir alguns exemplos de funções que satisfazem as condições desse resultado.

Teorema 3.8. *(Efeito dos pequenos zeros) Sejam f, g duas funções complexas de uma única variável complexa que são inteiras (i.e, holomorfas em todo o plano complexo $\mathbb{C}$), possuem os mesmos zeros e estes mesmos zeros em comum possuem a mesma multiplicidade algébrica. Então, a função quociente $\frac{f}{g}$ é uma função inteira sem zeros.*

Observação 3.5. *Este teorema vai em sentido contrário à nossa intuição, pois como aprendemos em Cálculo e Análise na Reta, o quociente entre duas funções reais de uma única variável real $\frac{f}{g}$ não está sequer definida nos pontos da reta os quais a função g se anula. O que o teorema do efeito dos pequenos zeros diz é que, se duas funções complexas de uma única variável complexa f, g são inteiras e ambas têm os mesmos zeros, os quais possuem as mesmas multiplicidades algébricas, então não só a função quociente $\frac{f}{g}$ está definida nos pontos do plano complexo $\mathbb{C}$ os quais a função g se anula, como é uma função holomorfa nesses pontos! Mais do que isso, ela é ainda inteira sem zeros e, portanto, podemos calcular os valores que esse quociente assume nos zeros da função g. O termo "O efeito dos pequenos zeros" se deve ao fato de que, nas condições do teorema, os zeros da função g (sendo em comum e com a mesma multiplicidade dos zeros da função f) não têm "força" o suficiente para que a função deixe de ser definida nesses pontos (como vimos, é ainda inteira!) e, por isso, o termo "pequenos zeros" .*

Depois de os leitores verem a definição de exponencial complexa, a definição de seno e cosseno complexo se tornam mais naturais. Temos que $sen, \cos : \mathbb{C} \to \mathbb{C}$ são dadas por $sen(z) := \frac{e^{iz} - e^{-iz}}{2i}$, $\cos(z) := \frac{e^{iz} + e^{-iz}}{2}$. Via Princípio da Conservação das Propriedades Funcionais (PCPF), isso se justifica via Fórmula de Euler, pois sendo

$$e^{i\theta} = \cos(\theta) + i\,sen(\theta), \forall \theta \in \mathbb{R} \Rightarrow e^{i.(-\theta)} = \cos(-\theta) + i\,sen(-\theta) = \cos(\theta) - i\,sen(\theta) = \overline{\cos(\theta) + i\,sen(\theta)} = \overline{e^{i\theta}}, \forall \theta \in \mathbb{R}$$

e, portanto, $e^{i\theta} + e^{-i\theta} = 2\cos(\theta), \forall \theta \in \mathbb{R}$ e $e^{i\theta} - e^{i\theta} = 2i\,sen(\theta), \forall \theta \in \mathbb{R}$. Isso nos sugere "trocar" formalmente θ real por z complexo nessas duas últimas fórmulas para seno e cosseno e defini-las para o caso complexo como fizemos acima.

Exemplo 3.9. *Uma das maneiras de construir uma função que satisfaça as condições do teorema acima é por "tentativa". Por exemplo, a função exponencial complexa, apesar de inteira, não possui zeros e, portanto, não está nas condições do teorema, mas podemos "modificá-la" para que esteja nas condições do mesmo, no caso, fazendo uma "translação" dessa função, i.e, a compondo com uma função afim, i.e, uma função da forma $z \mapsto az + b$, $a, b \in \mathbb{C}/\{0\}$ constantes. O logaritmo complexo, apesar de ser função holomorfa (em seu domínio) e possuir zeros, não é* *uma função inteira (pois, para defini-lo e torná-lo holomorfo, removemos o semieixo real negativo do plano complexo). Neste caso, não podemos "modificá-lo" para que esteja nas condições do teorema. Ainda, se considerarmos f, g como sendo polinômios, então necessariamente devemos ter que f e g são múltiplos por um escalar complexo um do outro, pois devem ter os mesmos zeros e esses mesmos zeros devem ter ambos as mesmas multiplicidades algébricas. As funções elementares que satisfazem as condições do teorema que ainda não consideramos são as funções trigonométricas complexas e as funções hiperbólicas complexas. Podemos notar que as funções seno e cosseno complexas são inteiras e possuem zeros em $\mathbb{C}$. Entretanto, esses zeros não são em comum. Assim, devemos "modificar" um "pouco" essas funções para que tenham os mesmos zeros e as mesmas multiplicidades algébricas nesses zeros. Sabemos que os zeros das funções seno e cosseno complexos são os mesmos do caso real (via Princípio da Conservação das Propriedades Funcionais - PCPF) e mais ainda, são também periódicas com o mesmo período igual a 2π (ou um múltiplo integral por um inteiro de 2π, i.e, um número da forma $2k\pi$, $K \in \mathbb{Z}$ - também via PCPF). Vamos, então, considerar a função complexa de uma única variável complexa $f : \mathbb{C} \to \mathbb{C}$ dada por $f(z) := sen^2(z) - \dfrac{1}{4}$. Essa função é inteira, já que é diferença entre duas funções inteiras. Vamos determinar seus zeros. Temos que*

$$f(z) = 0 \Leftrightarrow sen^2(z) - \frac{1}{2} = 0 \Leftrightarrow sen(z) = \pm\frac{\sqrt{2}}{2} = \Leftrightarrow z = \frac{\pi}{4} + \frac{k\pi}{2},\ k \in \mathbb{Z}.$$

Esse zero tem multiplicidade algébrica igual a 1, pois $f'(z) = 2\,sen(z)\cos(z) = sen(2z), \forall z \in \mathbb{C} \Rightarrow$ $f'\left(\dfrac{\pi}{4} + \dfrac{k\pi}{2}\right) = sen\left(\dfrac{\pi}{2} + k\pi\right) = \begin{cases} 1, & se\ k = 2s,\ s \in \mathbb{Z} \\ -1, & se\ k = 2s+1,\ s \in \mathbb{Z} \end{cases}$ e, em particular, $f'\left(\dfrac{\pi}{4} + \dfrac{k\pi}{2}\right) \neq 0, \forall k \in \mathbb{Z}$. A ideia, agora, é construir uma outra função g de modo que ela seja, também, inteira, tenha os mesmos zeros que f e que esses mesmos zeros tenham as mesmas multiplicidades algébricas (no caso multiplicidade algébrica igual a 1). Como no caso complexo também vale a relação fundamental da trigonometria (via PCPF), i.e,

$$sen^2(z) + \cos^2(z) = 1,\ \forall z \in \mathbb{C}$$

e que $sen\left(\dfrac{\pi}{4} + 2k\pi\right) = \dfrac{\sqrt{2}}{2}, \forall k \in \mathbb{Z} \Rightarrow sen^2\left(\dfrac{\pi}{4} + 2k\pi\right) + \cos^2\left(\dfrac{\pi}{4} + 2k\pi\right) = \left(\dfrac{1}{\sqrt{2}}\right)^2 + \cos^2\left(\dfrac{\pi}{4} + 2k\pi\right) = 1, \forall k \in \mathbb{Z} \Rightarrow \cos\left(\dfrac{\pi}{4} + 2k\pi\right) = \dfrac{\sqrt{2}}{2}, \forall k \in \mathbb{Z}$. Logo, a função complexa de uma única variável complexa $g : \mathbb{C} \to \mathbb{C}$ dada por $g(z) := \cos^2(z) - \dfrac{1}{2}$ é inteira, tem os mesmos zeros que a função f e esses mesmos zeros também tem multiplicidades algébricas iguais a 1, pois $g'(z) = -2\cos(z)\,sen(z) = -sen(2z), \forall z \in \mathbb{C} \Rightarrow g'\left(\dfrac{\pi}{4} + \dfrac{k\pi}{2}\right) = -sen\left(\dfrac{\pi}{2} + k\pi\right) = \begin{cases} -1, & se\ k = 2s,\ s \in \mathbb{Z} \\ 1, & se\ k = 2s+1,\ s \in \mathbb{Z} \end{cases}$ e, em particular, $g'\left(\dfrac{\pi}{4} + \dfrac{k\pi}{2}\right) \neq 0, \forall k \in \mathbb{Z}$. Com isso, concluímos que a função quociente

$\dfrac{f}{g}(z) := \dfrac{f(z)}{g(z)} = \dfrac{sen^2(z) - \frac{1}{2}}{\cos^2(z) - \frac{1}{2}} = \dfrac{2\,sen^2(z) - 1}{2\cos^2(z) - 1}$ *é uma função inteira e sem zeros, como descrito pelo teorema do "efeito dos pequenos zeros". Entretanto, essa função quociente é, na verdade, constante e identicamente igual a* $h \equiv -1$. *De fato, como valem as identidades* $\cos(2z) = \cos^2(z) - sen^2(z), \forall z \in \mathbb{C}$ *e* $sen^2(z) + \cos^2(z) = 1, \forall z \in \mathbb{C}$, *segue que* $\cos(2z) = 2\cos^2(z) - 1$, $\forall z \in \mathbb{C}$ *(obtida somando-se as duas identidades acima) e que* $\cos(2z) = 1 - 2\,sen^2(z)$, $\forall z \in \mathbb{C}$ *(obtida subtraindo-se a segunda indentidade da primeira identidade acima). Dessa forma, segue que* $\dfrac{f}{g}(z) := \dfrac{f(z)}{g(z)} = \dfrac{sen^2(z) - \frac{1}{2}}{\cos^2(z) - \frac{1}{2}} = \dfrac{2\,sen^2(z) - 1}{2\cos^2(z) - 1} = \dfrac{-(1 - 2\,sen^2(z))}{2\cos^2(z) - 1} = \dfrac{-(2\cos^2(z) - 1)}{2\cos^2(z) - 1} = -1, \forall z \in \mathbb{C}.$

Exemplo 3.10. *Vamos, agora, diferentemente do exemplo anterior, construir uma função não identicamente constante que satisfaça as condições do teorema do "efeito dos pequenos zeros". Sabemos que os zeros das funções seno e cosseno complexos são os mesmos que os zeros das funções seno e cosseno reais. No caso da função seno complexo* $sen : \mathbb{C} \longrightarrow \mathbb{C}$, $\mathbb{C} \ni z \mapsto sen(z) := \dfrac{e^{iz} - e^{-iz}}{2i} \in \mathbb{C}$, *vale que* $sen(z) = 0 \Leftrightarrow z = k\pi,\ k \in \mathbb{Z}$. *De acordo com o item 7) do teorema 3.8, sabemos que* $e^z = 1 \Leftrightarrow z = 2k\pi i,\ k \in \mathbb{Z}$ *e, portanto,* $e^{2zi} = 1 \Leftrightarrow 2zi = 2k\pi i,\ k \in \mathbb{Z} \Leftrightarrow z = k\pi,\ k \in \mathbb{Z}$. *Dessa forma, as funções complexas de uma única variável complexa* $f, g : \mathbb{C} \longrightarrow \mathbb{C}$, *dadas por* $f(z) := e^{2zi} - 1$ *e* $g(z) := sen(z)$ *são funções inteiras e possuem os mesmos zeros e agora devemos verificar que, de fato, esses zeros possuem a mesma multiplicidade algébrica. De fato,* $f'(z) = 2ie^{2zi} \Longrightarrow f'(k\pi) = 2ie^{2k\pi i} = 2i.1 = 2i \neq 0$, $\forall k \in \mathbb{Z}$ *e, portanto,* $z = k\pi \in \mathbb{R},\ k \in \mathbb{Z}$ *constituem zeros (reais) de ordem igual a 1 em relação à função f. Analogamente, os (mesmos) zeros da função g possuem ordem igual a 1, pois* $g'(z) = \cos(z) \Longrightarrow g'(k\pi) = \cos(k\pi) = \begin{cases} 1, & se\ k = 2s, s \in \mathbb{Z} \\ -1, & se\ k = 2s+1, s \in \mathbb{Z} \end{cases}$ *e, em particular,* $g'(k\pi) \neq 0$, $\forall k \in \mathbb{Z}$. *Assim, pelo teorema do "efeito dos pequenos zeros", concluímos que a função quociente* $\dfrac{f}{g}(z) := \dfrac{f(z)}{g(z)} = \dfrac{e^{2zi} - 1}{sen(z)}$ *é uma função inteira e sem zeros. De fato, vamos verificar isso a seguir. Temos que* $\dfrac{f(z)}{g(z)} = \dfrac{e^{2zi} - 1}{sen(z)} = \dfrac{e^{2zi} - 1}{\frac{e^{zi} - e^{-zi}}{2i}} = \dfrac{2i(e^{2zi} - 1)}{e^{zi} - e^{-zi}} = \dfrac{2i(e^{2zi} - 1)}{e^{zi} - \frac{1}{e^{zi}}} = \dfrac{2i(e^{2zi} - 1)}{\frac{e^{2zi} - 1}{e^{zi}}} = \dfrac{2i}{\frac{1}{e^{zi}}} = 2ie^{zi} \neq 0$, $\forall z \in \mathbb{C}$, *já que a função exponencial complexa nunca se anula (de acordo com o item 3) do teorema 3.8). Em particular, podemos calcular o valor da função quociente nos pontos os quais as funções do numerador e do denominador se anulam (simultaneamente) e obter* $\dfrac{f(k\pi)}{g(k\pi)} = 2ie^{k\pi} = \begin{cases} 2ie^0 = 2i.1 = 2i, & se\ k = 2s, s \in \mathbb{Z} \\ 2ie^{\pi} = 2i.(-1) = -2i, & se\ k = 2s+1, s \in \mathbb{Z} \end{cases}.$

Deixamos um exercício para ser resolvido pelos leitores: Encontre uma condição necessária e suficiente para que uma função complexa de uma única variável complexa cujas partes real e imaginária são iguais, seja holomorfa, i.e, para que uma função da forma $f : \mathbb{C} \to \mathbb{C}$ dada por $f(z) = u(x, y) + iu(x, y) = (1 + i)u(x, y)$ seja holomorfa. Observem que a condição deve ser extraída da função real de duas variáveis reais $u = u(x, y)$. Uma sugestão: Usem as equações de Cauchy-Riemann.

5. A Exponencial Complexa

Existem várias maneiras diferentes para se justificar a definição da exponencial complexa. Uma delas consiste em motivar a definição da Fórmula de Euler (ou exponencial imaginária) $\exp : \mathbb{R} \to \mathbb{C}$ *dada por* $e^{i\theta} := \cos(\theta) + i\, sen(\theta)$ *e querendo que ainda seja válido, no caso complexo, a propriedade de homomorfismo da exponencial complexa, i.e,* $e^{z+w} = e^z.e^w, \forall z, w \in \mathbb{C}$*, ou seja, a exponencial complexa é um homomorfismo do grupo aditivo dos números complexos* $(\mathbb{C}, +)$ *no grupo multiplicativo dos números complexos não nulos* $(\mathbb{C}/\{0\}, .)$*, então definimos que* $e^z = e^{x+iy} := e^x.e^{iy} = e^x(\cos(y) + i\, sen(y))$*. Mas, para definir a exponencial imaginária da maneira como é feita, notamos que sendo* $(\, sen(\theta))' = \cos(\theta), (\cos(\theta))' = -\, sen(\theta), \forall \theta \in \mathbb{R}$*, é "razoável" que essa definição lhe permita valer a regra da cadeia,* $(e^{i\theta})' = ie^{i\theta}, \forall \theta \in \mathbb{R}$*, pois admitindo que* $(\cos(\theta) + i\, sen(\theta))' = (\cos(\theta))' + i(\, sen(\theta))' = -\, sen(\theta) + i\cos(\theta) = i(\cos(\theta) + i\, sen(\theta)) = ie^{i\theta}, \forall \theta \in \mathbb{R}$*. Tendo isso em mente, seja a função* $f : \mathbb{R} \to \mathbb{C}$ *dada por* $f(\theta) := e^{i\theta}(\cos(\theta) - i\, sen(\theta))$*. Além da regra da cadeia vista logo acima e admitindo-se que as propriedades usuais do cálculo sejam válidas para essa função, vamos derivá-la com respeito à variável real* θ *e "ver" o que ocorre com ela. Temos que* $f'(\theta) = (e^{i\theta})'(\cos(\theta) - i\, sen(\theta)) + e^{i\theta}(\cos(\theta) - i\, sen(\theta))' = ie^{i\theta}(\cos(\theta) - i\, sen(\theta)) + e^{i\theta}(-\, sen(\theta) - i\cos(\theta)) = e^{i\theta}(i\cos(\theta) + \, sen(\theta)) - e^{i\theta}(i\cos(\theta) + \, sen(\theta)) = 0, \forall \theta \in \mathbb{R}$*. Como* $\mathbb{R}$ *é um conjunto aberto e conexo, pois pode ser visto como sendo o intervalo* $(-\infty, +\infty)$ *e a derivada de* f *é nula nesse intervalo, então ela é constante e igual a, por exemplo,* $f(\theta) = f(0), \forall \theta \in \mathbb{R}$*. Mas, assumindo por um momento que* $e^{i0} = e^0 = 1$*, então* $f(0) = e^{i.0}(\cos(0) - i\, sen(0)) = 1.(1 - i.0) = 1$ *e, dessa forma,* $f(\theta) = e^{i\theta}(\cos(\theta) + i\, sen(\theta)) = f(0) = 1, \forall \theta \in \mathbb{R} \Rightarrow e^{i\theta}(\cos(\theta) - i\, sen(\theta))(\cos(\theta) + i\, sen(\theta)) = 1.(\cos(\theta) + i\, sen(\theta)), \forall \theta \in \mathbb{R} \Rightarrow e^{i\theta}(\cos^2(\theta) + \, sen^2(\theta)) = 1.e^{i\theta} = e^{i\theta} = \cos(\theta) + i\, sen(\theta), \forall \theta \in \mathbb{R}$.

TEOREMA 3.9. *Algumas propriedades da função exponencial complexa* $\exp : \mathbb{C} \to \mathbb{C}, z \mapsto \exp(z) = e^{x+iy} := e^x e^{iy} = e^x(\cos(y) + i\, sen(y))$ *são:*

(1) *A função exponencial complexa generaliza a exponencial real no sentido de que se a restringirmos ao conjunto dos números reais* $\mathbb{R}$ *então recairemos na função exponencial real. Em outras palavras, ao tomar um número complexo* $z \in \mathbb{C}$*,* $Im(z) = 0$*, i.e, um número complexo com parte imaginária nula,* $z = x + 0.i = x$ *então* $\exp(z) = \exp(x)$ *tem exatamente as mesmas propriedades da função exponencial real. Mais do que isso, a*

função exponencial complexa como acima definida é a única função complexa de variável complexa que generaliza a função exponencial real no sentido mencionado anteriormente.

(2) *Assim como para função exponencial real, a função exponencial complexa satisfaz a propriedade:*

$$exp(z + w) = exp(z)exp(w), \forall z, w \in \mathbb{C}.$$

Isso significa que a exponencial complexa é um homomorfismo entre o grupo aditivo dos números complexos $G_1 = (\mathbb{C}, +)$ *e o grupo multiplicativo dos números complexos não nulos* $G_2 = (\mathbb{C}/\{0\}, \times)$.

(3) $\overline{\exp(z)} = \exp(\overline{z}), \forall z \in \mathbb{C}.$

(4) *Temos:* $|\exp(z)| = \exp(Re(z)) = \exp(x),\ \forall\ z \in \mathbb{C}$. *Dessa forma, assim como a exponencial real, a exponencial complexa nunca se anula, i.e,* $\exp(z) \neq 0,\ \forall\ z \in \mathbb{C}$.

(5) $|\exp(z)| \leq \exp(|z|), \forall z \in \mathbb{C}.$

(6) *Diferentemente da exponencial real que é uma bijeção crescente de* $\mathbb{R}$ *em* $(0, +\infty)$, *a exponencial complexa,* $exp(z)$, *é uma função periódica de período puramente imaginário igual a* $2\pi i$ *(é "razoável" esperar que, sendo uma função complexa de uma única variável complexa periódica, então seu período é possivelmente complexo), i.e,* $\exp(z + 2k\pi i) = \exp(z), \forall z \in \mathbb{C}, \forall k \in \mathbb{Z}$. *Assim, a função exponencial complexa satisfaz:* $\exp(z) = 1 \Leftrightarrow z = 2k\pi i,\ k \in \mathbb{Z}$. *Mais geralmente, dado* $a \in \mathbb{R}/\{0\}$ *qualquer, então* $\exp(z) = a \Leftrightarrow z = \ln(a) + 2k\pi i, k \in \mathbb{Z}$, *se* $a > 0$ *ou* $z = \ln(-a) + (1 + 2k)\pi i, k \in \mathbb{Z}$, *se* $a < 0$. *Continuando, a função exponencial complexa satisfaz:* $\exp(z) = i \Leftrightarrow z = \left(\dfrac{4k+1}{2}\right)\pi i, k \in \mathbb{Z}$. *Mais geralmente, seja* $z \in \mathbb{C}$ *um número complexo com parte real nula, i.e,* $z = 0 + bi = bi \in \mathbb{C}$. *Então* $\exp(z) = bi \Leftrightarrow z = \ln(b) + i\left(\dfrac{4k+1}{2}\right)\pi, k \in \mathbb{Z}$, *se* $b > 0$ *ou* $z = \ln(-b) + i\left(\dfrac{4k+3}{2}\right)\pi, k \in \mathbb{Z}$, *se* $b < 0$.

(7) *Seja* y_0 *um número real fixo. Considere o conjunto*

$$A_{y_0} := \{z = x + iy; x \in \mathbb{R}, y_0 \leq y < y_0 + 2\pi\}.$$

Então, $\exp(z)$ *é uma função bijetora de* A_{y_0} *em* $\mathbb{C}/\{0\}$. *Assim, a função* $f : A_{y_0} \to \mathbb{C}/\{0\}$, $z \mapsto f(z) := e^z$ *é inversível. Sua inversa é a função*

$$f^{-1} : \mathbb{C}/\{0\} \to A_{y_0},\ z \mapsto f^{-1}(z) := \ln(|z|) + i\theta, \theta = \arg(z) \in A_{y_0}.$$

Esta função f^{-1} não é holomorfa.

(8) *A função* $\exp(z)$ *é inteira (holomorfa em todo plano complexo $\mathbb{C}$) e $exp'(z) = exp(z)$, $\forall z \in \mathbb{C}$.*

(9) *Em termos de expansão em série de potências: $exp(z) = \sum_{n=0}^{\infty} \frac{z^n}{n!}$, $\forall z \in \mathbb{C}$, em torno do ponto $z_0 = 0$.*

(10) *Novamente em termos de expansão em série de potências: $exp(z) = \sum_{n=0}^{\infty} \frac{e^{z_0}(z - z_0)^n}{n!}$, $\forall z \in \mathbb{C}$, em torno do ponto $z_0 \in \mathbb{C}$.*

(11) *(Uma Propriedade de Mapeamento da Exponencial Complexa) A função exponencial complexa leva (mapeia) o disco unitário (i.e, de raio $r = 1$) de centro na origem 0, $D(0,1) := \{z \in \mathbb{C};\ |z| = 1\} = \{z \in \mathbb{C};\ z = e^{i\theta} = \cos(\theta) + i\,sen(\theta), \theta \in \mathbb{R}\} \subset \mathbb{C}$ no anel de raio interno igual a $r_1 = e^{-1} = \frac{1}{e}$ e raio externo igual a $r_2 = e$ de centro na origem 0, $A := \{z \in \mathbb{C};\ \frac{1}{e} \leq |z| \leq e\} \subset \mathbb{C}$. Mais geralmente, a exponencial complexa leva o disco de raio $r > 0$ de centro na origem 0, $\{z \in \mathbb{C};\ |z| = r\} = \{z \in \mathbb{C};\ z = re^{i\theta} = r(\cos(\theta) + i\,sen(\theta)), \theta \in \mathbb{R}\} \subset \mathbb{C}$ no anel de raio interno igual a $\widetilde{r_1} = e^{-r} = \frac{1}{e^r}$ e raio externo igual a $\widetilde{r_2} = e^r$, $A_r := \{z \in \mathbb{C};\ e^{-r} = \frac{1}{e^r} \leq |z| \leq e^r\}$. Isso por sua vez descreve uma maneira alternativa (podemos dizer, uma maneira "geométrica") de mostrar o fato de que a exponencial complexa é uma sobrejeção entre o plano complexo $\mathbb{C}$ e o plano complexo menos a origem 0, $\mathbb{C}/\{0\}$, já que se fizermos o raio r tender a infinito, i.e, $r \to \infty$, então temos que $\lim_{r\to\infty} e^r = \infty$ e $\lim_{r\to\infty} e^{-r} = \lim_{r\to\infty} \frac{1}{e^r} = 0$, i.e, a medida que o raio $r > 0$ cresce, o disco $D(0,r)$ tende a "varrer" todo o plano complexo $\mathbb{C}$ e em relação ao anel A_r, a medida em que $r > 0$ cresce, a circunferência externa tende a "varrer" todo o plano complexo $\mathbb{C}$ e a circunferência interna tende a se reduzir a um único ponto que é a origem 0 (mas nunca atinge a origem 0), i.e, a uma circunferência de raio nulo, 0. Além disso, temos algumas variações desse fato, como: A exponencial complexa leva o interior do disco unitário de centro na origem (i.e, a "fronteira" do disco foi "removida") $B := Int(D(0,1)) = \{z \in \mathbb{C};\ |z| < 1 \subset \mathbb{C}\}$ no anel de raio interno igual a $r_1 = \frac{1}{e}$ e raio externo $r_2 = e$ de centro na origem cujas "fronteiras" das circunferências interna e externa foram "removidas", i.e, o conjunto $Int(A) = \{z \in \mathbb{C};\ \frac{1}{e} < |z| < e\} \subset \mathbb{C}$. Ainda, a exponencial complexa leva o disco unitário de centro na origem "mais" o seu interior (i.e, o disco unido com seu interior) $\{z \in \mathbb{C};\ |z| \leq 1\}$ no próprio anel $A = \{z \in \mathbb{C};\ \frac{1}{e} \leq |z| \leq e\} \subset \mathbb{C}$. Esses resultados, assim como o primeiro apresentado nesse*

item, podem ser adaptados para o caso em que o raio é $r > 0$ qualquer em vez do caso particular em que o raio é unitário, i.e, $r = 1$.

Demonstração. 1. Sendo $\exp(z) = e^z = e^x(\cos(y) + i\,\text{sen}(y))$, devemos mostrar que quando tomamos $y = 0$, i.e, $z = x + i.0 = x$, então recaímos na função exponencial real. De fato, $e^{x+0.i} = e^x(\cos(0) + i\,\text{sen}(0)) = e^x(1 + 0) = e^x.1 = e^x$, já que $\cos(0) = 1$ e $\text{sen}(0) = 0$. O fato de que a função exponencial complexa é a única função complexa de uma única variável complexa que generaliza a função exponencial real no sentido mencionado no item 1) do enunciado, segue do fato de que quando consideramos a série de potências (série de Taylor) que representa a função exponencial complexa, então restringindo-a a valores reais de z, i.e, $z = x + 0 = x$, então recaímos na série que representa a função exponencial real, já que a representação de uma função em série de potências em torno de um ponto é única (ver itens 9) e 10)), pois sua forma depende apenas da expressão analítica explícita das derivadas da função. De maneira geral, dada uma função holomorfa com uma dada série de potências que a representa em torno de um ponto, então restringindo a expressão que dá a série para valores reais da variável z, temos que a série resultante é a série que representa em torno de um ponto uma função analítica no sentido real.

2. Inicialmente, para $k = k(z)$ uma expressão envolvendo números complexos, usaremos as expressões e^k e $\exp(k)$ para quando k for uma expressão relativamente pequena e grande, respectivamente. Por exemplo, se $k = 6z + 6$, escrevemos e^{6z+6}, se $k = 2z^6 + 5z + 2$, escrevemos $\exp(2z^6 + 5z + 2)$. Agora, dados dois números complexos quaisquer $z = x_1 + iy_1, w = x_2 + iy_2$ temos:

$$e^z.e^w = e^{x_1}(\cos(y_1) + i\,\text{sen}(y_1)).e^{x_2}(\cos(y_2) + i\,\text{sen}(y_2)) = e^{x_1}e^{x_2}(\cos(y_1) + i\,\text{sen}(y_1)).e^{x_2}(\cos(y_2) + i\,\text{sen}(y_2)) = e^{x_1+x_2}(\cos(y_1)\cos(y_2) - \text{sen}(y_1)\,\text{sen}(y_2) + i(\cos(y_1)\,\text{sen}(y_2) + \text{sen}(y_1)\cos(y_2)) = e^{x_1+x_2}(\cos(y_1 + y_2) + i\,\text{sen}(y_1 + y_2)) = e^{x_1+x_2}.e^{i(y_1+y_2)} = \exp(x_1 + x_2 + i(y_1 + y_2)) = \exp(x_1 + x_2 + iy_1 + iy_2) = \exp([x_1 + iy_1] + [x_2 + iy_2]) = e^{z+w}.$$

3. Temos que $\overline{\exp(z)} = \overline{e^x(\cos(y) + i\,\text{sen}(y))} = \overline{e^x}\,\overline{(\cos(y) + i\,\text{sen}(y))} = e^x(\cos(y) - i\,\text{sen}(y)) = e^x(\cos(-y) + i\,\text{sen}(-y)) = e^x e^{-iy} = \exp(x - iy) = \exp(\overline{x + iy}) = \exp(\overline{z}), \forall z \in C$.

4. Temos:

$$|e^z| = |e^x.e^{iy}| = |e^x|.|e^{iy}| = e^x.|\cos(y) + i\,\text{sen}(y)| = e^x.\sqrt{\cos^2(y) + \text{sen}^2(y))} = e^x.\sqrt{1} = e^x.1 = e^x = e^{Re(z)}, \forall z \in \mathbb{C},$$

já que valem as seguintes propriedades: $|z_1.z_2| = |z_1|.|z_2|, \forall z_1, z_2 \in \mathbb{C}$, $|e^x| = e^x, \forall x \in \mathbb{R}$, pois a função exponencial real é estritamente positiva e vale a relação fundamental da trigonometria, $\text{sen}^2(\theta) + \cos^2(\theta) = 1, \forall \theta \in \mathbb{R}$. Mostremos, agora, o não anulamento da função exponencial complexa. Para isso, inicialmente, vamos mostrar que o módulo de um número complexo é nulo se, e só se, o número for nulo, i.e, $|z| = 0 \Leftrightarrow z = 0$. De fato, $z = 0 = 0 + i0 \Rightarrow |z| = \sqrt{0^2 + 0^2} = \sqrt{0 + 0} = \sqrt{0} = 0$. Reciprocamente, $|z| = 0 \Rightarrow \sqrt{x^2 + y^2} = 0 \Rightarrow x^2 + y^2 = 0 \Leftrightarrow x = y = 0 \Rightarrow z = 0$. Logo, se $w \in \mathbb{C}$ é um número complexo tal que $|w| \neq 0$ então, $w \neq 0$. Logo, como $e^x \neq 0, \forall x \in \mathbb{R}$ e $|e^z| = e^x, \forall z \in \mathbb{C} \Rightarrow e^z \neq 0, \forall z \in \mathbb{C}$. Como uma observação, notamos que se $a, b \in \mathbb{R}$, $a^2 + b^2 = 0 \Leftrightarrow a = b = 0$. De fato, $a = b = 0 \Rightarrow a^2 + b^2 = 0$. Reciprocamente, se $a^2 + b^2 = 0 \Rightarrow a^2 = -b^2$. Mas os números reais, por serem um corpo ordenado, tem a seguinte propriedade: o quadrado de qualquer elemento não nulo é estritamente positivo, i.e, $a \neq 0 \Rightarrow a^2 > 0$, em particular, se o quadrado de um número real for nulo então este número é o número real nulo, i.e, $a^2 = 0 \Leftrightarrow a = 0$. Dessa forma, $a^2 \geq 0, -b^2 \leq 0$. Logo, a única possibilidade para que entre dois números reais a, b tenha-se $a^2 = -b^2$ é que $a = b = 0$.

5. Temos que $|e^z| = e^x, \forall z = x + iy \in \mathbb{C}$ e sendo $|z| = \sqrt{x^2 + y^2} \Rightarrow e^{|z|} = \exp(\sqrt{x^2 + y^2}), \forall x, y \in \mathbb{R}$. Mostremos que vale que $x \leq |x| \leq \sqrt{x^2 + y^2}, \forall x, y \in \mathbb{R}$. De fato, já que $x^2 \leq x^2 + y^2, \forall x, y \in \mathbb{R}$ e sendo a função raiz quadrada de um número real uma função crescente, então $x \leq |x| \leq \sqrt{x^2} \leq \sqrt{x^2 + y^2}, \forall x, y \in \mathbb{R}$. Como a função exponencial real é crescente, então segue que $e^x = |e^z| \leq \exp(\sqrt{x^2 + y^2}) = e^{|z|}, \forall z \in \mathbb{C}$.

6. Inicialmente notamos que dado $z = x + iy \in \mathbb{C}$ qualquer, $e^{z+2\pi i} = \exp(x + iy + 2\pi i) = \exp(x + (y + 2\pi)i) = e^x.e^{i(y+2\pi)} = e^x(\cos(y + 2\pi) + i\,\text{sen}(y + 2\pi)) = e^x(\cos(y) + i\,\text{sen}(y)) = e^z \Rightarrow e^{z+2k\pi i} = e^z, \forall z \in \mathbb{C}, \forall k \in \mathbb{Z}$, onde usamos o fato de que as funções seno e cosseno real são periódicas de mesmo período igual a 2π, i.e, $\text{sen}(x + 2k\pi) = \text{sen}(x), \cos(x + 2k\pi) = \cos(x) \forall x \in \mathbb{R}, \forall k \in \mathbb{Z}$. Isso prova que $2\pi i$ é um período para a função exponencial complexa $\exp(z)$. Porém, isso não prova que é o único período da função exponencial complexa (a menos de um múltiplo integral por um inteiro k, i.e, que os únicos períodos são da forma $2k\pi i, k \in \mathbb{Z}$). Poderia perfeitamente existir um número complexo $\widetilde{w} \in \mathbb{C}$ tal que $e^{z+2k\widetilde{w}} = e^z, \forall z \in \mathbb{C}, \forall k \in \mathbb{Z}$, de modo que dados $q_1, q_2 \in \mathbb{Q}, q_1 2\pi i + q_2\widetilde{w} = 0 \Leftrightarrow q_1 = q_2 = 0$, i.e, $\widetilde{w}$ é período de $\exp(z)$ e é linearmente independente de $2\pi i$ sobre o corpo dos números racionais. Provamos agora que isso não acontece. De fato, dados $z_1, z_2 \in \mathbb{C}; e^{z_1} = e^{z_2} \Rightarrow e^{x_1}.e^{iy_1} = e^{x_2}.e^{iy_2}$. Mas, se $e^{z_1} = e^{z_2} \Rightarrow |e^{z_1}| = |e^{z_2}| \Rightarrow e^{x_1} = e^{x_2} \Rightarrow x_1 = x_2$, já que a função exponencial real é injetora. Assim, devemos ter $e^{iy_1} = e^{iy_2} \Rightarrow \cos(y_1) + i\,\text{sen}(y_1) = \cos(y_2) + i\,\text{sen}(y_2) \Rightarrow \cos(y_1) = \cos(y_2), \text{sen}(y_1) = \text{sen}(y_2) \Rightarrow y_2 = y_1 + 2k\pi, k \in \mathbb{Z}$. Portanto, $e^{z_1} = e^{z_2} \Leftrightarrow z_1 - z_2 = x_1 + iy_1 - x_2 - iy_2 = x_1 + iy_1 - x_1 - i(y_1 + 2k\pi) = -2k\pi \Rightarrow z_2 - z_1 = 2k\pi i, k \in$

$\mathbb{Z} \Rightarrow z_2 = z_1 + 2k\pi i, k \in \mathbb{Z}$ e, assim, sempre que a diferença entre dois números complexos for igual a um múltiplo integral por um inteiro de $2\pi i$ então a exponencial desses dois números são iguais. Logo, o (único) período da exponencial complexa é, de fato, $2k\pi i, k \in \mathbb{Z}$. Logo, $e^z = 1 \Leftrightarrow e^z = e^0 \Leftrightarrow z - 0 = 2k\pi i \Leftrightarrow z = 2k\pi i, k \in \mathbb{K}$. Ainda, seja $a > 0$, i.e, um número real positivo $\Rightarrow e^z = a \Leftrightarrow e^x \cos(y) + ie^x \operatorname{sen}(y) = a + 0i \Leftrightarrow e^x \cos(y) = a, e^x \operatorname{sen}(y) = 0$. Como $a > 0$ e $e^x > 0, \forall x \in \mathbb{R}$, i.e, a função exponencial real é estritamente positiva então, as duas igualdades acima nos dão que $\operatorname{sen}(y) = 0 \Rightarrow y = 2k\pi, k \in \mathbb{Z}$ e $e^x = a$ (já que $\cos(y) = \cos(2k\pi) = 1, \forall k \in \mathbb{Z}) \Rightarrow x = \ln(a) \Rightarrow z = \ln(a) + 2k\pi i, k \in \mathbb{Z}$. Supondo agora que $a < 0$, i.e, a é um número real negativo $\Rightarrow e^z = a \Leftrightarrow e^x \cos(y) + ie^x \operatorname{sen}(y) = a + i0 \Leftrightarrow e^x \cos(y) = a$, $e^x \operatorname{sen}(y) = 0$. Observamos que nesse caso, como $a < 0$ necessariamente devemos ter $\cos(y) < 0$ já que $e^x > 0, \forall x \in \mathbb{R}$. Como $\operatorname{sen}(y) = 0$ (e $\cos(y)$ deve ser < 0) $\Rightarrow y = \pi + 2k\pi = \pi(1 + 2k), k \in \mathbb{Z}$ e, como $\cos(y) = \cos(\pi + 2k\pi) = -1 \Rightarrow e^x \cos(\pi + 2k\pi) = e^x.(-1) = -e^x = a \Leftrightarrow e^x = -a$ (onde $-a > 0$, já que $a < 0$) $\Leftrightarrow x = \ln(-a) \Rightarrow z = \ln(-a) + (1 + 2k)\pi i, k \in \mathbb{Z}$. Continuando, seja $w \in \mathbb{C}$; $e^w = 1$. Notamos que $e^{i\frac{\pi}{2}} = \cos\left(\frac{\pi}{2}\right) + i \operatorname{sen}\left(\frac{\pi}{2}\right) = 0 + i.1 = i$, já que $\cos\left(\frac{\pi}{2}\right) = 0$ e $\operatorname{sen}\left(\frac{\pi}{2}\right) = 1 \Rightarrow e^z = i = e^{i\frac{\pi}{2}} \Leftrightarrow z - i\frac{\pi}{2} = 2k\pi i \Leftrightarrow z = 2k\pi i + i\frac{\pi}{2} = \left(2k\pi + \frac{\pi}{2}\right)i = (2k + \frac{1}{2})\pi i = \left(\frac{4k+1}{2}\right)\pi i, k \in \mathbb{Z}$. Agora, seja $z \in \mathbb{C}$ da forma $z = bi = 0 + bi$. Então, se $b > 0 \Rightarrow e^z = bi = 0 + bi \Leftrightarrow e^x \cos(y) = 0, e^x \operatorname{sen}(y) = b \Rightarrow y = \frac{\pi}{2} + 2k\pi = \pi\left(\frac{1}{2} + 2k\right) = \pi\left(\frac{1+4k}{2}\right), k \in \mathbb{Z}$ (já que b deve ser > 0 onde $\operatorname{sen}(y) = \operatorname{sen}\left(\frac{\pi}{2} + 2k\pi\right) = 1, \forall k \in \mathbb{Z}$ e $e^x > 0, \forall x \in \mathbb{R}$) $\Rightarrow e^x = b \Rightarrow x = \ln(b) \Rightarrow z = \ln(b) + i(\frac{1+4k}{2})\pi, k \in \mathbb{Z}$. Agora, se $b < 0 \Rightarrow y = \frac{3\pi}{2} + 2k\pi = \pi\left(\frac{3}{2} + 2k\right) = \pi\left(\frac{3+4k}{2}\right), k \in \mathbb{Z}$ (já que b deve ser < 0 onde $\operatorname{sen}\left(\frac{3\pi}{2} + 2k\pi\right) = -1, \forall k \in \mathbb{Z}$, e $e^x > 0, \forall x \in \mathbb{R}) \Rightarrow e^x \operatorname{sen}\left(\frac{3\pi}{2} + 2k\pi\right) = e^x.(-1) = -e^x = b \Leftrightarrow x = \ln(-b) \Rightarrow z = \ln(-b) + i\left(\frac{3+4k}{2}\right)\pi$.

7. Incialmente, vamos provar que a função exponencial complexa assume qualquer valor complexo não nulo $w \in \mathbb{C}/\{0\}$. De fato, sendo $w \in \mathbb{C}/\{0\}$ um número complexo não nulo qualquer temos: $e^z = w \Rightarrow |e^z| = e^{Re(z)} = e^x = |w| \Rightarrow x = \ln(|w|)$ (onde "$\ln(|w|)$" denota o logaritmo do número real positivo $|w| > 0$, já que $w \neq 0$ e, portanto, $\ln(|w|)$ está bem definido e pode ser entendido como o logaritmo real). Logo, se $z = \ln(|w|) + iy \Rightarrow e^z = \exp(\ln(|w|) + iy) = e^{\ln(|w|)}.e^{iy} = |w|.e^{iy} = w \Rightarrow e^{iy} = \frac{w}{|w|}$. Sabemos que $\frac{w}{|w|}$ tem módulo 1, já que $w \neq 0$, e sendo $e^{iy} = \cos(y) + i \operatorname{sen}(y), y \in \mathbb{R} \Rightarrow y = \arg(w)$, ou seja, o número real $y \in \mathbb{R}$ é o argumento do número complexo $w \in \mathbb{C}/\{0\}$. Portanto, $e^z = w \Leftrightarrow z = \ln(|w|) + i\theta, \theta = \arg(w)$. De fato, dado $z = \ln(|w|) + i\theta, \theta = \arg(w) \Rightarrow \exp(\ln|w|) + i\theta) = e^{\ln(|w|)}.e^{i\theta} = |w|e^{i\theta} = w$, forma polar

do número complexo $w \in \mathbb{C}/\{0\}$. Assim, a função exponencial complexa é uma função sobrejetora de $\mathbb{C}$ em $\mathbb{C}/\{0\}$. Para mostrar que ela é injetora quando seu domínio é restrito a $A_{y_0} := \{z = x + iy; x \in \mathbb{R}, y_0 \leq y < y_0 + 2\pi\}$, relembramos que $e^{z_1} = e^{z_2} \Leftrightarrow z_1 - z_2 = 2k\pi i, k \in \mathbb{Z}$. Mas se, $z_1, z_2 \in A_{y_0}$ com $z_1 - z_2 = 2k\pi, k \in \mathbb{Z} \Rightarrow k = 0 \Rightarrow z_1 = z_2$. De fato, sendo $z_1 = x_1 + iy_1$ e $z_2 = x_2 + iy_2$ com $z_1 - z_2 = 2k\pi i, k \in \mathbb{Z}$, i.e, $(x_1 - x_2) + i(y_1 - y_2) = 2k\pi, k \in \mathbb{Z}$, então $z_1 - z_2 = 0 \Leftrightarrow x_1 - x_2 = 0, y_1 - y_2 = 2k\pi i \Rightarrow x_1 = x_2$, e como $y_1, y_2 \in [y_0, y_0 + 2\pi)$, então sua diferença é $<$ do que 2π e, assim, $y_1 - y_2 = 2k\pi \Leftrightarrow k = 0 \Rightarrow y_1 = y_2 \Rightarrow z_1 = z_2$. Assim, $f : A_{y_0} \to \mathbb{C}/\{0\}$, $z \mapsto f(z) := e^z$ é bijetora e, portanto, inversível. Os cálculos feitos para mostrar a sobrejetividade de f nos mostram que a inversa de f, $f^{-1} : \mathbb{C}/\{0\} \to A_{y_0}$, é dada por: $z \mapsto f^{-1}(z) := \ln(|z|) + i\theta, \theta = \arg(z) \in A_{y_0}$ (vamos ver posteriormente que a função f^{-1} está relacionada com a definição do logaritmo complexo).

8. Vamos mostrar que a função exponencial complexa é inteira, i.e, holomorfa em todo $\mathbb{C}$. Para isso, mostraremos que ela satisfaz as equações de Cauchy-Riemann em todos os pontos do plano complexo $\mathbb{C}$. De fato, sendo $e^z = e^x\cos(y) + ie^x\operatorname{sen}(y)$, consideramos as partes real e imaginária da exponencial complexa, a saber, as funções reais de duas variáveis reais $u, v : \mathbb{R}^2 \to \mathbb{R}$, $(x, y) \mapsto u(x, y) := e^x\cos(y)$, $(x, y) \mapsto v(x, y) := e^x\operatorname{sen}(y)$. Então,

$$u_x(x, y) = e^x\cos(y) = v_y(x, y) \quad , \quad u_y(x, y) = -e^x\operatorname{sen}(y) = -v_x(x, y) \quad , \quad \forall (x, y) \in \mathbb{R}^2.$$

Sendo a derivada em um ponto qualquer $z = x + iy \in \mathbb{C}$ dada por $f'(z) = u_x(x, y) + iv_x(x, y) \Rightarrow (\exp(z))' = e^x\cos(y) + ie^x\operatorname{sen}(y) = e^x(\cos(y) + i\operatorname{sen}(y)) = \exp(z), \forall z \in \mathbb{C}$.

9. Seja $f(z) := e^z$. Então, $f^{(n)}(0) = 1, \forall n \in \mathbb{N}$ e o resultado segue do fato de que os coeficientes da série são dados por $a_n := \dfrac{f^{(n)}(0)}{n!}, \forall n \in \mathbb{N}$.

10. As conclusões são semelhantes as do item anterior 9., mas agora sendo $f^{(n)}(z_0) = \exp(z_0), \forall n \in \mathbb{N}$ com $a_n := \dfrac{f^{(n)}(z_0)}{n!}, \forall n \in \mathbb{N}$.

11. Se $z = x + iy$ é um ponto do disco unitário de centro na origem, i.e, se $z = x + iy \in D(0, 1) \Rightarrow |z|^2 = x^2 + y^2 = 1 \Rightarrow -1 \leq x, y \leq 1$. Dessa forma, $e^{-1} = \frac{1}{e} \leq |e^z| = e^{Re(z)} = e^x \leq e^1 = e$, já que a função exponencial real é uma bijeção crescente entre a reta real $\mathbb{R}$ e o intervalo aberto $(0, \infty)$. Isso mostra que a exponencial complexa leva o disco unitário de centro na origem 0, $D(0, 1) = \{z \in \mathbb{C}; |z| = 1\} = \{z \in \mathbb{C}; z = e^{i\theta} = \cos(\theta) + i\operatorname{sen}(\theta), \theta \in \mathbb{R}\}$ no anel de raio interno igual a $r_1 = e^{-1} = \frac{1}{e}$ e raio externo igual a $r_2 = e$, $A = \{z \in \mathbb{C}; \frac{1}{e} \leq |z| \leq e\}$. As afirmações e observações restantes feitas no item 11) do enunciado do teorema seguem de maneira semelhante.

□

6. O Logaritmo Complexo, Potências Complexas e a Tangente Complexa

Vimos no item 7. do teorema 3.8 que a expressão analítica mais "plausível" para o logaritmo complexo é dada por $\log(z) := \ln(|z|) + i\theta = \frac{1}{2}\ln(x^2 + y^2) + i\arctan\left(\frac{y}{x}\right)$. *O que precisamos fazer agora é definir o domínio adequado para essa função e, nesse sentido, novamente o item 7. do teorema 3.8 entra em jogo. Diferentemente do que fizemos com a exponencial complexa, não faremos com as demonstrações do itens sobre o logaritmo complexo, mas sugerimos aos leitores fortemente que o façam.*

Considere o conjunto $A := \{z = x + iy \in \mathbb{C}; x \leq 0, y = 0\}$. *Definimos a função logaritmo complexo* $\log : \mathbb{C}/A \to \mathbb{C}$ *como sendo* $\log(z) := \ln|z| + i\theta$ *onde* $\theta = \arg(z) \in (t_0, t_0 + 2\pi), t_0 \in \mathbb{R}$, *fixo.*

Quando $\arg(z) \in (-\pi, \pi)$, *diremos que o* $\log$ *está definido em seu ramo (ou ramal) principal.*

Algumas das propriedades de $\log$ *são:*

(1) A função $\log(z)$ *é a inversa da função exponencial* $exp(z)$ *no sentido de que, dado um ramo qualquer onde* $\log(z)$ *está definido então,* $e^{\log(z)} = z$. *Além disso, se escolhermos um ramo no intervalo* $[y_0, y_0+2\pi)$ *então,* $\log(\exp(z)) = z$ *para* $z = x+iy$, *com* $y \in [y_0, y_0+2\pi)$.

(2) $\log(z_1.z_2) = \log(z_1) + \log(z_2) \mod 2\pi i$.

(3) Em seu ramo principal a função $\log$ *é holomorfa e* $\log'(z) = 1/z$.

(4) No ramo principal $\log(z + 1) = \sum_{n=0}^{\infty} \frac{(-1)^{n-1}}{n} z^n$ *cujo domínio de convergência é o disco unitário centrado na origem* $D(0, 1)$, *em torno de* $z_0 = 0$.

(5) O conjunto $B = \mathbb{C}/A$ *é o maior conjunto no qual podemos definir o ramo principal de* $\log(z)$, *isto é, dado um conjunto* $B \subsetneq C$ *então não podemos definir um ramo principal para* $\log(z)$ *pois neste conjunto a função* $\arg(z)$ *não pode ser contínua e, portanto,* $\log(z)$ *também não é.*

A função potência $z_1^{z_2}$ *onde* z_1, z_2 *são números complexos,* $z_1 \neq 0$, *é* $z_1^{z_2} := e^{z_2 \log(z_1)}$ *(pois queremos que a propriedade do caso real* $x_1^{x_2} = e^{\ln(x_1^{x_2})} = e^{x_2 \ln(x_1)}, \forall x_1 \in (0, +\infty), \forall x_2 \in \mathbb{R}$ *seja preservada por restrição). Assim, a raiz quadrada se torna um caso particular de função potência,* $z^{1/2} = \sqrt{z} = |z|^{\frac{1}{2}} e^{\frac{1}{2} i\theta}$.

Exemplo 3.11. *Mostremos, a título de exemplos concretos, que no ramal principal do logaritmo complexo,* $\log(1+i) = \frac{1}{2}\ln(2) + i\frac{\pi}{4}$ *e que* $i^i = \exp(-\pi/2)$. *Além disso, (tomando* $y_0 := \pi$ *na definição de ramal) temos que no ramal* $[\pi, 3\pi)$, $\log(1+i) = \frac{1}{2}\ln(2) + i\frac{9\pi}{4}$ *e* $i^i = \exp(-5\pi/2)$. *Por fim, mostremos que é possível escolher um número complexo* $z \neq 0$ *e um ramal do logaritmo complexo de modo a ter a diferença pouca sugestiva* $1^z \neq 1$ *(mais precisamente, vamos escolher um número complexo* $z \neq 0$ *e um ramal do logaritmo complexo de modo a se ter* $1^z = -1$. *De fato, notamos os seguintes:* $\ln(|1+i|) = \ln(\sqrt{2}) = \frac{1}{2}\ln(2)$ *e na primeira volta do ciclo trigonométrico, i.e, para ângulos* $\theta \in [0, 2\pi)$, *vale que* $\arg(1+i) = \arctan(1) = \pi/4$ *e que, pelo mesmo motivo,* $\log(i) = \ln(|i|) + i\arg(i) = \ln(1) + i\arctan(1/0) = i\arctan(\infty) = i\pi/2$. *Sendo,* $i^i = e^{i\log(i)}$ *os primeiros resultados seguem. Pensando agora nos resultados oriundos do outro ramal, observamos que o argumento do número complexo* $1+i$ *em* $[\pi, 3\pi)$ *é obtido tomando-se a média aritimética entre os âgulos* 2π *e* $2\pi + \frac{\pi}{2} = \frac{5\pi}{2}$, *no sentido de percorrer o ciclo trigonométrico anti-horário; vamos obter que (com abuso de notação e de linguaegm; tecnicamente precisamos de um outro símbolo para o argumento nesse caso, por exemplo,* $\widetilde{\arg}$*)* $\arg(1+i) = \frac{9\pi}{4}$. *Raciocinando da mesma forma, por sua vez, o argumento do número complexo i é dado por* $\frac{5\pi}{2}$, *entendido no sentido anti-horário emanando a partir do ângulo de* 2π. *Logo, os outros dois resultados seguem. Por fim, no ramal* $[\pi, 3\pi)$ *temos que* $\log(1) = 2i\pi$ *pois, nesse caso, o argumento do número complexo* $1 = 1 + 0i$ *é dado por* 2π *e, portanto,* $1^z = e^{z\log(1)} = \exp(2iz\pi)$. *Logo, escolhendo* $z = 1/2$, *obteremos que* $1^z = e^{i\pi} = -1$.

Exemplo 3.12. *Seja o número complexo* $1+2i \in \mathbb{C}$. *Como a função seno complexo sen* $: \mathbb{C} \to \mathbb{C}$, $\mathbb{C} \ni z \mapsto sen(z) := \frac{e^{iz} - e^{-iz}}{2i} \in \mathbb{C}$ *é uma função sobrejetiva* $\Rightarrow \exists\, z \in \mathbb{C};\ sen(z) = 1+2i \in \mathbb{C}$. *Vamos, a partir disso, determinar os possíveis valores (complexos) para* $\cos(z)$. *Temos que, como a relação fundamental da trigonometria circular plana também vale para o caso complexo (por exemplo, via o Princípio da Conservação das Propriedades Funcionais - PCPF), i.e,* $sen^2(z) + \cos^2(z) = 1$, $\forall z \in \mathbb{C} \Rightarrow \cos^2(z) = 1 - (1+2i)^2 = 1^2 - (1+2i)^2 = (1 - [1+2i]).(1 + [1+2i]) = 2i.(2+2i) = 2i.2(1+i) = 4i(1+i) = 4(-1+i) \Rightarrow \pm 2\sqrt{-1+i}$. *Mas,* $\sqrt{-1+i} = x + iy \Leftrightarrow (x^2 - y^2) + i(2xy) = -1 + i \Leftrightarrow \begin{cases} x^2 - y^2 = -1 \\ 2xy = 1 \Rightarrow y = \dfrac{1}{2x} \end{cases} \Rightarrow x^2 - \left(\dfrac{1}{2x}\right)^2 = -1 \Rightarrow x^2 - \dfrac{1}{4x^2} = -1 \Rightarrow 4x^4 - 1 = -4x^2 \Rightarrow$

$$4x^4 + 4x^2 - 1 = (2x^2)^2 + (2x)^2 - 1 = 0 \underbrace{\Rightarrow}_{r:=2x^2\geq 0, \forall x \in \mathbb{R}} r^2 + r - 1 = 0 \Leftrightarrow r = \frac{-1 \pm \sqrt{5}}{2} \underbrace{\Rightarrow}_{r\geq 0} r = \frac{\sqrt{5}-1}{2} \Rightarrow$$

$$2x^2 = \frac{\sqrt{5}-1}{2} \Rightarrow x = \frac{\pm\sqrt{\sqrt{5}-1}}{2} \Rightarrow y = \frac{\pm 1}{\sqrt{\sqrt{5}-1}} \Rightarrow x + iy = \pm\left(\frac{1}{2}\sqrt{\sqrt{5}-1} + i\frac{1}{\sqrt{\sqrt{5}-1}}\right) \Rightarrow$$

$\cos(z) = \pm\left(\frac{1}{2}\sqrt{\sqrt{5}-1} + i\frac{1}{\sqrt{\sqrt{5}-1}}\right)$. *Portanto, concluímos que* $sen(z) = 1 + 2i \in \mathbb{C} \Rightarrow \cos(z) = \pm\left(\frac{1}{2}\sqrt{\sqrt{5}-1} + i\frac{1}{\sqrt{\sqrt{5}-1}}\right) \in \mathbb{C}$.

Exemplo 3.13. *Analogicamente ao caso real, para o caso complexo também vale que* $\cos(2z) = 2\cos^2(z) - 1$, $\forall z \in \mathbb{C}$ *(por exemplo, via o Princípio da Conservação das Propriedades Funcionais - PCPF). Suponha, por exemplo, por sobrejetividade, que* $\cos(z) = 7 + 6i \in \mathbb{C} \Rightarrow \cos(2z) = 2(7 + 6i)^2 - 1 = 2(49 + 84i - 36) - 1 = 2(13 + 84i) - 1 = 25 + 84i \in \mathbb{C}$. *Mais geralmente, dado* $\widetilde{x} + i\widetilde{y} \in \mathbb{C}$ *arbitrariamente de tal modo que, por sobrejetividade, ocorra* $\cos(z) = \widetilde{x} + i\widetilde{y} \Rightarrow \cos(2z) = 2([\widetilde{x}^2 - \widetilde{y}^2] + i[2\widetilde{x}\widetilde{y}]) - 1 = (2\widetilde{x}^2 - 2\widetilde{y}^2 - 1) + i(2\widetilde{x}\widetilde{y})$.

Aqui, convidamos os leitores a provarem que os zeros das funções seno e cosseno complexos são os mesmos do caso real, i.e, $sen(z) = 0 \Leftrightarrow z = k\pi, k \in \mathbb{Z}$ e $\cos(z) = 0 \Leftrightarrow z = \frac{\pi}{2} + k\pi, k \in \mathbb{Z}$. *Assim sendo, definimos a função tangente complexa como sendo a função* $tg(z) := \frac{sen(z)}{\cos(z)}$ *definida em todos os pontos do plano onde a função cosseno não se anula. Usando as expressões para seno e cosseno complexo, podemos mostrar que* $tg(z) = \frac{i(1 - e^{2iz})}{1 + e^{2iz}}$ *(novamente convidamos os leitores a demonstrarem esse fato). A função tangente complexa, diferentemente da função tangente real, não é sobrejetiva (aqui também os leitores são convidados a demonstrar a sobrejetividade da função tangente real). De fato, ela nunca assume o valor i, pois*

$$tg(z) = i \Leftrightarrow i\left(\frac{1 - e^{2iz}}{1 + e^{2iz}}\right) = i \Leftrightarrow \frac{1 - e^{2iz}}{1 + e^{2iz}} = 1 \Leftrightarrow 1 - e^{2iz} = 1 + e^{2iz} \Leftrightarrow -e^{2iz} = e^{2iz} \Leftrightarrow 2e^{2iz} = 0 \Leftrightarrow e^{2iz} = 0,$$

e a função exponencial complexa nunca se anula. Em particular, a equação $tg^2(z) = -1$ *não tem solução, pois*

$$tg^2(z) = -1 \Leftrightarrow \left(\frac{i(1 - e^{2iz})}{1 + e^{2iz}}\right)^2 = -1 \Leftrightarrow -\left(\frac{1 - e^{2iz}}{1 + e^{2iz}}\right)^2 = -1 \Leftrightarrow \left(\frac{1 - e^{2iz}}{1 + e^{2iz}}\right)^2 = 1 \Leftrightarrow \frac{1 - 2e^{2iz} + e^{4iz}}{1 + 2e^{2iz} + e^{4iz}} = 1 \Leftrightarrow$$
$$1 - 2e^{2iz} + e^{4iz} = 1 + 2e^{2iz} + e^{4iz} \Leftrightarrow -2e^{2iz} = 2e^{2iz} \Leftrightarrow 4e^{2iz} = 0 \Leftrightarrow e^{2iz} = 0,$$

já que a função exponencial complexa nunca se anula. Isso, por sua vez, nos mostra que a equação $tg(z) = -i$ *também não tem solução, pois* $tg^2(z) = -i \Leftrightarrow tg(z) = \pm i$. *De fato, ao tentar resolver*

$$tg(z) = -i \Leftrightarrow i\frac{1 - e^{2iz}}{1 + e^{2iz}} = -i \Leftrightarrow \frac{1 - e^{2iz}}{1 + e^{2iz}} = -1 \Leftrightarrow 1 - e^{2iz} = -1 - e^{2iz} \Leftrightarrow 2 = 0,$$

certamente, um absurdo.

7. Recuperação de Funções Holomorfas

Dada uma função real de duas variáveis reais que é harmônica, i.e, satisfaz a equação de Laplace, $u_{xx} + u_{yy} \equiv 0$, *como encontrar uma função holomorfa que tenha essa função harmônica como parte real ou parte imaginária? Vamos responder a essa pergunta com um exemplo prático. Consideremos a função harmônica* $u = u(x,y) := xy$ *e encontremos uma função holomorfa que a tenha como parte real. Pela primeira equação de Cauchy-Riemann temos que* $u_x(x,y) = y = v_y(x,y) \Rightarrow \int v_y(x,y)dy = \int ydy = \frac{y^2}{2} + g(x) = v(x,y)$ *para alguma função* $g : \mathbb{R} \to \mathbb{R}$. *Já pela segunda equação de Cauchy-Riemann* $u_y(x,y) = x = -v_x(x,y) \Rightarrow \int -v_x(x,y)dx = \int xdx = \frac{x^2}{2} + s(y) = -v(x,y)$, *para alguma função* $s : \mathbb{R} \to \mathbb{R}$. *Comparando as duas soluções obtidas,* $-\frac{x^2}{2} - s(y) = \frac{y^2}{2} + g(x), \forall x,y \in \mathbb{R} \Rightarrow g(x) = -\frac{x^2}{2}, \forall x \in \mathbb{R}, s(y) := -\frac{y^2}{2}, \forall y \in \mathbb{R} \Rightarrow v = v(x,y) = -\frac{x^2}{2} - s(y) = -\frac{x^2}{2} - (\frac{y^2}{2}) = -\frac{x^2}{2} + \frac{y^2}{2}, \forall (x,y) \in \mathbb{R}^2$. *Logo, a função holomorfa procurada é dada por* $f(z) = u(x,y) + iv(x,y) = (xy) + i\left(-\frac{x^2}{2} + \frac{y^2}{2}\right)$. *Mas, agora, como escrever a função* f *de maneira explícita da variável complexa* z? *Façamos o seguinte: escrevemos* $x = \frac{z+\bar{z}}{2}, y = \frac{z-\bar{z}}{2i}$ *e substituímos na expressão de* f *para obter:* $f(z) = u(x,y) + iv(x,y) = \frac{(z+\bar{z})}{2}\frac{(z-\bar{z})}{2i} + \frac{i}{2}\left(\frac{-[z^2+2z\bar{z}+\bar{z}^2]}{4} - \frac{[z^2-2z\bar{z}+\bar{z}^2]}{4}\right) = \frac{z^2-\bar{z}^2}{4i} + \frac{i}{2}\left(\frac{-2z^2-2\bar{z}^2}{4}\right) = \frac{-i(z^2-\bar{z}^2)}{4} + i\frac{(-z^2-\bar{z}^2)}{4} = \frac{-2iz^2}{4} = \frac{-iz^2}{2}$. *Logo, a função procurada é* $f : \mathbb{C} \to \mathbb{C}$ *dada por* $f(z) := \frac{-iz^2}{2}$. *De fato, sendo* $z = x + iy \Rightarrow z^2 = (x^2 - y^2) + i(2xy) \Rightarrow \frac{-iz^2}{2} = \frac{-i}{2}([x^2 - y^2] + i[2xy]) = (xy) + i\left(\frac{-x^2}{2} + \frac{y^2}{2}\right)$.

8. Propriedades de Mapeamento de Funções Reais

Inicialmente, vamos mostrar que os intervalos fechados $[a,b], [c,d] \subsetneq \mathbb{R}$ *podem ser mapeados via a função* $f : [a,b] \to [c,d]$ *dada por* $f(x) := \frac{(d-c)x}{b-a} + \frac{bc-ad}{b-a}$. *De fato, para construí-la, tomemos* $f(x) := k_1x + k_2$, *onde as constantes* k_1, k_2 *devem ser de tal modo que* $f(a) = c, f(b) = d$. *Mas,* $f(a) = c, f(b) = d \Leftrightarrow ak_1 + k_2 = c, bk_1 + k_2 = d$. *Resolvendo esse último sistema de duas equações e duas incógnitas (no caso* k_1, k_2*), vamos obter que* $k_1 = \frac{d-c}{b-a}, k_2 = \frac{bc-ad}{b-a}$ *e, portanto, a função procurada é dada por* $f(x) := \frac{(d-c)x}{b-a} + \frac{bc-ad}{b-a}$. *De fato, mostremos que ela satisfaz* $f(a) = c, f(b) = d$. *Temos que* $f(a) = \frac{(d-c)a}{+}bc - adb - a = \frac{ad-ac+bc-ad}{b-a} = \frac{bc-ac}{b-a} = \frac{c(b-a)}{b-a} = c$. *Ainda,* $f(b) = \frac{(d-c)b+bc-ad}{b-a} = \frac{bd-bc+bc-ad}{b-a} = \frac{bd-ad}{b-a} = \frac{d(b-a)}{b-a} = d$. *As modificações convenientes desses intervalos também podem ser mapeadas com a "mesma" função (na verdade sua restrição). Por exemplo, os intervalos* $(a,b], (c,d]$ *assim o são. Já os intervalos* $(-\pi/2, \pi/2)$ *e* $(-\infty, +\infty)$ *podem ser mapeados via função tangente,* $g : (-\pi/2, \pi/2) \to (-\infty, +\infty), g(x) := tg(x)$ *(deixamos para os leitores fazerem gráfico dessa função para ficar mais nítido). Por sua vez, o intervalo* (a,b) *pode ser mapeado no intervalo* $(-\infty, +\infty)$ *compondo-se* g

com uma função afim, assim como a que exibimos acima. Deixamos para os leitores completarem os detalhes desse caso.

Pergunta para os leitores: sabemos que uma Transformação de Möbius leva retas em retas e círculos em círculos (veja no livro a parte correspondente a esse tópico). É verdade que uma Transformação de Möbius real, $T(x) := \dfrac{ax+b}{cx+d}, ad - bc \neq 0$ *leva intervalos em intervalos, no sentido de que a reta estendida por ser vista como um intervalo? Justifiquem.*

9. Propriedades de Mapeamento de Funções Holomorfas

Exemplo 3.14. *(Mapeamento Conforme entre Discos no Plano Complexo). Vamos construir explicitamente um biholomorfismo entre dois discos quaisquer do plano complexo* $\mathbb{C}$*, digamos* $D_1(z_0; r_1) := \{z \in \mathbb{C}; z = z_0 + r_1e^{it}, t \in \mathbb{R}\}, D_2(z_1; r_2) := \{z \in \mathbb{C}; z = z_1 + r_2e^{it}, t \in \mathbb{R}\} \subsetneq \mathbb{C}$*. Este biholomorfismo existe de acordo com o Teorema da Uniformização de Riemann, pois discos são abertos conexos do plano complexo que não são o próprio plano complexo, i.e, são subconjuntos próprios de* $\mathbb{C}$*. É "razoável" esperar, pela "simplicidade" dos discos, que este biholomorfismo seja uma transformação de Möbius. Mais do que isso, mostremos que trata-se de uma função afim, digamos* $f(z) := az+b$*, para alguns* $a, b \in \mathbb{C}$ *convenientes, i.e, que dependam de* $z_0, z_1 \in \mathbb{C}$*,* $r_1, r_2 \in \mathbb{R}$*. De fato, queremos que esta função afim cumpra a condição de que* $f(z_0 + r_1e^{it}) = z_1 + r_2e^{it}$*, i.e, leve um ponto genérico do disco* $D(z_0, r_1)$ *em um ponto genérico do disco* $D(z_1, r_2)$*. Para isso, devemos ter que* $a(z_0+r_1e^{it})+b = z_1+r_2e^{it} \Leftrightarrow az_0+ar_1e^{it}+b = (az_0+b)+(ar_1)e^{it} = z_1+r_2e^{it} \Leftrightarrow az_0+b = z_1, ar_1e^{it} = r_2e^{it} \Leftrightarrow a = \dfrac{r_2}{r_1}, b = z_1 - \dfrac{r_2}{r_1}z_0$*. Logo, o biholomorfismo procurado é* $f : D_1(z_0; r_1) \to D_2(z_1; r_2)$*, dado por* $f(z) := \dfrac{r_2}{r_1}z + \left(z_1 - \dfrac{r_2}{r_1}z_0\right)$*. De fato, temos que* $f(z_0 + r_1e^{it}) = \dfrac{r_2}{r_1}(z_0 + r_1e^{it}) + \left(z_1 - \dfrac{r_2}{r_1}z_0\right) = \dfrac{r_2}{r_1}z_0 + r_2e^{it} + z_1 - \dfrac{r_2}{r_1}z_0 = z_1 + r_2e^{it}$*. Além disso, uma função afim* $f(z) := az + b$ *é bijetiva, i.e, inversível com inversa dada por* $f^{-1}(z) := \dfrac{z-b}{a}$*. Ambas são holomorfas em todo plano complexo* $\mathbb{C}$*, i.e, são funções inteiras com derivadas dadas por* $f'(z) = a, (f^{-1})'(z) = \dfrac{1}{a}$*.*

Exemplo 3.15. *O disco unitário de centro na origem* $D(0, 1) = \{z \in \mathbb{C}; |z| < 1\}$ *e o semiplano superior* $\mathbb{H} = \{w \in \mathbb{C}; Im(w) > 0\}$ *são equivalentes devido à aplicação*

$$z = \frac{w-i}{w+i} \tag{1}$$

que é um caso particular de transformação de Möbius (um tipo especial de transformação de variável complexa que será vista mais adiante), chamada de transformada de Cayley.

Exemplo 3.16. *Considere o primeiro quadrante do plano* $\mathbb{C}$ *isto é, o conjunto* $U := \{z = x+iy \in \mathbb{C}; x, y > 0\}$*. Temos que* U *é um conjunto aberto e conexo que não é o plano todo. A função* $f : U \to \mathbb{H}$ *dada por* $f(z) := z^2$ *é um biholomorfismo. Inicialmente vamos verificar que* f *é injetora.*

De fato, dados $z_1 = x_1 + iy_1, z_2 = x_2 + iy_2 \in U$ então $z_1^2 = z_2^2 \leftrightarrow z_1 = z_2$ ou $z_1 = -z_2$. Mas, o caso $z_1 = -z_2$ não pode ocorrer, pois, contraria o fato de que z_1 e z_2 estão os dois no primeiro quadrante. Mostremos agora que f é sobrejetora. De fato, se $z \in U \Rightarrow \arg(z) \in (0, \pi) \Rightarrow \arg(z^2) \in (0, 2\pi)$. Finalmente, vamos mostrar que f é holomorfa com inversa também holomorfa. Como f é um polinômio, então, ela é derivável e $f'(z_0) = 2z_0 \neq 0, \forall z_0 \in U$, já que $0 \notin U$. Logo, pelo teorema da função inversa f^{-1} é também holomorfa.

Exemplo 3.17. *Usando o exemplo anterior, podemos construir um biholomorfismo $g : U \to D(0,1)$. Considere $T : \mathbb{H} \to D(0,1)$ a transformação de Cayley $T(z) = (z - i)/(z + i)$. A função composta $g = T \circ f : U \to D(0,1)$ dada por $g(z) := T(f(z)) = F(z^2) = (z^2 - i)/(z^2 + i)$ é biholomorfa, pois, é composição de funções biholomorfas.*

Exemplo 3.18. *Vamos mostrar que um setor do disco $D(0,1)$ é biholomorfo ao próprio disco. Considere o setor circular $S := \{z = re^{i\theta}; r \in (0,1), \theta \in (\frac{2\pi}{n})\}$. Assim, S é um aberto conexo que não é o plano todo. A função real de variável real $r \mapsto r^n$ mapeia o intervalo $(0,1)$ em si próprio. Além disso, a função (também real de variável real) $\theta \mapsto n\theta$ leva o intervalo $(0, \frac{2\pi}{n})$ no intervalo $(0, 2\pi)$. Assim, a aplicação $f : S \to D(0,1)$ dada por $f(z) := z^n$ é um biholomorfismo. De fato, f é injetora, pois se $\arg(z_0) = 2\pi/n \Rightarrow \arg(z_0^n) = 2\pi \neq \frac{2\pi}{n}$ se $n \neq 1$. Além disso, f é sobrejetora, pois $f(S) = \{z = \widetilde{r}e^{i\widetilde{\theta}} \in \mathbb{C}; \widetilde{r} \in (0,1), \widetilde{\theta} \in (0, 2\pi)\}$. A função f é holomorfa e $f'(z_0) = nz_0^{n-1} \neq 0, \forall z_0 \in S$ já que, $0 \notin S$. Logo, pelo teorema da função inversa f^{-1} é holomorfa.*

Exemplo 3.19. *Usando o exemplo anterior podemos construir uma equivalência entre um setor $S \subset D(0,1)$ e o semiplano superior $\mathbb{H}$. A inversa da transformação de Cayley T é $T^{-1} : D(0,1) \to \mathbb{H}$ que é dada por $T^{-1}(z) = i\dfrac{(z+1)}{z-1}$. Assim, a função composta $g = T^{-1} \circ f : S \to \mathbb{H}$ dada por $g(z) = T^{-1}(f(z)) = T^{-1}(z^n) = i\dfrac{z^n + 1}{z^n - 1}$ é uma equivalência já que é composição de biholomorfismos.*

10. Uma Aplicação das Variáveis Complexas

Vamos usar a teoria de variáveis complexas (mais precisamente, integração complexa) para demonstrar que vale que:

$$\int_0^{2\pi} e^{\cos(t)}(\cos(t)\cos(sen(t)) - sen(t)\,sen(sen(t)))\,dt$$
$$= \int_0^{2\pi} e^{\cos(t)}(sen(t)\cos(sen(t)) + \cos(t)\,sen(sen(t)))\,dt = 0,$$

e, em particular, devido à aditividade do operador integral, vai valer que

$$\int_0^{2\pi} e^{\cos(t)}\cos(t)\cos(sen(t))\,dt = \int_0^{2\pi} e^{\cos(t)}\,sen(t)\,sen(sen(t))\,dt \quad e \quad \int_0^{2\pi} e^{\cos(t)}\,sen(t)\cos(sen(t))\,dt = \int_0^{2\pi} e^{\cos(t)}(\cos(t)\,sen(sen(t))\,dt.$$

De fato, para isso, precisaremos de duas "ferramentas" importantes da Análise Complexa, a saber: o conceito de integral de uma função complexa de uma única variável complexa ao longo de uma curva complexa (no plano complexo e definida em um intervalo fechado da reta real) e a versão mais "simplificada possível" do (enunciado do) Teorema de Cauchy-Goursat.

Definição 3.1. *Seja* $f : \mathbb{C} \to \mathbb{C}$, $\mathbb{C} \ni z = x + iy \mapsto f(z) = u(x,y) + iv(x,y) \in \mathbb{C}$, *uma função complexa de uma única variável complexa, onde* $u, v : \mathbb{R}^2 \to \mathbb{R}$, $\mathbb{R}^2 \ni (x,y) \mapsto u(x,y), v(x,y) \in \mathbb{R}$, *são funções reais de duas variáveis reais. Seja* $\gamma : [a,b] \to \mathbb{C}$, $[a,b] \ni t \mapsto \gamma(t) := \gamma_1(t) + i\gamma_2(t) \in \mathbb{C}$, *uma curva complexa definida e de classe* C^1 *em um intervalo fechado da reta real, onde* $\gamma_1, \gamma_2 : [a,b] \to \mathbb{R}$, $[a,b] \ni t \mapsto \gamma_1(t), \gamma_2(t) \in \mathbb{R}$, *são curvas reais definidas no mesmo intervalo fechado da reta real. A integral da função* f *ao longo da curva* γ *é, por definição, o seguinte número complexo*

$$\int_\gamma f(z)\, dz := \int_a^b f(\gamma(t)).\gamma'(t)\, dt \in \mathbb{C},$$

onde a derivada da curva complexa γ *é dada por* $\gamma'(t) = (\gamma_1(t) + i\gamma_2(t))' = \gamma_1'(t) + (i\gamma_2(t))' = \gamma_1'(t) + i\gamma_2'(t)$, $\forall t \in [a,b] \subsetneq \mathbb{R}$, *onde* γ_1', γ_2' *são, respectivamente, as derivadas das curvas reais* γ_1, γ_2.

Teorema 3.10. *(Teorema de Cauchy-Goursat: Versão simplificada.) Sejam* $f : \mathbb{C} \to \mathbb{C}$ *uma função holomorfa (e, portanto, inteira, pois é definida em todo o plano complexo) e* $\gamma : [a,b] \to \mathbb{C}$ *uma curva de classe* C^1 *fechada (i.e,* $\gamma(a) = \gamma(b)$*). Então, vale que*

$$\int_\gamma f(z)\, dz := \int_a^b f(\gamma(t)).\gamma'(t)\, dt = 0.$$

A partir disso, para demonstrar as "fórmulas" dadas anteriormente, vamos considerar a função f *como sendo a função exponencial complexa* $f(z = x + iy) = e^z = e^{x+iy} := e^x.e^{iy} = e^x(\cos(y) + i\,sen(y))$, *que é uma função inteira e a curva* γ *como sendo a parametrização complexa do círculo de centro na origem* $0 = 0 + i0 = (0,0)$ *e de raio igual a 1,* $\gamma : [0, 2\pi] \to \mathbb{C}$ *dada por* $\gamma(t) := e^{it} = \underbrace{\cos(t) + i\,sen(t)}_{\text{Fórmula de Euler}}$, *que é uma curva fechada de classe* C^1, *com derivada dada por* $\gamma'(t) = (e^{it})' \underbrace{=}_{\text{regra da cadeia}} e^{it}.(it)' = e^{it}.i.(t)' = e^{it}.i.1 = ie^{it}, \forall t \in [0, 2\pi]$. *Temos que,*

$$\int_\gamma f(z)dz = \int_a^b f(\gamma(t)).\gamma'(t)dt = \int_0^{2\pi} e^{e^{it}}.(e^{it})'dt =$$
$$\int_0^{2\pi} \exp(\cos(t) + i\,sen(t)).(ie^{it})dt \underbrace{=}_{(1)} i\int_0^{2\pi} e^{\cos(t)}.e^{i\,sen(t)}(\cos(t) + i\,sen(t))dt =$$
$$i\int_0^{2\pi} e^{\cos(t)}(\cos(\,sen(t)) + i\,sen(\,sen(t))).(\cos(t) + i\,sen(t))dt =$$
$$i\int_0^{2\pi} e^{\cos(t)}[\cos(t)\cos(\,sen(t)) - sen(t)\,sen(\,sen(t)) + i(\,sen(t)\cos(\,sen(t)) +$$
$$\cos(t)\,sen(\,sen(t)))]dt \underbrace{=}_{(2)} i(\int_0^{2\pi} e^{\cos(t)}(\cos(t)\cos(\,sen(t)) - sen(t)\,sen(\,sen(t)))dt +$$
$$i(i\int_0^{2\pi} e^{\cos(t)}(\,sen(t)\cos(\,sen(t)) + \cos(t)\,sen(\,sen(t)))dt = -\int_0^{2\pi} e^{\cos(t)}(\,sen(t)\cos(\,sen(t)) +$$
$$\cos(t)\,sen(\,sen(t))dt + i\int_0^{2\pi} e^{\cos(t)}(\cos(t)\cos(\,sen(t)) - sen(t)\,sen(\,sen(t))dt \underbrace{=}_{(3)} 0 = 0 + i0,$$

e como um número complexo é nulo se, e só se, suas partes real e imaginária são nulas, o resultado que procurávamos no início segue, onde usamos os fatos de que "(1)" = homogeneidade do operador integral, "(2)" = linearidade (aditividade+homogeneidade) do operador integral e "(3)" = Teorema Simplificado de Cauchy-Goursat e, além disso, que vale que $\exp(\cos(t) + i\, sen(t)) = e^{\cos(t)}.e^{i\, sen(t)} = e^{\cos(t)}(\cos(sen(t)) + i\, sen(sen(t))), \forall t \in \mathbb{R}$. *Finalmente, observamos que podemos (parcialmente) "trocar os papéis" entre* sen *e* cos *nos resultados finais dados inicialmente mantendo a mesma curva* γ *acima, i.e, a parametrização complexa do círculo unitário de centro na origem, mas considerando uma nova função complexa de uma única variável complexa inteira* g *dada por* $g(z) := f(-iz) = e^{-iz}, \forall z \in \mathbb{C}$.

11. Séries de Laurent

DEFINIÇÃO 3.2. *Uma série de Laurent (centrada em um ponto* $z_0 \in \mathbb{C}$*) é uma série do tipo*

$$\sum_{n=-\infty}^{+\infty} a_n(z - z_0)^n \quad , \quad \forall z \in A = A(z_0; r; R),$$

onde a convergência se dá no anel centrado em z_0 *de raio interno igual a* r *e raio externo igual a* $R > r$ *descrito em notação conjuntista por* $A = A(z_0; r; R) := \{z \in \mathbb{C}; r < |z - z_0| < R\} \subsetneq \mathbb{C}$. *O primeiro coeficiente de potência negativa na série de Laurent acima dado por* a_{-1} *é chamado de resíduo de* f *no ponto* z_0 *e escrevemos*

$$a_{-1} = Res_{z_0} f.$$

Além disso, dizemos ter f *um polo simples no ponto* z_0 *se a função* g *dada por* $g(z) := f(z)(z - z_0)$ *é holomorfa em* z_0*, i.e, se* g *é diferenciável no sentido complexo em um disco aberto de raio positivo centrado em* z_0 *e* z_0 *não é um de seus (possíveis) zeros. Nesse caso, o resíduo de* f *no polo simples* z_0 *pode ser calculado por intermédio do seguinte limite:*

$$a_{-1} = Res_{z_0} f = \lim_{z \to z_0} f(z)(z - z_0).$$

OBSERVAÇÃO 3.6. *Dizer que um ponto (mais precisamente, uma singularidade isolada)* z_0 *é polo simples de uma função complexa de uma única variável complexa* f *significa dizer que em sua série de Laurent centrada em* z_0 *ocorre apenas uma potência negativa, a saber,* $a_{-1}(z - z_0)^{-1}$.

Exemplo 3.20. *Vamos encontrar a série de Laurent da função holomorfa* $f : \mathbb{C}/\{2,7\} \to \mathbb{C}$ *dada por* $f(z) := \dfrac{1}{z^2 - 9z + 14}$ *no anel de centro na origem, raio interno igual a 2 e raio externo igual a 7,* $A = A(0;2;7) := \{z \in \mathbb{C}; 2 < |z| < 7\} \subsetneq \mathbb{C}$. *Inicialmente, notamos que* $z^2 - 9z + 14 = 0 \Leftrightarrow z \in \{2,7\}$. *Escrevendo f usando a técnica de frações parciais vamos obter que* $f(z) = \dfrac{1}{5}\left(\dfrac{1}{z-7} - \dfrac{1}{z-2}\right)$. *Agora, notamos os seguintes: se* $|z| > 2 \Rightarrow \dfrac{1}{z-2} = \dfrac{1}{z}.\left(\dfrac{1}{1-[2/z]}\right) = \dfrac{1}{z}.(1 + 2/z + (2/z)^2 + ...) = \dfrac{1}{z}.\sum_{n=0}^{+\infty}\left(\dfrac{2}{z}\right)^n = \sum_{n=0}^{+\infty}\dfrac{2^n}{z^{n+1}}$ *e que se* $|z| < 7 \Rightarrow \dfrac{1}{z-7} = \dfrac{-1}{7-z} = \dfrac{-1}{7(1-[z/7])} = \dfrac{-1}{7}.\dfrac{1}{(1-[z/7])} = \dfrac{-1}{7}.(1 + z/7 + (z/7)^2 + ...) = \dfrac{-1}{7}\sum_{n=0}^{+\infty}\left(\dfrac{z}{7}\right)^n$. *Logo, para* $2 < |z| < 7$, *obtemos que* $f(z) = \dfrac{1}{z^2 - 9z + 14} = \dfrac{1}{5}\left(\dfrac{-1}{7}\sum_{n=0}^{+\infty}\left(\dfrac{z}{7}\right)^n - \sum_{n=0}^{+\infty}\dfrac{2^n}{z^{n+1}}\right)$.

Observação 3.7. *A série* $\sum_{n=0}^{+\infty}\dfrac{2^n}{z^{n+1}}$ *é chamada de* <u>*parte principal*</u> *da expansão de Laurent de f (naquele dado anel) e a série* $\dfrac{-1}{7}\sum_{n=0}^{+\infty}\left(\dfrac{z}{7}\right)^n$ *é chamada de* <u>*parte secundária*</u> *da expansão de Laurent da mesma função f (novamente naquele dado anel). Geralmente, elas são, respectivamente, descritas por* f_- *e* f_+. *A série em* f_- *é responsável por conter informações a respeito da natureza das singularidades da função f, a saber, singularidade removível (ou polo de ordem igual a 1), que é quando a expansão da função f em série de Laurent se reduz a uma série de Taylor, i.e, a série não possui potências negativas da variável complexa z, polos de ordem igual a* $m \geq 2$, *que é quando na expansão em Laurent de f ocorrem exatamente m potências negativas e finalmente a singularidade essencial, que é quando ocorrem infinitas potências negtivas de f na expansão de Laurent, como é o caso da função* $f(z) := \exp(1/z)$ *em sua expansão em torno da singularidade* $z_0 = 0$ *(pelo Princípio da Conservação das Propriedades Funcionais - PCPF, basta, formalmente, trocar z por* $1/z$ *na expansão em série de potências de* exp *complexo em torno da origem).*

12. Produtórios Complexos

Não vamos aqui desenvolver a teoria dos produtórios complexos, porém, vamos estabelecer um simples exemplo, bastante elucidativo. Mostremos que $\prod_{n=1}^{+\infty}\exp(-z^n/n) = e^{-z}.e^{-z^2/2}.e^{-z^3/3}... = 1 - z, \forall |z| < 1$. *Para isso, relembrando a série gométrica de números complexos, analisada anteriormente no texto, temos que* $\sum_{n=0}^{+\infty} z^n = \dfrac{1}{1-z}, \forall |z| < 1 \Rightarrow \int \dfrac{1}{1-z}dz = -\log(1-z) = \int \sum_{n=0}^{+\infty} z^n dz = \sum_{n=0}^{+\infty}\int z^n dz = \sum_{n=0}^{+\infty}\dfrac{z^{n+1}}{n+1} = \sum_{n=1}^{+\infty}\dfrac{z^n}{n}, \forall |z| < 1 \Rightarrow \log(1-z) = -\sum_{n=1}^{+\infty}\dfrac{z^n}{n} = -z - z^2/2 - z^3/3 - ..., \forall |z| < 1 \Rightarrow \exp(\log(1-z)) = 1 - z = \exp(-\sum_{n=1}^{+\infty} z^n/n) = \exp(-z - z^2/2 - z^3/3 - ...) = e^{-z}.e^{-z^2/2}.e^{-z^3/3}..., \forall |z| < 1 \Rightarrow \prod_{n=1}^{+\infty}\exp(-z^n/n) = e^{-z}.e^{-z^2/2}.e^{-z^3/3}... = 1 - z, \forall |z| < 1.$

CAPÍTULO 4

Elementos de Cálculo Numérico em Variável Complexa

1. O Método de Newton Para o Caso Complexo

Seja $f : X \to \mathbb{C}$ *holomorfa (em* X*, i.e,* $\exists f'(z) = \dfrac{df}{dz}(z), \forall z \in X$*) onde,* $X \subset \mathbb{C}$*, aberto,* $z = x + iy \mapsto f(z) = u(x,y) + iv(x,y)$*,* $u, v : X \to \mathbb{R}$*,* $X \subset \mathbb{R}^2_{\mathbb{R}} \sim \mathbb{C}_{\mathbb{R}}$*,* $(x,y) \mapsto u(x,y)$*,* $(x,y) \mapsto v(x,y)$*,* $u = Re(f), v = Im(f)$*. Conhecemos o método de Newton para o caso de funções reais de uma única variável real. Para "transportar" o método para o caso complexo, vamos usar o Princípio da Conservação das Propriedades Funcionais (PCPF). Para isso, formalmente, definimos para uma função* f *como acima, o seguinte método iterativo (algoritmo):*

$$z_{n+1} := z_n - \frac{f(z_n)}{f'(z_n)}, \forall n \in A := \{n \in \mathbb{N}; f'(z_n) \neq 0\}$$

e, de acordo com o PCPF, o método também vai funcionar no caso de funções complexas de uma única variável complexa, já que vale no caso real e o PCPF garante que as propriedades inerentes (intrínsecas) envolvendo o aspecto funcional (ou seja, aspectos de funções) deste caso real é transportado ao caso complexo. Assim, as propriedades e resultados oriundos do método de Newton para o caso real se mantém intactos para o caso complexo (mas, propriedades adicionais podem surgir, pois o caso complexo é mais geral). Como um todo, o método de Newton para o caso complexo nos ajudará a encontrar raízes (complexas) de equações do tipo $f(z) = 0$*, onde* f *é uma função complexa de uma única variável complexa, holomorfa. Vamos obter uma fórmula para* z_{n+1} *em função das variáveis reais* x, y *(e também das funções* u, v *e de suas derivadas parciais com relação à variável* x*,* $\frac{\partial u}{\partial x}, \frac{\partial v}{\partial x}$*). Para facilitar os cálculos, vamos definir uma simbologia (apenas para a realização das contas, pois essa simbologia não será usada posteriormente). Sendo*

$$z_{n+1} = x_{n+1} + iy_{n+1} \quad , \quad z_n = x_n + iy_n,$$

$$f(z_n) = u(x_n, y_n) + iv(x_n, y_n) \quad , \quad f'(z) = \tfrac{\partial u}{\partial x}(x_n, y_n) + i\tfrac{\partial v}{\partial x}(x_n, y_n),$$

definimos

$$u(x_n, y_n) := u_n \quad , \quad v(x_n, y_n) := v_n,$$

$$\tfrac{\partial u}{\partial x}(x_n, y_n) := \widetilde{u}_n \quad , \quad \tfrac{\partial v}{\partial x}(x_n, y_n) := \widetilde{v}_n.$$

Temos: $z_{n+1} := z_n - \dfrac{f(z_n)}{f'(z_n)} = \dfrac{z_n f'(z_n) - f(z_n)}{f'(z_n)} = \ldots.$

Sugerimos aos leitores a usarem as simplificações como as mostradas acima e efetuarem todos os cálculos. Assim, temos uma fórmula explícita para o método de Newton complexo em função das partes real e imaginária da função, bem como de suas primeiras derivadas parciais.

$$z_{n+1}.[(\frac{\partial u}{\partial x}(x_n,y_n))^2+(\frac{\partial v}{\partial x}(x_n,y_n))^2]=$$
$$[\frac{\partial u}{\partial x}(x_n,y_n)(x_n\frac{\partial u}{\partial x}(x_n,y_n)-y_n\frac{\partial v}{\partial x}(x_n,y_n)-u(x_n,y_n))+\frac{\partial v}{\partial x}(x_n,y_n)(x_n\frac{\partial v}{\partial x}(x_n,y_n)+y_n\frac{\partial u}{\partial x}(x_n,y_n)-v(x_n,y_n))]+$$
$$i[\frac{\partial u}{\partial x}(x_n,y_n)(x_n\frac{\partial v}{\partial x}(x_n,y_n)+y_n\frac{\partial u}{\partial x}(x_n,y_n)-v(x_n,y_n))-(\frac{\partial v}{\partial x}(x_n,y_n)(x_n\frac{\partial u}{\partial x}(x_n,y_n)-y_n\frac{\partial v}{\partial x}(x_n,y_n)-u(x_n,y_n))].$$

2. O Método de Newton Para Espaços de Banach

Vimos, anteriormente, o método de Newton para os casos real e complexo. Esse método pode ser estudado em "ambientes mais gerais" como os "espaços de Banach"[1]*, por exemplo. Vamos, a seguir, enunciar dois resultados válidos em espaços de Banach que podem ser chamados de "o método de Newton para espaços de Banach" cuja demonstração pode ser encontrada no livro Real Analysis de Serge Lang, publicado pela editora Addison-Wesley, na página 139. Assim como nos casos real e complexo, esse método tem o propósito de encontrar raízes de equações envolvendo aplicações (funções) em espaços de Banach.*

Teorema 4.1. *(Método de Newton para espaços de Banach.) Seja E um espaço de Banach. Seja $B_r(x_0) \subset E$ uma bola de raio $r > 0$ de centro em algum ponto $x_0 \in E$. Seja $f : B_r(x_0) \to E$ uma aplicação de classe C^2, e assuma que a derivada segunda da função f, f'', seja limitada (no sentido de transformação linear) por algum número real $C \geq 1$ na bola $B_r(x_0)$. Assuma, também, que a derivada da função f em um ponto $x \in B_r(x_0)$ qualquer, $f'(x)$, seja inversível (i.e, para cada $x \in B_r(x_0)$ a aplicação linear $f'(x) : E \to E$ é bijetora) e que sua função inversa $(f'(x))^{-1} : E \to E$ satisfaça a condição $|(f'(x))^{-1}| \leq C$, $\forall x \in B_r(x_0)$. Então, $\exists \delta = \delta(C)$ dependendo somente de $C \geq 1$; se $|f(x_0)| \leq \delta \Rightarrow$ que a sequência $\{x_n\}_{n\in\mathbb{N}}$ definida recursivamente por*

$$x_{n+1} := x_n - (f'(x_n))^{-1}f(x_n)$$

é tal que $x_n \in B_r(x_0)$, $\forall n \in \mathbb{N}$ e converge para um elemento x; $f(x) = 0$.

Vamos a seguir apresentar a "ideia" da demonstração desse fato.

Demonstração. Devemos mostrar que

$$|x_{n+1} - x_n| \leq C|f(x_n)|, \ \forall n \in \mathbb{N} \text{ e que } |f(x_{n+1})| \leq |x_{n+1} - x_n|^2 C, \ \forall n \in \mathbb{N}$$

e, portanto,

$$|f(x_n)| \leq C^{3(2^0+2^1+\ldots+2^n)}\delta^{2^n} = C^{3(1+2+\ldots+2^n)}\delta^{2^n}, \ \forall n \in \mathbb{N} \text{ e que}$$
$$|x_{n+1} - x_n| \leq CC^{3(2^0+2^1+2^2+\ldots+2^n)}\delta^{2^n} = CC^{3(1+2+4+\ldots+2^n)}\delta^{2^n}, \ \forall n \in \mathbb{N}.$$

[1]Um espaço de Banach (em homenagem ao matemático polonês Stefan Banach, 1892-1945) é um espaço vetorial normado que é completo em relação a essa norma, i.e, um espaço vetorial onde se tem definida uma norma de tal modo que toda sequência de Cauchy (em homenagem ao matemático francês Augustin-Louis Cauchy, 1789-1857) seja convergente com relação à esta norma.

Este último fato significa que a sequência $\{x_n\}_{n\in\mathbb{N}} \subset E$ é uma sequência de Cauchy e, como E é um espaço de Banach $\exists \lim_{n\to\infty} x_n = \widetilde{x} \in E$. Mais do que isso, combinado com os itens anteriores, segue que o elemento $\widetilde{x}$ é solução da equação $f(x) = 0$, i.e, $f(\widetilde{x}) = 0$. □

Podemos "extrair" um corolário desse teorema que, na prática, tem muitas aplicações no "cálculo diferencial em espaços de Banach", principalmente na resolução de equações (em particular, na alternativa de Fredholm):

Corolário 4.1. *(Aplicação do Método de Newton Para Espaços de Banach.) Seja E um espaço de Banach e $E \subset U$ um subconjunto. Suponha que a função (qualquer) $f : U \to E$ é de classe C^2 e que para algum ponto $x_0 \in U$ tenha-se que $f(x_0) = 0$ e que $f'(x_0)$ (como operador linear) seja inversível. Então, para y suficientemente próximo do vetor nulo, 0, $\exists$ x próximo de x_0 de tal forma que $f(x) = y$.*

Demonstração. Para provar este corolário devemos aplicar o método de Newton para Espaços de Banach à função $g : U \to E$, dada por $g(x) := f(x) - y$. □

Observação 4.1. *Assim como no caso real e no caso complexo apresentados anteriormente que o método de Newton pode chegar a convergir com uma "velocidade" de um expoente de 2^n.*

Observação 4.2. *Podemos notar a "presença" do Princípio da Conservação das Propriedades Funcionais (PCPF) no teorema 4.1, pois a fórmula iterativa para o método de Newton no caso real $x_{n+1} := x_n - \dfrac{f(x_n)}{f'(x_n)}$, além de se "conservar" para o caso complexo, onde $z_{n+1} := z_n - \dfrac{f(z_n)}{f'(z_n)}$, também se "conserva" para o caso em espaços mais gerais, como os espaços de Banach ($\mathbb{R}$ e $\mathbb{C}$ são espaços de Banach com a "métrica natural" que mede a distância entre dois pontos na reta ou no plano - real ou complexo, dependendo do modo de "como for visto"), onde a fórmula é dada por $x_{n+1} = x_n - (f'(x_n))^{-1} f(x_n)$, onde agora ao invés de "$(f'(x_n))^{-1} f(x_n)$" denotar o quociente entre números reais ou complexos como em "$\dfrac{f(x_n)}{f'(x_n)}$" ou em "$\dfrac{f(z_n)}{f'(z_n)}$", agora denota a composição entre as funções $f'(x_n)$ (derivada do operador $f : U \to E$ no ponto x_n, $n \in \mathbb{N}$ vista como transformação linear) e o operador $f : U \to E$ no ponto x_n, $n \in \mathbb{N}$, $f(x_n)$, que é dado por $(f'(x_n))^{-1} f(x_n) = (f'(x_n))^{-1} \circ f(x_n)$. A fórmula para o caso em espaços de Banach agora seria então $x_{n+1} = x_n - (f'(x_n))^{-1} \circ f(x_n)$. Também, notamos que, as mesmas condições sobre a função f devem ser satisfeitas, como ser de classe C^2 e com derivada não nula nos pontos x_n (o que equivale a dizer que, para cada $n \in \mathbb{N}$ a aplicação $f'(x_n)$ seja inversível como operador linear, i.e, que $\exists (f'(x_n))^{-1}$.)*

3. O Ponto Fixo da Exponencial Complexa

Consideremos a função exponencial complexa $\exp : \mathbb{C} \to \mathbb{C}$, $z = x + iy \mapsto e^z = e^{x+iy} := e^x e^{iy} = e^x \cos(y) + ie^x \operatorname{sen}(y)$. *Vimos pelo exemplo 2.8 que a função exponencial não tem ponto fixo.*

Já a exponencial complexa tem um ponto fixo (justificativa pelo teorema de Rouché da análise complexa para um disco de centro no ponto $z_0 = 1 + i$ *e raio igual a 1). Nesse mesmo exemplo 2.8 vimos que o fato de a exponencial complexa ter um ponto fixo implica que sendo, em um ramo ou ramal, o logaritmo complexo sua inversa, então ele terá esse ponto fixo em comum com a exponencial complexa. Mais do que isso, vimos que se uma função tem um ponto fixo e ela é inversível, então a inversa tem em comum esse ponto fixo. Nos resta agora exibir o ponto fixo da exponencial complexa. Consideramos a função* $f(z) := e^z - z$, *para* $z = x + iy \in \mathbb{C}$. *Usando o método de Newton para o caso complexo:* $z_{n+1} = z_n - \dfrac{f(z_n)}{f'(z_n)} = z_n - \dfrac{(e^{z_n} - z_n)}{e^{z_n} - 1} = \dfrac{e^{z_n}(z_n - 1)}{e^{z_n} - 1}$. *Tomamos* $z_1 = 1 + i \in \mathbb{C} \Rightarrow |z_1| = |1 + i| = \sqrt{2}$, *de modo que o número complexo* z_1 *está na parte exterior ao círculo de centro na origem e raio 1 e, assim, evitamos eventuais instabilidades do método, pois caso contrário, o módulo do denominador do quociente* $\dfrac{e^{z_n}(z_n - 1)}{e^{z_n} - 1}$, $|e^{z_n} - 1|$, *seria relativamente próximo de zero, 0. Assim, depois de fazer as contas (sugerimos que os leitores as façam) vamos obter que* $z_2 = 0,4218 + i1,0858 \in \mathbb{C} \Rightarrow z_3 = 0,2794 + i1,3305 \Rightarrow z_4 = 0,3188 + i1,3367$. *Tomamos o número complexo* $z_4 = 0,3188 + i1,3367 \in \mathbb{C}$ *como uma aproximação para o ponto fixo da exponencial complexa, pois sendo* $f(z) = e^z - z \Rightarrow f(z_4) = e^{z_4} - z_4 \approx 0,0001 + i.0,0011 \Rightarrow |f(z_4)| \approx 0,0011 \approx 0$. *Portanto,* $\exp(z_4) = \exp(0,3188 + i1,3367) \approx z_4 = 0,3188 + i1,3367 \in \mathbb{C}$.

4. O Ponto Fixo da Exponencial Matricial Complexa

Consideremos a função exponencial matricial complexa, i.e, a função que a cada matriz A quadrada de ordem igual a n associa a série de potências de A dada por $\sum_{n=0}^{+\infty} \dfrac{A^n}{n!}$, *cuja convergência é estabelecida pelo Princípio da Conservação das Propriedades Funcionais (PCPF), pois como vimos no texto, a propriedade de que* $|\exp(z)| \leq \exp(|z|), \forall z \in \mathbb{C}$ *vale para matrizes, i.e,* $\|\exp(A)\| \leq \exp(\|A\|), \forall A \in M(nxn; \mathbb{C})$, *na norma de operador linear, vendo uma matriz com a representação de um operador em uma dada base. Pode-se mostrar que toda matriz quadrada de qualquer ordem possui uma exponencial, e sendo o determinante da exponencial de uma matriz igual a exponencial do traço dessa matriz, i.e,* $\det(\exp(A)) = \exp(Tr(A)) \neq 0$, *então toda exponencial de matriz é inversível, já que a função exponencial (tanto a real quanto a complexa) nunca se anula. Dito isso, uma matriz tem um logaritmo se, e só se, é inversível (i.e, seu determinante é não nulo) e na norma de operador linear essa matriz está suficientemente próxima da matriz identidade. Uma pergunta que surge agora é a seguinte: A função exponencial matricial real tem ponto fixo? E a complexa? Consideremos a matriz diagonal dada por*

$$A(z, w) := \begin{pmatrix} z & 0 \\ 0 & w \end{pmatrix}.$$

Como as potências sucessivas de $A = A(z, w)$ *satisfazem*

$$A^n(z,w) := \begin{pmatrix} z^n & 0 \\ 0 & w^n \end{pmatrix},$$

qualquer que seja $n \in \mathbb{N}$, *então a exponencial da matriz* $A(z,w)$ *é dada por*

$$\exp(A(z,w)) := \begin{pmatrix} e^z & 0 \\ 0 & e^w \end{pmatrix}.$$

Pensando em termos de ponto fixo, podemos notar que $\exp(A(z,w)) = A(z,w)$ *se, e só se,*

$$\begin{pmatrix} e^z & 0 \\ 0 & e^w \end{pmatrix} = \begin{pmatrix} z & 0 \\ 0 & w \end{pmatrix}.$$

Assim, somos levados as equações $e^z = z$ *e* $e^w = w$ *que possuem soluções em* $\mathbb{C}$, *mas não em* $\mathbb{R}$. *Assim, se ambos* z *e* w *forem iguais ao ponto fixo da exponencial complexa, digamos,* $z_0 \approx 0,3188 + i1,3367$, *então a matriz*

$$A(z_0, z_0) = \exp(A(z_0, z_0)) = \begin{pmatrix} z_0 & 0 \\ 0 & z_0 \end{pmatrix} = \begin{pmatrix} \exp(z_0) & 0 \\ 0 & \exp(z_0) \end{pmatrix}$$

é um ponto fixo da função exponencial matricial complexa. Nesse caso, a exponencial matricial real não possui pontos fixos reais. Em nosso exemplo, fizemos o caso $n = 2$, *mas se a matriz tiver ordem igual a* $n \in \mathbb{N}$ *podemos tomar a matriz diagonal onde os elementos da diagonal principal são exatamente o ponto fixo da exponencial complexa e sendo os demais elementos nulos, de modo que ela será ponto fixo da exponencial matricial complexa de ordem igual a* n.

Uma pergunda que surge é: a função exponencial matricial complexa possui outros pontos fixos?

Como uma curiosidade podemos, por exemplo, calcular a matriz "arcotangente" de uma matriz quadrada qualquer. De fato, a série que representa a função arcotangente é dada por $\arctan(x) := \sum_{n=0}^{+\infty} \frac{(-1)^n x^{2n+1}}{2n+1}$, $\forall |x| \leq 1$ *e, assim, para matrizes inversíveis e próximas da matriz identidade, definimos que a matriz "arcotangente" é dada por* $\arctan(A) := \sum_{n=0}^{+\infty} \frac{(-1)^n A^{2n+1}}{2n+1}$. *Sugerimos aos leitores escolherem uma matriz conveniente, i.e, quadrada, inversível e com norma menor do que* 1, *e calcular explicitamente a sua matriz arcotangente.*

Algo interessante, nesse sentido, é que podemos calcular a exponencial de qualquer operador linear em $\mathbb{R}^n$ *ou* $\mathbb{C}^n$, *pois podemos tomar suas representações matriciais. Além disso, do que foi dito acima, qualquer operador linear* T *em* $\mathbb{R}^n$ *ou em* $\mathbb{C}^n$ *tem um operador arcotangente se ele for inversível e com norma menor do que* 1, *i.e, se* $\exists T^{-1}$ *e* $||T|| < 1$. *Como um exercício deixado para ser resolvido pelos leitores, usando técnicas de diagonalização de operadores lineares aprendido na Álgebra Linear, calcule o operador exponencial do operador linear* $T : \mathbb{R}^2 \to \mathbb{R}^2$ *dado por* $T(x, y) := (x + 4y, -5x + 10y)$. *Além disso, dê um exemplo de operador inversível com norma menor do que* 1 *e encontre seu operador arcotangente.*

CAPÍTULO 5

Exercícios, Teoria de Grupos e Transformações de Möbius

Os exercícios a seguir têm a função de revisar e complementar alguns dos tópicos estudados nesse livro.

Exercício 1) Considere a função complexa de uma única variável complexa $p : \mathbb{C} \to \mathbb{C}$, $z \mapsto p(z) := z^4 + 6z^2 + z + 6$. *Assim, pede-se: Determine todos os pontos fixos da função* p, *i.e, determine todas as raízes da equação* $p(z) = z^4 + 6z^2 + z + 6 = z$.

Exercício 2) Considere a função real de uma única variável real $f : \mathbb{R} \to \mathbb{R}$, $x \mapsto f(x) := 6^x - 11$. *Veja exemplos semelhantes do capítulo 2. Usando a função* f, *que é uma função contínua* $\forall x \in \mathbb{R}$, *determine o número mínimo de etapas do método da bissecção para se encontrar um valor aproximado para o número real* $\log_6(11) \in \mathbb{R}$, *o qual é (a única) raiz da equação* $f(x) = 6^x - 11 = 0$, *com um erro* $< 6.10^{-26}$. *Para isso, mostre que a equação* $f(x) = 6^x - 11 = 0$ *possui uma única raiz no intervalo aberto* $(1, 2)$ *(na verdade, uma única raiz em toda a reta real* $\mathbb{R}$*). Ainda, determine explicitamente uma aproximação para o número real* $\log_6(11) \in \mathbb{R}$, *a partir da equação* $f(x) = 6^x - 11 = 0$, *realizando 3 passos pelo método da bissecção.*

Exercício 3) Considere a função real de uma única variável real $f : \mathbb{R} \to \mathbb{R}$, $x \mapsto f(x) := x^j - a$, *onde* $a > 0$ *é uma constante real positiva qualquer e* $j \in \mathbb{N}$ *é um número natural fixado. Usamos a equação* $f(x) = x^j - a = 0$ *para se encontrar uma aproximação da raiz j-ésima* $\sqrt[n]{j} \in \mathbb{R}$ *do número real positivo* $a > 0$. *Assim, pede-se: Encontre a função de Newton* ϕ_f *para a função* f *e determine a expressão* x_{n+1} *que dá a aproximação* $n + 1$ *pelo método de Newton para a única raiz real da equação* $f(x) = x^j - a = 0$. *Além disso, mostre que* $\phi_f(\sqrt[j]{a}) = \sqrt[j]{a}$ *e interprete esse fato em termos de ponto fixo.*

Exercício 4) Considere o número complexo $\sqrt{6} + \sqrt{6}i \in \mathbb{C}$. *Pede-se:*

a) Determine o menor número natural $n_1 \in \mathbb{N}$ *de tal modo que o número* $z^{n_1} = (\sqrt{6} + \sqrt{6}i)^{n_1} \in \mathbb{R}$ *seja um número real. Além disso, para esse valor de* $n_1 \in \mathbb{N}$, *determine explicitamente o número real* $z^{n_1} \in \mathbb{R}$.

b) Determine o menor número natural $n_2 \in \mathbb{N}$ *de tal modo que o número* $z^{n_2} = (\sqrt{6} + \sqrt{6}i)^{n_2} \in \mathbb{C}$ *seja um número complexo imaginário puro, i.e, um número complexo da forma* $z = bi$, *ou seja,* $Re(z) = 0$. *Além disso, para esse valor de* $n_2 \in \mathbb{N}$, *determine explicitamente o número complexo imaginário puro* $z^{n_2} \in \mathbb{C}$.

Exercício 5) *Considere o número complexo* $z = 1 + i \in \mathbb{C}$. *Determine o conjunto de suas raízes cúbicas, i.e, os* 3 *possíveis valores complexos de* $\sqrt[3]{1+i}$, *ou seja, os* 3 *números complexos* $w_1, w_2, w_3 \in \mathbb{C}$; $w_1^3 = w_2^3 = w_3^3 = 1 + i$. *Para isso, utilize as seguintes igualdades da teoria da trigonometria circular plana:* $sen\left(\frac{3\pi}{4}\right) = \frac{\sqrt{2}}{2}$, $\cos\left(\frac{3\pi}{4}\right) = \frac{-\sqrt{2}}{2}$, $sen\left(\frac{\pi}{12}\right) = \frac{\sqrt{6}-\sqrt{2}}{4}$, $\cos\left(\frac{\pi}{12}\right) = \frac{\sqrt{6}+\sqrt{2}}{4}$, $sen\left(\frac{17\pi}{12}\right) = \frac{-\left(\sqrt{6}+\sqrt{2}\right)}{4}$ *e* $\cos\left(\frac{17\pi}{12}\right) = \frac{\sqrt{2}-\sqrt{6}}{4}$.

Exercício 6) *Resolva os itens abaixo:*

a) Considere a fórmula de Euler, que é a função complexa de uma única variável real $f : \mathbb{R} \to \mathbb{C}$, $t \mapsto f(t) = e^{it} := \cos(t) + i\,sen(t)$. *A partir disso, determine a forma exponencial do número complexo* $6 + 11i \in \mathbb{C}$.

b) Considere a função exponencial complexa, que é a função complexa de uma única variável complexa $\exp : \mathbb{C} \to \mathbb{C}$, $\mapsto e^z = e^{x+iy} := e^x.e^{iy} = e^x(\cos(y) + i\,sen(y))$. *A partir disso, determine o valor de* $\exp\left(\frac{36+\pi i}{6}\right)$.

c) Considere a função complexa de uma única variável complexa $f : \mathbb{C} \to \mathbb{C}$, $z \mapsto f(z) := z^3$, *que é uma função polinomial de grau* 3 *na variável complexa* $z = x + iy$. *Pede-se: Determine suas partes real e imaginária, i.e, determine as funções reais de duas variáveis reais* $u, v : \mathbb{R}^2 \to \mathbb{R}$, $(x,y) \mapsto u(x,y) = Re(f(z))$ *e* $(x,y) \mapsto v(x,y) = Im(f(z))$. *Determine também o valor numérico de* $u(5,4)$ *e* $v(6,5)$.

Exercício 7) *Seja* $Hol(f;\mathbb{C}) := \{f : \mathbb{C} \to \mathbb{C}; f \in Hol(\mathbb{C})\}$ *o espaço vetorial constituído pelas funções definidas e holomorfas em todo o plano complexo* $\mathbb{C}$, *ou seja, o espaço das funções inteiras. Defina a função* $T : Hol(f;\mathbb{C}) \to \mathbb{C}$ *dada por* $T(f) := f(0)$. *Pede-se:*

a) Mostre que T é $\mathbb{C}$-linear.

b) Calcule o valor de T para $f : \mathbb{C} \to \mathbb{C}$ dada por $f(z) := e^z + z^2 + 7z + 6$.

c) Encontre $f \in Hol(f;\mathbb{C})$ de tal forma que $T(f) = \pi i$.

d) Mostre que T é sobrejetiva.

e) Mostre que T não é injetiva.

Elementos de Teoria de Grupos

No item 2) do teorema 3.8, vimos que a exponencial complexa é um homomorfismo entre o grupo aditivo dos números complexos $(\mathbb{C}, +)$ e o grupo multiplicativo dos números complexos não nulos $(\mathbb{C}/\{0\}, .)$, já que a exponencial complexa $\exp : \mathbb{C} \to \mathbb{C},\ z \mapsto e^z = e^{x+iy} := e^x.e^{iy} = e^x(\cos(y) + i\,sen(y))$ *satisfaz a condição de que $e^{z+w} = e^z e^w$, $\forall z, w \in \mathbb{C}$. Neste tópico, vamos definir o conceito de grupo, homomorfismos entre grupos e dar alguns exemplos concretos de grupos e homomorfimos entre eles.*

Definição 5.1. *Um grupo é um conjunto qualquer G munido de uma operação (também chamada de regra ou lei de composição interna) que a cada par de elementos quaisquer $x, y \in G$ associa um (único) elemento de G, indicado por $x + y$ se o grupo for o que chamamos de grupo aditivo ou indicado por $x.y$ se o grupo for o que chamamos de grupo multiplicativo, ou $x \circ y$ se o grupo for o que chamamos de grupo compositivo, onde se verificam as seguintes propriedades (ou também chamados de axiomas de grupo):*

(1) *(Associatividade). $(x+y)+z = x+(y+z)$, $\forall x, y, z \in G$ se o grupo for aditivo e $(x.y).z = x.(y.z)$, $\forall x, y, z \in G$ se o grupo for multiplicativo.*

(2) *(Existência de Elemento Neutro). $\exists!\ 0 \in G;\ 0 + x = x + 0$, $\forall x \in G$ se o grupo for aditivo e $\exists!\ e \in G;\ e.x = x.e$, $\forall x \in G$ se o grupo for multiplicativo.*

(3) *(Existência de Elemento Inverso). $\forall x \in G, \exists! y \in G;\ x + y = y + x = 0$ se o grupo for aditivo e $\forall x \in G, \exists! y \in G;\ x.y = y.x = e$ se o grupo for multiplicativo.*

Denotamos um grupo aditivo como sendo o par ordenado $(G, +)$ *e denotamos um grupo multiplicativo como sendo o par ordenado* $(G, .)$. *Dessa forma, por exemplo, mantendo o conjunto G fixo e "variando" as operações "+" e "." (e mesmo a operação "$\circ$"), obtemos diferentes grupos. As operações aditiva e multiplicativa são operações binárias do conjunto G, i.e,* $+ : G \times G \to G$ *e* $. : G \times G \to G$ *que são fechadas, ou seja, a soma e a multiplicação de elementos de G ainda é um elemento de G (assim, dizemos que essa operação é uma operação "fechada" nesse grupo). Quando trabalhamos com conjuntos numéricos, essas operações são comutativas, i.e,* $x.y = y.x$, $x + y = y + x$, $\forall x, y \in A$, *onde A é um conjunto numérico (podemos pensar em* $\mathbb{Q}, \mathbb{R}$ *ou* $\mathbb{C}$*). Quando para um grupo aditivo* $(G, +)$ *ou um grupo multiplicativo* $(G, .)$ *as operações de soma e multiplicação forem comutativas, vamos dizer que os grupos são abelianos (ou também chamados de grupos comutativos). Como podemos notar, a noção de grupo é uma generalização da estrutura de conjunto numérico relativa a algumas propriedades álgebricas de suas operações usuais. Vamos denotar o (único) inverso aditivo de um elemento* $x \in (G, +)$ *por* $y = -x$ *e denotar o (único) inverso multiplicativo de um elemento* $x \in (G, .)$ *por* $y = x^{-1}$.

Vamos, a seguir, dar alguns exemplos de grupos.

Exemplo 5.1. *O conjunto dos números complexos* $\mathbb{C}$ *munido com a operação de soma de números complexos, i.e, a operação binária* $+ : \mathbb{C} \times \mathbb{C} \to \mathbb{C}$, $(z, w) \mapsto f(z, w) := z + w$, *denotado por* $(\mathbb{C}, +)$, *é um grupo aditivo abeliano e o conjunto dos números complexos não nulos,* $\mathbb{C}/\{0\}$, *munido com a operação de multiplicação de números complexos não nulos, i.e, a operação binária* $. : \mathbb{C}/\{0\} \times \mathbb{C}/\{0\} \to \mathbb{C}/\{0\}$, $(z, w) \mapsto g(z, w) := z.w$, *denotado por* $(\mathbb{C}/\{0\}, .)$, *é um grupo multiplicativo abeliano. De fato, por definição, a soma e a multplicação de números complexos ainda são números complexos, pois sendo* $z = x_1 + iy_1$, $w = x_2 + iy_2 \in \mathbb{C}$, *então* $z + w := (x_1 + y_1) + i(y_1 + y_2)$, $z.w := (x_1x_2 - y_1y_2) + i(x_1y_2 + y_1x_2) \in \mathbb{C}$. *Logo, as operações de soma e multiplicação de números complexos são operações fechadas. Além disso, tanto a soma quanto a multiplicação de números complexos são operações associativas e comutativas, i.e,* $(z_1 + z_2) + z_3 = z_1 + (z_2 + z_3)$, $(z_1.z_2).z_3 = z_1.(z_2.z_3)$, $\forall z_1, z_2, z_3 \in \mathbb{C}$ *e* $z + w = w + z$, $z.w = w.z$, $\forall z, w \in \mathbb{C}$. *O elemento neutro do grupo aditivo dos números complexos* $(\mathbb{C}, +)$ *é o número complexo nulo* $z = 0 + i0$, *o qual podemos identificar com o número zero, 0, que satisfaz a condição de que* $z + 0 = x_1 + iy_1 + 0 + i0 = (x_1 + 0) + i(y_1 + 0) = x_1 + iy_1 = z$, $\forall z \in \mathbb{C}$. *O elemento neutro do grupo multiplicativo dos números complexos não nulos* $(\mathbb{C}/\{0\}, .)$ *é o número complexo puramente real* $1 + i0$, *o qual podemos identificar com o número 1, que satisfaz a condição de que* $z.1 = (x_1+iy_1).(1+i0) = (x_1.1-1.y_1.0)+i(x_1.0+y_1.1) = (x_1-0)+i(0+y_1) = x_1+iy_1 = z$, $\forall z \in \mathbb{C}/\{0\}$. *Dado um número complexo* $z = x + iy \in \mathbb{C}$ *qualquer o (único) elemento inverso de z no grupo aditivo dos números complexos* $(\mathbb{C}, +)$ *é o simétrico aditivo de z, dado por* $-z = -(x + iy) = (-x + i(-y)) \in \mathbb{C}$, *pois* $z + (-z) = x + iy + ((-x) + i(-y)) = x + iy - (x + iy) = x + iy + (-x - iy) = x + iy - x - iy = (x-x)+i(y-y) = 0+i0 = 0$, $\forall z \in \mathbb{C}$. *Agora, dado um número complexo não nulo* $z = x+iy \in \mathbb{C}/\{0\}$ *qualquer o (único) elemento inverso de* z *no grupo multiplicativo dos números complexos não nulos* $(\mathbb{C}/\{0\}, .)$ *é o número complexo não nulo dado por* $z^{-1} = \frac{1}{z} = \frac{\overline{z}}{|z|^2} = \frac{x - iy}{x^2 + y^2}$. *De fato,* $z.z^{-1} = z.\frac{\overline{z}}{|z|^2} = \frac{z.\overline{z}}{|z|^2} = \frac{|z|^2}{|z|^2} = 1$, *já que* $z.\overline{z} = |z|^2$, $\forall z \in \mathbb{C}$. *Dessa forma,* $(\mathbb{C}, +)$ *e* $(\mathbb{C}/\{0\}, .)$ *são grupos abelianos.*

Observação 5.1. *Analogamente ao caso complexo (por restrição), o conjunto dos números reais* $\mathbb{R}$ *munido com a operação (binária) de soma de números reais* $+ : \mathbb{R} \longrightarrow \mathbb{R}$, $(x, y) \mapsto x + y$, $(\mathbb{R}, +)$ *é um grupo aditivo abeliano e o conjunto dos números reais não nulos* $\mathbb{R}/\{0\}$ *munido com a operação (binária) de multiplicação de números reais* $. : \mathbb{R}/\{0\} \longrightarrow \mathbb{R}/\{0\}$, $(x, y) \mapsto x.y$, $(\mathbb{R}/\{0\}, .)$ *é um grupo multiplicativo abeliano. Além disso, podemos identificar um número complexo* $x+i0 \in \mathbb{C}$ *com o número real* $x \in \mathbb{R}$ *via o homomorfismo sobrejetor (mas não injetor)* $H : \mathbb{C} \longrightarrow \mathbb{R}, \mathbb{C} \ni x+i0 \mapsto H(x + i0) := x \in \mathbb{R}$.

Exemplo 5.2. *(Exemplo de um grupo de Klein). Um grupo de Klein é qualquer grupo de ordem igual a 4, i.e, um grupo constituído por quatro elementos. Um exemplo de grupo de Klein é o seguinte: Seja* $A := \{1, -1, i, -i\} \subseteq \mathbb{C}$, *i.e, o conjunto constituído pelos quatro números complexos (distintos)* $1, -1, i, -i \in \mathbb{C}$. *Vamos considerar a operação de multiplicação entre números complexos* $. : \mathbb{C}\times\mathbb{C} \longrightarrow \mathbb{C}$ *para o conjunto* $A \subseteq \mathbb{C}$ *(i.e, vamos considerar a restrição dessa operação ao conjunto* A, $\cdot_{|A} : A \times A \longrightarrow A$*). Vamos mostrar que o conjunto* $A \subseteq \mathbb{C}$ *munido da operação de multiplicação entre números complexos (de* A*) é um grupo, que vamos denotar por* $(A, .)$. *Para isso devemos mostrar que:*

(1) A operação de multiplicação "." está bem definida (em A*), i.e, ela é fechada em* A*, ou seja,* $z_1.z_2 \in A$, $\forall z_1, z_2 \in A$.

(2) A operação de multiplicação "." é associativa em A*, i.e,* $z_1.(z_2.z_3) = (z_1.z_2).z_3$, $\forall z_1, z_2, z_3 \in A$.

(3) Existência de elemento neutro (multiplicativo) em A*, i.e,* $\exists!\ e \in A;\ z.e = e.z = z$, $\forall z \in A$.

(4) Existência do elemento inverso (multiplicativo) para cada elemento de A*, i.e,* $\forall z \in A$, $\exists!\ w = z^{-1} \in A;\ z.w = w.z = e$.

(5) A operação de multiplicação "." é comutativa em A*, i.e,* $z_1.z_2 = z_2.z_1$, $\forall z_1, z_2 \in A$.

(6) *O grupo $(A, .)$ é cíclico de ordem igual a 4. Para isto, como A é finito, i.e, contém uma quantidade finita de elementos (no caso quatro elementos distintos), é suficiente verificar que $\forall z \in A$, $\exists n \in \mathbb{N}$; $z^n = e$, ou seja, para cada um dos quatro (distintos) elementos de A, existe uma potência natural $n \in \mathbb{N}$ (não única) do mesmo, igual a identidade $e \in A$.*

Deixamos a cargo dos leitores verificarem estas propriedades.

Vamos agora definir (precisamente) o conceito de homomorfismo entre grupos.

Definição 5.2. *Um homomorfismo entre dois grupos quaisquer $(G_1, +)$ e $(G_2, .)$ é uma função $f : G_1 \longrightarrow G_2$ que satisfaz a condição (ou também chamada de "equação funcional") dada por $f(x_1 + x_2) = f(x_1).f(x_2)$. Isso significa que a função f "preserva" a estrutura de grupo entre $(G_1, +)$ e $(G_2, .)$, i.e, f preserva as operações definidas em cada um dos conjuntos G_1 e G_2.*

A seguir, vamos dar dois exemplos de homomorfismos entre grupos.

Exemplo 5.3. *A função exponencial complexa* $\exp : \mathbb{C} \longrightarrow \mathbb{C}$, $z \longmapsto e^z = e^{x+iy} := e^x e^{iy} = e^x \cos(y) + ie^x\, sen(y)$ *é um homomorfismo entre o grupo aditivo dos números complexos* $(\mathbb{C}, +)$ *e o grupo multiplicativo dos números complexos não nulos* $(\mathbb{C}/\{0\}, .)$*, já que a função* $\exp : (\mathbb{C}, +) \longrightarrow (\mathbb{C}/\{0\}, .)$, $z = x + iy \longmapsto e^z = e^x \cos(y) + ie^x\, sen(y)$ *satisfaz a condição* $e^{z+w} = e^z.e^w$, $\forall z, w \in \mathbb{C}$. *Isso significa que a função exponencial complexa preserva a estrutura de grupo entre* $(\mathbb{C}, +)$ *e* $(\mathbb{C}/\{0\}, .)$.

Observação 5.2. *A função exponencial real* $\exp : \mathbb{R} \longrightarrow \mathbb{R}$, $x \longmapsto e^x$*, vista como a restrição da exponencial complexa ao conjunto dos números reais é um homomorfismo entre o grupo aditivo dos números reais* $(\mathbb{R}, .)$ *e o grupo multiplicativo dos números reais não nulos* $(\mathbb{R}/\{0\}, .)$*, já que a função* $\exp : (\mathbb{R}, +) \longrightarrow (\mathbb{R}/\{0\}, .)$, $x \longmapsto e^x$ *satisfaz a condição* $e^{x+y} = e^x.e^y$, $\forall x, y \in \mathbb{R}$. *Isso significa que a função exponencial real preserva a estrutura de grupo entre* $(\mathbb{R}, +)$ *e* $(\mathbb{R}/\{0\}, .)$.

Exemplo 5.4. *Como visto anteriormente no texto, a função logaritmo real* $\log : (0, \infty) \longrightarrow \mathbb{R}$, $x \longmapsto \log(x)$ *satisfaz a condição (equação funcional)* $\log(a.b) = \log(a) + \log(b)$, $\forall a, b \in (0, \infty)$, *i.e, para todos* $a, b > 0$ *e, portanto, a função logaritmo real* $\log : (\mathbb{R}/\{0\}, .) \longrightarrow (\mathbb{R}, +)$, $x \longmapsto \log(x)$, *é um homomorfismo entre o grupo multiplicativo dos números reais não nulos* $(\mathbb{R}/\{0\}, .)$ *e o grupo aditivo dos números reais* $(\mathbb{R}, +)$. *Esse homomorfismo é, na verdade, um isomorfismo, já que é uma função bijetora e sua inversa é a função* $f : (\mathbb{R}, +) \longrightarrow (\mathbb{R}/\{0\}, .)$, $x \longmapsto f(x) := e^x$, *pois a função exponencial real é uma bijeção entre a reta real* $\mathbb{R}$ *e o intervalo semi-infinito* $(0, \infty)$.

1. Grupo de Transformações de Möbius

Definição 5.3. *Dados números complexos a, b, c, d com $ad - bc \neq 0$, dizemos que uma transformação de Möbius é uma função racional da esfera de Riemann*

$$T : \overline{\mathbb{C}} \mapsto \overline{\mathbb{C}}$$

dada por

$$T(z) = \begin{cases} \frac{az+b}{cz+d}, & \text{se } z \neq -d/c. \\ a/c, & \text{se } z = \infty. \\ \infty, & \text{se } z = -d/c. \end{cases}$$

A condição $ad - bc \neq 0$ é para que T não seja identicamente constante (em particular igual a a/c). Algumas propriedades que tornam essa classe de funções importante são:

(1) Dada uma transformação de Möbius $T(z) = \dfrac{az+b}{cz+d}$ podemos escrevê-la como

$$T(z) = \frac{a}{c} - \frac{(ad - bc)}{c} \frac{1}{cz + d}.$$

Logo, $T = f_4 \circ f_3 \circ f_2 \circ f_1$ onde f_1 e f_4 são as translações $f_1(z) = z + \dfrac{d}{c}$ e $f_4(z) = \dfrac{a}{c} + z$, f_3 é a homotetia $f_3(z) = \dfrac{bc - ad}{c^2} z$ e f_2 é a inversão $f_2(z) = \dfrac{1}{z}$, para $c \neq 0$. Em um caso particular algumas dessas podem se omitir.

(2) Se $T(z) = \frac{az+b}{cz+d}$ é transformação de Möbius então

$$T^{-1}(z) = \frac{b - dz}{cz - a}$$

também é pois $-(ad - bc) \neq 0$. Além disso, se $T_1 = \dfrac{a_1 z + b_1}{c_1 z + d_1}$ e $T_2 = \dfrac{a_2 z + b_2}{c_2 z + d_2}$ são duas transformações de Möbius então

$$T_1 \circ T_2(z) = \frac{(a_1 a_2 + b_1 c_2)z + (a_1 b_2 + b_1 d_2)}{(c_1 a_2 + d_1 c_2)z + (c_1 b_2 + d_1 d_2)}$$

também é pois

$$(a_1 a_2 + b_1 c_2)(c_1 b_2 + d_1 d_2) - (a_1 b_2 + b_1 d_2)(c_1 a_2 + d_1 c_2) = (a_1 d_1 - b_1 c_1)(a_2 d_2 - b_2 c_2) \neq 0.$$

(3) Uma transformação de Möbius transforma retas e círculos em retas e círculos, no sentido de que um círculo pode ser transformado em uma reta e vice-versa, onde um círculo na esfera $\overline{\mathbb{C}}$ passando pelo ponto ∞ corresponde a uma reta no plano $\mathbb{C}$.

Dessa forma, vemos que o conjunto de todas as transformações de Möbius munido com a operação de composição de funções é um grupo não comutativo, pois:

(1) *A composta de duas transformações de Möbius é, ainda, uma transformação de Möbius.*

(2) *Toda transformação de Möbius é inversível (na esfera de Riemann $\overline{\mathbb{C}}$) e sua inversa também é uma transformação de Möbius.*

(3) *A função $f : \overline{\mathbb{C}} \to \overline{\mathbb{C}}$, $z \mapsto f(z) := z$ é uma transformação de Möbius que faz o papel do elemento identidade, já que $f(z) = z = \frac{1.z+0}{0.z+1}$, i.e, tomamos $a = 1$, $b = 0$, $c = 0$ e $d = 1$.*

(4) *O grupo é não comutativo, pois em geral, a composição de funções não é comutativa, e nem mesmo para transformações de Möbius, i.e, em geral, se T_1 e T_2 são transformações de Möbius então $T_1 \circ T_2 \neq T_2 \circ T_1$.*

Resumindo: Uma transformação de Möbius é uma bijeção holomorfa da esfera de Riemann e, portanto, conforme, ou seja, preserva ângulos orientados entre intersecção de curvas. As características principais desse tipo de transformação se baseiam no fato de que ela transforma círculos em círculos, retas em retas, interior de círculos em exterior de círculos e vice-versa, dentre outros. Ela desempenha papéis importantes tanto na matemática quanto na física. Na Análise Funcional ela serve como motivação para se definir (via o Princípio da Conservação das Propriedades Funcionais - PCPF) a transformada de Cayley (veja um dos apêndices) de um operador linear hermitiano, podendo assim se fazer uma analogia (via PCPF) entre os números reais e complexos, com alguns tipos importantes de operadores lineares (este trabalho foi devido à John von Neumann), como operadores lineares unitários, normais, autoadjuntos e positivos.

Para encerrar este tópico, vamos listar algumas propriedades importantes concernentes a grupos. São elas:

(1) *Um grupo multiplicativo $(G, .)$ que satisfaz a condição de que $x^2 = e_G$, $\forall x \in G$ é, necessariamente, um grupo abeliano.*

(2) *Dado um grupo multiplicativo abeliano finito $(G, .)$, então vale que $a^2 = e_G$, onde $a :=$ produto de todos os elementos do grupo .*

(3) *Seja $(G, .)$ um grupo multiplicativo abeliano. Então, a aplicação $f : G \to G$, $G \ni x \mapsto f(x) := x^{-1} \in G$ é um automorfismo de G. Reciprocamente, se $f : G \to G$, $G \ni x \mapsto f(x) := x^{-1} \in G$ é homomorfismo (não necessariamente bijetivo), então $(G, .)$ é um grupo multiplicativo abeliano.*

(4) *Todo grupo G cuja ordem é um número par possui um elemento de período (ordem) igual a 2, pois sempre vai existir um elemento* $x \in G/\{e_G\}$; $x = x^{-1}$.

(5) *Um grupo abeliano é cíclico se, e só se, para todo número primo p que divida a ordem do grupo, existir um, e somente um, subgrupo de ordem igual a p.*

(6) *Seja G um grupo cuja ordem é pq, onde* p, q *são números primos com* $p < q$. *Se ocorrer que* $q \not\equiv 1 \bmod p$, *então G é um grupo cíclico e, portanto, abeliano. Em particular, grupos cuja ordem é* $15, 35, 77, \ldots$ *são cíclicos. Mas se a ordem do grupo for igual a 21, por exemplo, não podemos usar esse resultado.*

(7) *Dado um grupo G;* $|G| \leq 5 \Rightarrow G$ *é um grupo abeliano. De fato,* $|G| = 1 \Rightarrow G = \{e_G\} \Rightarrow G$ *é abeliano, pois* $e_G.e_G = e_G$. *Agora, se* $|G| = 2, 3, 5 \Rightarrow G$ *é abeliano, pois sua ordem é um número primo e, portanto, é um grupo cíclico, e todo grupo cíclico é abeliano. Se* $|G| = 4 \Rightarrow G$ *é abeliano, pois se* $|G| = 4 = 2^2$, *onde* $2 \in \mathbb{N}$ *é um número primo, e sabemos que quando* $|G| = p^2$, *p primo, só* $\exists$*m dois grupos (a menos de isomorfismo) que possuam essa ordem* p^2, *p primo. No caso em que* $|G| = 4 = 2^2$ *esses dois grupos a menos de isomorfismo são ou o grupo multiplicativo cíclico (e, portanto, abeliano) das quatro raízes complexas da unidade real* $1 \in \mathbb{R}$, *que é o grupo* $(G, .)$, $G := \{1, -1, i, -i\} \subsetneq \mathbb{C}$ *ou o grupo de Klein, que é um grupo multiplicativo* $(G, .)$ *constituído por 4 elementos (distintos),* $|G| = 4$, *que satisfaz a seguinte condição:* $x^2 = e_G$, $\forall x \in G \Leftrightarrow x = x^{-1}$, $\forall x \in G$, *i.e, é um grupo de 4 elementos distintos onde todo elemento do grupo é o seu próprio inverso (no sentido multiplicativo). O grupo de Klein não é cíclico pois todo* $x \in G/\{e_G\}$ *tem ordem igual a 2 e 2 não é a ordem de G que é igual a 4. Mas é abeliano, pois como visto acima, todo grupo multiplicativo* $(G, .)$ *que satisfaz a condição de que* $x^2 = e_G$, $\forall x \in G$ *é, necessariamente, um grupo abeliano. Resumindo:* $|G| = p^2$, *p primo* $\Rightarrow \exists!$*m dois grupos não isomorfos com essa ordem a saber: um cíclico e outro abeliano não cíclico.*

(8) *Um grupo escrito multiplicativamente* $(G, .)$; $(x.y)^2 = x^2.y^2$, $\forall x, y \in G$, *é um grupo abeliano, i.e,* $x.y = y.x$, $\forall x, y \in G$ *e, portanto, vale mais geralmente que* $(x.y)^n = x^n.y^n$, $\forall x, y \in G$, $\forall n \in \mathbb{N}$.

(9) *Todo grupo (seja ele aditivo, multiplicativo, compositivo, etc, i.e, não importa a natureza da operação concernente à estrutura de grupo) cíclico de ordem infinito possui exatamente apenas dois geradores. Por exemplo, considere o grupo aditivo constituído pelos*

números inteiros $(\mathbb{Z}, +)$. *Podemos notar que os elementos* -1, $+1 = 1 \in \mathbb{Z}$ *são os geradores do grupo* $(\mathbb{Z}, +)$. *De fato, qualquer elemento estritamente positivo de* $(\mathbb{Z}, +)$, *i.e, qualquer número inteiro positivo* $r \in \mathbb{Z}^+$ *pode ser escrito como* $r = \underbrace{1 + 1 + ... + 1}_{r-1 \text{ vezes}}$. *Por exemplo, o elemento estritamente positivo* $7755 \in \mathbb{Z}^+$ *pode ser escrito como* $7755 = \underbrace{1 + 1 + ... + 1}_{7755-1=7754 \text{ vezes}}$. *De maneira inteiramente analógica, qualquer elemento estritamente negativo de* $(\mathbb{Z}, +)$, *i.e, qualquer número inteiro negativo* $s \in \mathbb{Z}^-$ *pode ser escrito como* $s = \underbrace{-1 + (-1) + ... + (-1)}_{|s-1| \text{ vezes}}$. *Por exemplo, o elemento estritamente negativo* $-10 \in \mathbb{Z}^-$ *pode ser escrito como* $-10 = \underbrace{-1 + (-1) + ... + (-1)}_{|-10+1|=|-9|=9 \text{ vezes}}$.

(10) Considere o conjunto das raízes n-ésimas da unidade real $1 = 1 + 0i$ *descrito por* $A : \{z \in \mathbb{C}; z^n = 1\}$. *Esse conjunto munido da operação de multiplicação de números complexos,* $G := (A, .)$ *é um grupo cíclico de ordem igual a n. De fato, a operação é fechada nesse conjunto, pois se* $z, w \in A \Rightarrow z^n = 1, w^n = 1$ *e, portanto,* $z^n.w^n = (z.w)^n = 1.1 = 1 \Rightarrow z.w \in A$. *A operação é associativa, pois a multiplicação de números complexos o é. O elemento neutro do grupo é* $1 \in A$, *já que* $1^n = 1, \forall n \in \mathbb{N}$. *Ainda, todo elemento possui um inverso que está em A, pois se* $z \in A$, *i.e,* $z^n = 1$, *então* $(z^n)^{-1} = (z^{-1})^n = 1^{-1} = 1 \Rightarrow z^{-1} \in A$. *Por fim, ele é cíclico por natureza, já que ele é finito e a potência n-ésima de qualquer elemento do grupo resulta no elemento neutro do grupo. Logo, conclui-se que, dado um número natural* $n \in \mathbb{N}$ *qualquer, sempre existe um grupo cíclico e, portanto, abeliano, com ordem igual a n.*

CAPÍTULO 6

Soluções dos Exercícios Propostos e Duas Curiosidades

A seguir vamos apresentar possíveis soluções para alguns dos exercícios propostos no capítulo 5 *anterior. Vamos resolver o exercício* 1, *parcialmente o exercício* 2, *o item a) do exercício* 6 *e o exercício* 7.

Solução do Exercício 1). *Temos que:*

$$p(z) = z^4 + 6z^2 + z + 6 = z \Leftrightarrow z^4 + 6z^2 + 6 = 0.$$

Fazendo a mudança de variável $w = z^2 \Rightarrow w^2 = (z^2)^2 = z^4$, *obtemos que:*

$$z^4 + 6z^2 + 6 = w^2 + 6w + 6 = 0 \Leftrightarrow w = \frac{-6 \pm \sqrt{6^2 - 4.1.6}}{2.1} = \frac{-6 \pm \sqrt{36 - 24}}{2} = \frac{-6 \pm \sqrt{12}}{2} =$$
$$\frac{-6 \pm \sqrt{3.4}}{2} = \frac{-6 \pm 2\sqrt{3}}{2} = -3 \pm \sqrt{3}.$$

Como $w = z^2 \Rightarrow z^2 = -3 \pm \sqrt{3}$. *Mas,*

$$z^2 = -3 - \sqrt{3} < 0 \Rightarrow z = \pm\sqrt{3 + \sqrt{3}}i \quad e \quad z^2 = -3 + \sqrt{3} < 0 \Rightarrow z = \pm\sqrt{3 - \sqrt{3}}i.$$

Logo, a equação $p(z) = z$ *admite quatro raízes, que são os números complexos puramente imaginários dados por* $z_1 = \sqrt{3 + \sqrt{3}}i$, $z_2 = -z_1$, $z_3 = \sqrt{3 - \sqrt{3}}i$ *e* $z_4 = -z_3$. *Observamos que* $\overline{z_1} = z_2$ *e que* $\overline{z_3} = z_4$, *i.e,* z_1 *é o complexo conjugado de* z_2 *e* z_3 *é o complexo conjugado de* z_4. *Note que quando uma equação biquadrada, i.e, uma equação da forma* $az^4 + bz^2 + c = 0, a, b, c, d \in \mathbb{R}$, *admite raízes complexas, essas mesmas são números complexos puramente imaginários, i.e, sua parte real é nula.*

Solução do Exercício 2). *Notamos inicialmente que a função real de uma única variável real* $f : \mathbb{R} \to \mathbb{R}, x \mapsto f(x) := 6^x - 11$, *é contínua, já que é soma das funções contínuas* $g_1 : \mathbb{R} \to \mathbb{R}$, $x \mapsto g_1(x) := 6^x$ *e* $g_2 : \mathbb{R} \to \mathbb{R}, x \mapsto g_2(x) := -11$, *i.e, as funções* g_1 *e* g_2 *são, respectivamente, a função exponencial real na base* 6 *e a função identicamente constante igual a* -11. *Além disso, a função* f *troca de sinal no intervalo aberto* $(1, 2)$. *De fato, temos que* $f(1) = 6^1-11 = 6-11 = -5 < 0$ *e* $f(2) = 6^2 - 11 = 36 - 11 = 25 > 0$. *Assim, sendo* f *uma função contínua que troca de sinal no intervalo aberto* $(1, 2)$ *então, a equação* $f(x) = 6^x - 11 = 0$ *admite pelo menos uma raiz real no intervalo aberto* $(1, 2)$, *i.e,* $\exists\ \widetilde{x} \in (1, 2); f(\widetilde{x}) = 6^{\widetilde{x}} - 11 = 0$. *Afirmamos que essa raiz* $\widetilde{x}$ *é única, i.e,* $\exists!\ \widetilde{x} \in (1, 2); f(\widetilde{x}) = 6^{\widetilde{x}} - 11 = 0$ *(na verdade, a equação* $f(x) = 6^x - 11 = 0$, *admite uma única raiz em toda reta real* $\mathbb{R}$). *Podemos provar esse fato de duas maneiras. A primeira é: Notamos que a derivada da função* f *é a função* $f' : \mathbb{R} \to \mathbb{R}$, $x \mapsto f'(x) = \ln(6).6^x > 0$, $\forall x \in \mathbb{R}$ *(em particular* $\forall x \in (1,2)$), *já que a função exponencial real é estritamente crescente em qualquer base* $a \in \mathbb{R}/\{0,1\}$. *Logo, a função* f *é crescente em toda a reta real* $\mathbb{R}$ *(em particular, crescente no intervalo aberto* $(1,2)$), *já que sua derivada é estritamente positiva em toda a reta real* $\mathbb{R}$. *Logo, concluimos que a equação* $f(x) = 6^x - 11 = 0$ *admite uma única raiz no intervalo aberto* $(1,2)$ *(em toda real* $\mathbb{R}$*). A segunda maneira é: notamos que o gráfico da função exponencial* $g_1 : \mathbb{R} \to \mathbb{R}$, $x \mapsto g_1(x) := 6^x$ *"corta" o gráfico da função constante* $g_3 : \mathbb{R} \to \mathbb{R}$, $x \mapsto g_3(x) := -g_2(x) = 11$, *em um único ponto, onde o gráfico da função* g_3 *é o subconjunto* $Graf(g_2) := \{(x, 11), x \in \mathbb{R}\} \subset \mathbb{R}^2$, *que é uma reta paralela ao eixo das abscissas, i.e, o eixo dos* x, *que "corta" o eixo das ordenadas, i.e, o eixo dos* y, *no ponto* $(x,y) = (0,11)$. *Isso se deve ao fato de que a função exponencial real (em qualquer base* $a \in \mathbb{R}/\{0,1\}$*) é uma bijeção (crescente se* $a \in (1,\infty)$ *e decrescente se* $a \in (0,1)$*) entre a reta real* $\mathbb{R}$ *e o intervalo aberto* $(0,\infty)$ *(na verdade, só precisamos do fato de que ela é sobrejetora), i.e,* $\forall y \in (0,\infty)$, $\exists!\ x \in \mathbb{R};\ a^x = y$, $a \in \mathbb{R}/\{0,1\}$. *Logo, de uma segunda maneira, concluímos que a equação* $f(x) = 6^x - 11 = 0$, *admite uma única raiz no intervalo aberto* $(1,2)$ *(em toda reta real* $\mathbb{R}$*). Para se determinar o número mínimo de passos que devemos realizar pelo método da bissecção para que possamos ter uma aproximação da (única) raiz* $\widetilde{x} \in (1,2)$ *da equação* $f(x) = 6^x - 11 = 0$ *com um erro* $\epsilon < 6.10^{-26}$ *devemos realizar um número* $n > \log_2\left(\frac{b-a}{\epsilon}\right)$ *de passos onde:* $b = 2$, $a = 1$ *e* $\epsilon = 6.10^{-26}$. *Assim, devemos ter* $n > \log_2\left(\frac{2-1}{6.10^{-26}}\right) = \log_2\left(\frac{1}{6.10^{-26}}\right) = \log_2(\frac{10^{26}}{6}) = \log_2(10^{26}) - \log_2(6) = 26.\log_2(10) - \log_2(6) = 26.\log_2(2.5) - \log_2(2.3) = 26.(\log_2(2) + \log_2(5)) - (\log_2(2) + \log_2(3)) = 26.(1 + \log_2(5)) - (1 + \log(3))$. *Assim como no exemplo 2.12 do capítulo 2, onde mostramos que* $\log_2(5) \approx 2,5$, *vamos agora obter uma aproximação para o número real* $\log_2(3)$. *Temos* $\log_2(3) = k \Leftrightarrow 2^k = 3$. *Mas,* $2^1 = 2 < 3 = 2^k < 4 = 2^2 \Leftrightarrow 1 < k < 2$. *Inicialmente, vamos tomar* $k = \frac{1+2}{2} = \frac{3}{2} = 1,5 \Rightarrow 2^k = 2^{\frac{3}{2}} = 2^{(\frac{2}{2}+\frac{1}{2})} = 2^{(1+\frac{1}{2})} = 2^1.2^{\frac{1}{2}} = 2.2^{\frac{1}{2}} = 2\sqrt{2} \approx 2.1,41 = 2,82$, *onde usamos a aproximação* $\sqrt{2} \approx 1,41$. *Porém, o valor* $k = \frac{3}{2} = 1,5$, *para esse caso, não é uma boa aproximação para o valor de* $\log_2(3)$, *já que* $k = \frac{3}{2} = 1,5 < \log_2(3)$, *i.e, é um valor aproximado por falta para o número real* $\log_2(3) \in \mathbb{R}$. *Devemos tomar uma valor* $k \approx \log_2(3)$ *aproximado por excesso, i.e,* $k > \log_2(3)$, *pois, caso contrário, ou seja, se tomarmos* $k < \log_2(3)$, *então não teremos garantia de uma boa estimativa para o número mínimo de passos* $n \in \mathbb{N}$ *que devemos realizar para se obter a única raiz* $\widetilde{x}$ *da equação* $f(x) = 6^x - 11 = 0$ *com um erro menor do que* $\epsilon = 6.10^{-26}$. *Assim, tomamos então* $k = \frac{7}{4} = 1,75 \Rightarrow 2^{\frac{7}{4}} = 2^{(\frac{4}{4}+\frac{3}{4})} = 2^{(1+\frac{3}{4})} = 2^1.2^{\frac{3}{4}} = 2.2^{(\frac{2}{4}+\frac{1}{4})} = 2.2^{(\frac{1}{2}+\frac{1}{4})} = 2\sqrt{2}\sqrt[4]{2} \approx 2.1,4142.1,1892 \approx 3,3635$, *onde usamos as aproximações* $\sqrt{2} \approx 1,4142$, $\sqrt[4]{2} \approx 1,1892$ *e* $1,4142.1,1892 \approx 3,3635$. *Logo, como* $k = \frac{7}{4} \Rightarrow 2^{\frac{7}{4}} \approx 3,3635 > 3$, *então usamos a aproximação por excesso* $\log_2(3) \approx 3,3635$. *Portanto, devemos ter* $n > 26(1 + \log_2(5)) - (1 + \log(3)) = 26(1 + 2,5) - (1 + 1,75) = 26.3,5 - 2.1,75 = 91 - 3,5 = 87,5$.

O primeiro número natural que é maior do que o número racional $87,5 = \frac{875}{10} = \frac{5.175}{5.2} = \frac{175}{2} \in \mathbb{Q}$ *é o número* $n = 88 \in \mathbb{N}$. *Logo, devemos tomar* $n = 88$ *e realizar um número de 88 passos pelo método da bissecção que devemos realizar para se obter a única raiz* $\widetilde{x}$ *da equação* $f(x) = 6^x - 11 = 0$ *com um erro menor do que* $\epsilon = 6.10^{-26}$. *Vamos agora usar 3 passos pelo método da bissecção para encontrar uma aproximação para o número real* $\log_6(11) \in \mathbb{R}$. *Como* $\widetilde{x} = \log_6(11) \in (1,2)$, *i.e,* $1 < \log_6(11) < 2$, *então o ponto médio do intervalo aberto* $(1,2)$ *que é o ponto* $x_1 = \frac{1+2}{2} = \frac{3}{2} = 1,5$, *é uma primeira aproximação para a raiz* $\widetilde{x}$, *i.e,* $x_1 = \frac{3}{2} = 1,5 \approx \widetilde{x}$. *Mas, temos que* $f(x_1) = f(\frac{3}{2}) = 6^{\frac{3}{2}} - 11 = 6^{(\frac{2}{2}+\frac{1}{2})} - 11 = 6^{(1+\frac{1}{2})} - 11 = 6\sqrt{6} - 11$. *Usando as aproximações* $\sqrt{2} \approx 1,41$ *e* $\sqrt{3} \approx 1,73$, *obtemos que* $\sqrt{6} \approx 1,41.1,73 = 2,4393 \Rightarrow 6\sqrt{6} - 11 \approx 6.2,4393 - 11 = 14,6358 = 3,6358 > 0$. *Como* $f(1) = -5 < 0$ *e* $f(x_1) = f(\frac{3}{2}) = 3,6358 > 0$, *então a raiz* $\widetilde{x} \in (1, \frac{3}{2})$. *Tomando o ponto médio do intervalo aberto* $(1, \frac{3}{2})$, *que é o ponto* $\frac{1+\frac{3}{2}}{2} = (\frac{2}{2} + \frac{3}{2}).\frac{1}{2} = \frac{5}{2}.\frac{1}{2} = \frac{5}{4}$, *então o número* $x_2 = \frac{5}{4} = 1,25$, *é uma segunda aproximação para a raiz* $\widetilde{x}$, *i.e,* $x_2 = \frac{5}{4} = 1,25 \approx \widetilde{x}$. *Mas,* $f(x_2) = f(\frac{5}{4}) = 6^{\frac{5}{4}} - 11...$ *A partir daqui, deixamos para os leitores completarem esse item.*

Solução do Exercício 6)a). *A forma exponencial de um número complexo* $z = x + iy \in \mathbb{C}$ *é dada por* $z = |z|e^{i\theta}$, *onde* $|z| = \sqrt{x^2+y^2}$ *e* $\theta = \arctan\left(\frac{y}{x}\right)$. *Temos que, sendo* $z = 6 + 11i \Rightarrow |z| = \sqrt{6^2+11^2} = \sqrt{36+121} = \sqrt{157}, \theta = \arctan\left(\frac{11}{6}\right) \Rightarrow z = 6 + 11i = \sqrt{157}\exp\left(i\arctan\left(\frac{11}{6}\right)\right)$.

Solução do Exercício 7).

a) Mostremos, inicialmente, que T *é aditivo. Para isso, sejam dadas quaisquer* $f, g \in Hol(f;\mathbb{C})$ *e notemos que* $T(f+g) := (f+g)(0) := f(0) + g(0) = T(f) + T(g)$. *Agora, para mostrar que* T *é* $\mathbb{C}$*-homogênea, sejam quaisquer* $\lambda \in \mathbb{C}$ *e* $f \in Hol(f;\mathbb{C})$ *e notemos que* $T(\lambda f) := (\lambda f)(0) := \lambda f(0) = \lambda T(f)$.

b) Sendo $f : \mathbb{C} \to \mathbb{C}$ *dada por* $f(z) := e^z + z^2 + 7z + 6$ *um elemento de* $Hol(f;\mathbb{C})$, *já que é uma função inteira por ser a soma de duas funções inteiras, a saber, a função exponencial complexa e uma função polinomial, um cálculo nos mostra que* $T(f) = f(0) = e^0 + 0^2 + 7.0 + 6 = 1 + 0 + 0 + 6 = 7$.

c) Uma possível escolha para $f : \mathbb{C} \to \mathbb{C}$ *é a função* $f(z) := (1+z)\pi i$, *já que* f *é inteira, i.e,* $f \in Hol(f;\mathbb{C})$ *e* $T(f) = f(0) = (1+0)\pi i = \pi i$.

d) Para mostrar que T *é sobrejetiva, por definição, devemos mostrar que* $\forall c \in \mathbb{C}, \exists f \in Hol(f;\mathbb{C}); T(f) = c$. *Para isso, motivado pelo item anterior, seja* $f(z) := (z+1)c$, *onde* $c \in \mathbb{C}$ *é uma constante complexa arbitrária. Por ser uma função afim (e, portanto, inteira)* $f \in Hol(f;\mathbb{C})$ *e um cálculo nos mostra que* $T(f) = f(0) = (1+0)c = 1.c = c \in \mathbb{C}$.

e) Para mostrar que T *não é injetivo, sejam, por exemplo,* $f \neq g : \mathbb{C} \to \mathbb{C}$ *dadas por* $f(z) := z, g(z) := z^2$. *Assim, um cálculo nos mostra que* $T(f) = f(0) = 0 = g(0) = T(g)$ *mas* $f \neq g$.

Duas Curiosidades

O formato das partes de uma colmeia de abelhas é hexagonal, pois de todos os polígonos regulares de mesmo perímetro, o que possui a maior área é o hexágono. Dessa forma, com um mesmo gasto de material as abelhas conseguem estocar uma quantidade maior de mel. Algo semelhante ocorre com o formato de uma bolha de sabão, por exemplo. Uma bolha de sabão tem o formato de uma esfera para minimizar o gasto de energia em sua formação, pois de todos os sólidos de revolução de mesmo volume, o que possui a menor área é a esfera.

APÊNDICE 1

Algumas Primitivas e Integrais Explícitas

EXEMPLO 1.1. *Como exemplos de casos (particulares) que podem ser solucionados explicitamente, listamos alguns deles a seguir e resolvemos inteiramente dois deles, deixando os demais para os leitores resolverem:*

(1) $\int \sqrt{ax+b}\, dx = \dfrac{2}{3a}\sqrt{(ax+b)^3} + k$, $a \in \mathbb{R}/\{0\}$ *qualquer, porém fixo,* $k \in \mathbb{R}$ *constante de integração, onde* $\mathbb{R} \ni x \geq \dfrac{-b}{a}$. *(Deixamos a resolução para os leitores).*

(2) $\int_1^2 \sqrt{7x+6}\, dx = \dfrac{2}{21}(40\sqrt{5} - 13\sqrt{13})$. *(Resolva de duas maneiras: usando a fórmula acima e também de maneira direta; fazer isso é um bom modo de se verificar que as contas estão corretas.)*

(3) $\int \dfrac{1}{1+e^x}\, dx = x - \ln(1+e^x) + k.$

(4) $\int_{10}^{11} \dfrac{1}{1+e^x}\, dx =$ ...*(Idem.)*

(5) $\int sen(\ln(x))\, dx =$ ... *(Idem.)*

(6) $\int_{\exp(\pi/4)}^{\exp(\pi/3)} sen(\ln(x))\, dx =$ .... *(Idem.)*

(7) $\int \cos(\ln(x))\, dx =$ ... *(Idem.)*

(8) $\int_{\exp(\pi/6)}^{\exp(\pi/2)} \cos(\ln(x))\, dx =$ .... *(Idem.)*

(9) $\int_c^d \sqrt{at^4 + bt^2}\, dt = \dfrac{2}{3a}((ad^2+b)\sqrt{ad^2+b} - (ac^2+b)\sqrt{ac^2+b}))$, $0 < a, b, c, d \in \mathbb{R}$. *(Vamos resolver esse item).*

(10) $\int_1^2 \sqrt{t^4 + t^2}\, dt = \dfrac{1}{3}(5\sqrt{5} - 2\sqrt{2})$. *(Vamos resolver esse item).*

(11) $\int \ln^2(x)\,dx = x\ln^2(x) - 2x\ln(x) + 2x + k$ $(= \ln(x^{x(\ln(x)-2x)}.e^{2x+k}))$. *(Deixamos a cargo dos leitores.)*

(12) $\int_{15}^{17} \ln^2(x)\,dx = 17\ln^2(17) - 15\ln^2(15) - \ln\left(\frac{17^{34}}{15^{30}}\right) + 4$ $(= \ln\left(\frac{e^4.17^{17\ln(17)}.15^{30}}{15^{15\ln(15)}.17^{34}}\right))$ *(Idem.)*

(13) $\int(\ln(x))^3 dx$. *(Idem.)*

(14) $\int_1^2(\ln(x))^3 dx$. *(Idem.)*

Observação 1.1. *(1) As primitivas* $\int$ *sen*$(\ln(x))\,dx$, $\int\cos(\ln(x))\,dx$ *são conhecidas pelo nome de "Primitivas Irmãs".*

(2) O número real $\frac{1}{3a}((ad^2+b)\sqrt{ad^2+b} - (ac^2+b)\sqrt{ac^2+b}) \in \mathbb{R}$ *corresponde a área compreendida acima do eixo x das abscissas, abaixo do gráfico da função real de uma única variável real* $f : \mathbb{R} \to \mathbb{R}$, $\mathbb{R} \in x \mapsto f(x) := \sqrt{ax^4+bx^2} \in \mathbb{R}$, $a, b \in \mathbb{R}; a^2+b^2 \neq 0$, *no intervalo "positivo" (essa expressão não tem sentido matemático algum, porém é uma abreviação de uma expressão linguística que o tem: "intervalo da reta contendo apenas números positivos")* $[c,d] \subsetneq [0,+\infty)$.

Demonstração. Para o item 9), escrevemos $\sqrt{at^4+bt^2} = \sqrt{t^2(at^2+b)} = |t|\sqrt{at^2+b}$, $\forall t \in \mathbb{R}$. Então, temos que

$$\int_c^d \sqrt{at^4+bt^2}\,dt = \int_c^d |t|\sqrt{at^2+b}\,dt \underbrace{=}_{t\in[c,d]\subsetneq[0,+\infty)} \int_c^d t\sqrt{at^2+b}\,dt.$$

Mas, $at^2+b = u \Rightarrow 2at\,dt = du \Rightarrow t\,dt = \frac{du}{2a} \Rightarrow \int\sqrt{at^4+bt^2}\,dt = \int t\sqrt{at^2+b}\,dt = \int\frac{1}{2a}\sqrt{u}\,du = \frac{1}{2a}\int u^{1/2}\,du = \frac{1}{2a}\frac{u^{((1/2)+1)}}{((1/2)+1)} + k = \frac{1}{2a}\frac{u^{3/2}}{(3/2)} + k = \frac{1}{\not{2}a}.\frac{\not{2}}{3}(at^2+b)^{3/2} + k = \frac{a}{3}(at^2+b)^{3/2} + k.$ Dessa forma, obtemos que

$$\int_c^d \sqrt{at^4+bt^2}\,dt = \left(\frac{1}{3a}(at^2+b)^{3/2}+k\right)\Big|_c^d = \left(\frac{1}{3a}(at^2+b)^{3/2}\right)\Big|_c^d = \frac{1}{3a}((ad^2+b)^{3/2} - (ac^2+b)^{3/2}) =$$
$$\frac{1}{3a}(\sqrt{(ad^2+b)^3} - \sqrt{(ac^2+b)^3}) = \frac{1}{3a}((ad^2+b)\sqrt{ad^2+b} - (ac^2+b)\sqrt{ac^2+b}).$$

Para o item 10), como um exemplo (no caso, uma aplicação da fórmula obtida acima), vamos determinar $\int_1^2\sqrt{t^4+t^2}\,dt$. Notamos que $c = 1$, $d = 2$, e como $t^4+t^2 = 1.t^4+1.t^2$, $\forall t \in \mathbb{R} \Rightarrow a = 1, b = 1 \Rightarrow \int_1^2\sqrt{t^4+t^2}\,dt = \frac{1}{3.1}((1.2^2+1)\sqrt{1.2^2+1} - (1.1^2+1)\sqrt{1.1^2+1}) = \frac{1}{3}((1.4+1)\sqrt{1.4+1} - (1.1+1)\sqrt{1.1+1}) = \frac{1}{3}((4+1)\sqrt{4+1} - (1+1)\sqrt{1+1}) = \frac{1}{3}(5\sqrt{5} - 2\sqrt{2}) \in \mathbb{R}.$

□

APÊNDICE 2

Conservação de Propriedades Funcionais em EDOs Complexas

Este apêndice é relativamente autocontido. Vamos repetir com menos detalhes algumas definições e resultados que já apareceram ao longo do texto.

Apresentaremos, iniciamente, um exemplo concreto da necessidade de se estudar equações diferenciais ordinárias complexas (EDOCs). Faremos, para isso, um analogia com a Álgebra, no sentido de que nem toda equação polinomial tem solução real (vide $x^2 + 1 = 0$), então é "razoável" de se esperar que nem toda EDO tenha solução real. Sabemos que a EDO linear de segunda ordem dada por

$$y'' + y = 0$$

tem a solução complexa explícita, a saber, descrita por

$$y = y(t) := ke^{\pm it} = k(\cos(t) \pm i\, sen(t)), \forall t \in \mathbb{R}.$$

Ocorre, entretanto, que suas partes real e imaginária (que são, por sua vez, funções reais) satisfazem a EDO, bem como uma combinação linear genérica entre elas (via Princípio da Superposição de Soluções), dada por

$$y = y(t) = c_1\, sen(t) + c_2 \cos(t), \forall t \in \mathbb{R}.$$

Entretanto, em geral, não se pode esperar que, encontrada uma solução complexa para uma EDO, que suas componentes real e/ou imaginária satisfaçam a mesma EDO, sendo este o caso da equação

$$f' = f \circ f = f^2, \text{ no sentido de composição de funções.}$$

Inicialmente, vamos supor uma solução da forma $f = f(x) := x^r, \forall x \in \mathbb{R}$ e a potência r a se determinar. Substituindo na equação, vamos obter a equação polinomial $rx^{r-1} = (x^r)^r, \forall x \in \mathbb{R} \Rightarrow rx^{r-1} = x^{r^2}, \forall x \in \mathbb{R} \Rightarrow rx^{r-1-r^2} = 1, \forall x \in \mathbb{R}$. Podemos notar que, o membro direito da última igualdade é constante e não depende da potência r e, portanto, devemos ter que $r^2 - r + 1 = 0 \Rightarrow r = \dfrac{1 \pm \sqrt{3}i}{2} \in \mathbb{C}$. A solução tem, pois, a forma $f = f(x) = kx^{(1/2)(1\pm\sqrt{3}i)}, \forall x \in \mathbb{R}$. Vamos, agora, determinar as partes real e imaginária da solução f e mostrar que elas não satisfazem a EDO original. Mas, para isso, precisamos entender o que significa a expressão "$x^{\frac{1+\sqrt{3}i}{2}}$" e, neste momento, devemos relembrar a definição de logaritmo complexo, bem como, potências complexas (pois estas dependem do primeiro mencionado). A função logaritmo complexo é dada por

$$\log : \mathbb{C}/A \longrightarrow \mathbb{C}, \log(z) := \ln(|z|) + i\theta, \theta = \arg(z) \in [y_0, y_0 + 2\pi), y_0 \in \mathbb{R} \textit{ fixo e}$$
$$A := \{z = x + iy \in \mathbb{C}; y = 0, x \leq 0\}.$$

Sejam, agora, $z_1 \in \mathbb{C}/\{0,1\}$ *e* $z_2 \in \mathbb{C}$. *Por definição, a potência* $z_1^{z_2} := e^{z_2 \log(z_1)}$ *(pois queremos que a propriedade do caso real* $x_1^{x_2} = e^{\ln(x_1^{x_2})} = e^{x_2 \ln(x_1)}, \forall x_1 \in (0, +\infty), \forall x_2 \in \mathbb{R}$ *seja preservada por restrição).*

Agora, temos condições de encontrar as partes real e imaginária da função solução $f(x) = x^{\frac{1}{2} \pm \frac{\sqrt{3}i}{2}}$. *Temos que*

$$x^{\frac{1}{2} \pm \frac{\sqrt{3}i}{2}} := \exp((\tfrac{1}{2} \pm \tfrac{\sqrt{3}i}{2}). \ln(x)) = e^{(1/2)\ln(x)}.e^{(\pm\sqrt{3}/2)\ln(x)i} = \sqrt{x}(\cos(\tfrac{\sqrt{3}\ln(x)}{2}) \pm i\, sen(\tfrac{\sqrt{3}\ln(x)}{2})).$$

Logo, as partes real e imaginária da função complexa de variável real f *são dadas, respectivamente, por*

$$Re(f(x)) = \sqrt{x}\cos(\tfrac{\sqrt{3}}{2}\ln(x)), Img(f(x)) = \sqrt{x}\, sen(\tfrac{\sqrt{3}}{2}\ln(x)),$$

definidas para todos os valores positivos da variável real x. *Mostremos que a parte real de* f *não satisfaz a EDO original, sendo o caso da parte imaginária semelhante. Temos que,*

$$(Re(f(x)))' = \frac{1}{2\sqrt{x}}(\cos(\tfrac{\sqrt{3}\ln(x)}{2}) - \sqrt{3}\, sen(\tfrac{\sqrt{3}\ln(x)}{2})), \forall x \in (0, +\infty).$$

Por outro lado, denotando por $Re(f) = g$, *então,* $g(1) = 1 \Rightarrow g(g(1)) = 1 \neq g'(1) = \frac{1}{2}$.

É possível mostrar que, impondo boas condições sobre a função f *(analiticidade, por exemplo), então a solução complexa de variável real dada por* $f(x) = kx^z, z = \dfrac{1 \pm \sqrt{3}i}{2}, x \in (0, +\infty), k = const.$, *é única e, portanto, a EDO* $f' = f \circ f$ *não admite solução real.*

Seja $f : \mathbb{C} \longrightarrow \mathbb{C}$ *uma função complexa de uma única variável complexa, holomorfa ("holos" do grego, significa "vizinhança", e "morfa" significa "forma", ou seja, holomorfa significa "a forma assumida em uma vizinhança") em* $\mathbb{C}$, *i.e, uma função inteira. Escrevemos* $f \in Hol(\mathbb{C})$. *Vamos supor que a função* f *satisfaça a equação diferencial ordinária complexa (EDOC) dada por*

$$f' = f.$$

Vamos, utilizando as ferramentas da teoria das funções holomorfas, resolver essa EDOC explicitamente. Para isso, relembramos o Teorema de Looman-Menchoff, que diz que dada uma função $f : A \subseteq \mathbb{C} \longrightarrow \mathbb{C}$, *definida em um subconjunto* A *do plano complexo, então* f *é holomorfa em* A *se, e só se, as partes real e imaginária de* $f = u + iv$, *dadas por* u, v, *possuam, i.e, existam todas as derivadas parciais com respeito as variáveis* x, y *(não precisam ser contínuas), digamos,* u_x, u_y, v_x, v_y, *e que estas satisfaçam as condições (equações) de Cauchy-Riemann, i.e, o sistema de equações diferenciais parciais dado por*

$$u_x = v_y \textit{ e } u_y = -v_x, \forall z = x + iy \in A.$$

Além disso, temos uma fórmula explícita para a derivada da função f a saber, que é $f' = u_x + iv_x$, em qualquer ponto $z = x + iy \in A$. Logo, podemos dar início ao processo de solução da EDOC da seguinte forma:

$$f' = f \Leftrightarrow u_x + iv_x = u + iv \Leftrightarrow (u - u_x) + i(v - v_x) = 0 = 0 + i0 \Leftrightarrow u - u_x = 0, v - v_x = 0 \Leftrightarrow u = u_x, v = v_x \Leftrightarrow u = u(x,y) = g_1(y).e^x, v = v(x,y) = g_2(y).e^x, g_1, g_2 : \mathbb{R} \to \mathbb{R}.$$

Mas, sabemos que as funções u e v satisfazem as condições de Cauchy-Riemann, e sendo $u_x = g_1(y).e^x$, $u_y = g_1'(y).e^x$, $v_x = g_2(y).e^x$ e $v_y = g_2'(y).e^x$, então

$$u_x = v_y, u_y = -v_x \Leftrightarrow g_1(y).e^x = g_2'(y).e^x, g_1'(y).e^x = -g_2(y).e^x \Leftrightarrow g_1 = g_2', g_1' = -g_2.$$

Assim, uma das condições para se resolver a EDOC, é se resolver o sistema planar de EDOs dado por

$$g_1 = g_2', g_1' = -g_2.$$

Derivando (com respeito à variável real y) os dois membros da equação $g_1 = g_2'$, vamos obter que $g_1' = g_2''$, e como $g_1' = -g_2$, segue que $g_2'' = -g_2$. É bastante conhecido que a solução dessa última EDO linear de ordem igual a 2 (a menos de uma constante de integração) é a função $g_2 = g_2(y) = -sen(y)$, e como $g_1 = g_2'$, obtemos que $g_1 = g_1(y) = \cos(y)$. Logo, $u = u(x,y) = e^x \cos(y)$, $v = v(x,y) = e^x sen(y)$ e, portanto, $f = f(z) = u + iv = u(x,y) + iv(x,y) = e^x \cos(y) + e^x sen(y) = e^x(\cos(y) + i\, sen(y)) = e^x.e^{iy} := e^{x+iy} = e^z$, ou seja, a solução (a menos de uma constante multiplicativa) é a função exponencial complexa.

Relembramos, agora, que a solução da EDO $x' = x$, é dada por $x = x(t) = ke^t$, definida para todo t real, onde k é uma constante real. Podemos notar que, formalmente, a solução da EDOC $f' = f$, é dada por $f = f(z) = ke^z$, definida para todo número complexo z, onde k é uma constante complexa. Os métodos que usamos para resolver cada um desses casos é distinto, mas suas soluções sendo formalmente iguais, a pergunta que surge é a seguinte: Existe algum critério que garanta a "permanência" ou "conservação" da expressão analítica que define a solução para o caso complexo, sabendo que ela vale para o caso real? A resposta é afirmativa e ela é chamada de "Princípio da Conservação das Propriedades Funcionais" - PCPF, ou também de "Lei de Permanência de Equações Funcionais", que nos permite, por exemplo, saber que a solução da EDOC $f' = f$, é dada por $f = f(z) = ke^z$, apenas sabendo que a solução da EDO $x' = x$, é dada por $x = x(t) = ke^t$. Grosseiramente falando, não precisamos fazer conta alguma para se determinar a solução de uma EDOC, desde que saibamos a solução de sua contraparte real.

Para entender o enunciado do PCPF, precisamos de algumas ferramentas (básicas) de monodromia e extensões analíticas de funções. De maneira imprecisa, o PCPF diz que, se uma função f é analítica (ou holomorfa) em um disco (aberto) não degenerado $D \subseteq \mathbb{C}$, e obedece uma relação funcional nesse disco, então seu prolongamento analítico obedece a mesma relação funcional.

Mais geralmente, esse "resultado" vale para funções analíticas $f_1, f_2, ..., f_n$, *que satisfaçam, em um disco em comum D, uma dada equação funcional.*

Antes de enunciar o Princípio da Conservação das Propriedades Funcionais (ou Lei da Permanência das Equações Funcionais), vamos analisar mais um exemplo, assim como fizemos no início com a equação $f' = f$. *Vamos supor que queremos resolver o problema de valor inicial (ou problema de Cauchy) dado por*

$$(x-1)y'(x) + y(x) = 0, y(0) = 1.$$

Encontrar uma solução para este problema, consiste em encontrar uma função real diferenciável $y = y(x)$, *definida em um "maior intervalo possível", digamos,* $I \subseteq \mathbb{R}$, *que satisfaça a equação diferencial dada acima, juntamente com a condição inicial fornecida. Uma maneira (heurística, por sinal) de se resolver este problema consiste em "trocar" a variável real* x *pela variável complexa* z, *e considerar a EDOC dada, por analogia, como sendo*

$$(z-1)y'(z) + y(z) = 0, y(0) = 1$$

e encontrar uma função holomorfa $y = y(z)$, *definida em um disco* $D \subseteq \mathbb{C}$, *que satisfaça a equação diferencial, bem como a condição inicial. Para isso, lembramos da teoria das Variáveis Complexas, que uma função é holomorfa em um ponto de seu domínio se, e só se, ela é analítica nesse ponto. Portanto, tal solução* $y = y(z)$, *deve ter representação em série de potências (centrada em* $z_0 = 0$), *em algum disco D, dada por*

$$y(z) = \sum_{n=0}^{\infty} a_n z^n,$$

onde $a_n = \dfrac{y^{(n)}(0)}{n!}, \forall n \in \mathbb{N}$, *sendo* $y^{(n)}(0)$ *a derivada n-ésima da função holomorfa* $y = y(z)$ *no ponto* $z_0 = 0$.

Agora, para se determinar explicitamente a expressão analítica da função holomorfa $y = y(z)$, *devemos determinar os coeficientes (possivelmente complexos) da série em questão, dados por* $a_1, a_2, ...a_n, ...$, *e lembrando que uma função analítica fica inteiramente determinada pelos seus coeficientes de Taylor. Como queremos que* $y(0) = 1$, *então, por definição,* $a_0 = 1$. *Ainda, "substituindo" a série que representa a função* $y = y(z) = \sum_{n=0}^{\infty} a_n z^n$ *na EDOC, e lembrando que vale a regra de derivação termo a termo para a derivada da série de potências, i.e,* $y' = y'(z) = \sum_{n=1}^{\infty} n a_n z^{n-1} = \sum_{n=0}^{\infty} (n+1) a_{n+1} z^n$ *(exatamente no mesmo disco D, i.e, os raios de convergência da série de potências e de sua série derivada são os mesmos), vamos obter que*

$$(z-1)\sum_{n=0}^{\infty}(n+1)a_{n+1}z^n + \sum_{n=0}^{\infty} a_n z^n = 0.$$

Logo, a partir da última equação acima, chegamos em

$$\sum_{n=0}^{\infty}[(z-1)(n+1)a_{n+1}z^n + a_n z^n] = \sum_{n=0}^{\infty}([(z-1)(n+1)a_{n+1} + a_n].z^n) = 0.$$

Dessa forma, vai valer que

$$\sum_{n=0}^{\infty}[(na_n + 1) - (n + 1)a_{n+1}].z^n = 0.$$

Interpretando o membro direito da última igualdade acima como sendo uma série de potências identicamente nulas e usando o critério de igualdade entre duas séries de potências que diz que $\sum_{n=0}^{\infty} a_n z^n = \sum_{n=0}^{\infty} b_n z^n$ *se, e só se,* $a_n = b_n, \forall n \in \mathbb{N}$, *isso nos sugere que* $na_n + 1 - (n+1)a_{n+1} = 0, \forall n \in \mathbb{N}$. *Dessa forma,* $a_{n+1} = \frac{n}{n+1}a_n + \frac{1}{n+1}, \forall n \in \mathbb{N}$ *e, portanto, temos a seguinte recorrência*

$$a_{n+1} = \frac{1}{n+1}(na_n + 1), \forall n \in \mathbb{N}.$$

A (única) sequência que satisfaz a última recorrência acima é a sequência constante igual a 1, i.e, $a_n = 1, \forall n \in \mathbb{N}$. *Para nos certificarmos disso, podemos proceder de duas formas, a saber: podemos provar que* $a_n = a_{n+1}, \forall n \in \mathbb{N}$, *e como* $a_0 = 1$, *então o resultado segue. Ou, então, calcular explicitamente alguns termos da sequência a partir da recorrência para nos convencermos do resultado. Faremos, por simplicidade, o segundo caso. Temos que, sendo* $a_0 = 1 \Rightarrow a_1 = a_{0+1} = \frac{1}{0+1}.(0.a_0 + 1) = 1$. *Ainda,* $a_0 = a_1 = 1 \Rightarrow a_2 = a_{1+1} = \frac{1}{1+1}.(1.a_1 + 1) = \frac{1}{2}.(1 + 1) = \frac{1}{\not 2}. \not 2 = 1$. *Faremos mais um:* $a_0 = a_1 = a_2 = 1 \Rightarrow a_3 = a_{2+1} = \frac{1}{2+1}.(2.a_2 + 1) = \frac{1}{3}.(2 + 1) = \frac{1}{\not 3}. \not 3 = 1$. *De posse do fato de que* $a_n = 1, \forall n \in \mathbb{N}$, *e substituindo essa informação na série que representa* $y = y(z) = \sum_{n=0}^{\infty} a_n z^n$ *(em algum disco D), vamos obter que*

$$y = y(z) = \sum_{n=0}^{\infty} 1.z^n = \sum_{n=0}^{\infty} z^n = \frac{1}{1-z}, \forall |z| < 1.$$

A priori, devido as condições de convergência da série em questão, a solução $y = y(z) = \frac{1}{1-z}$, *está definida apenas no disco unitário centrado na origem,* $D = D(0;1)$, *mas pode (e deve) perfeitamente ser estendida (analiticamente) para todo subconjunto* $\mathbb{C}/\{1\}$. *Dizemos então que a função* $\widetilde{y} : \mathbb{C}/\{1\} \to \mathbb{C}$, *definida como sendo* $\widetilde{y}(z) := \frac{1}{1-z}$, *é uma extensão analítica (ou holomorfa, permitida pelo PCPF) da solução* $y : D(0;1) \to \mathbb{C}$, $y(z) = \frac{1}{1-z}$, *da EDOC dada por* $(1 - z)y'(z) + y(z) = 0$, *com a condição inicial de que* $y(0) = 1$. *Assim, "retornando" à variável real x, concluímos que a solução da EDO* $(x - 1).y'(x) + y(x) = 0$, *que satisfaz a condição inicial* $y(0) = 1$, *é a função real de uma única variável real* $y : \mathbb{R}/\{1\} \to \mathbb{R}$, *dada por* $y(x) := \frac{1}{1-x}$.

Os dois exemplos dados acima podem ser concluídos de maneira imediata a partir de um teorema o qual denominaremos por Princípio da Conservação das Propriedades Funcionais (P.C.P.F.) ou Lei de Permanência de Equações Funcionais (L.P.E.F.), cujo enunciado segue:

Teorema 2.1. *(P.C.P.F.). Suponhamos que:*

(1) $f_1, f_2, ..., f_n$, *são dadas por séries de potências (e, portanto, são funções holomorfas) com um domínio (disco de convergência) em comum, digamos D.*

(2) $G = G(z, z_1, z_2, ..., z_n)$, *é uma função a valores complexos, de* $n+1$ *variáveis, que é holomorfa em cada variável separadamente, para todos os valores complexos.*

(3) Para cada número complexo $z \in D$,

$$G[z, f_1(z), f_2(z), ..., f_n(z)] = 0.$$

(4) $(f_1, D), (f_2, D), ..., (f_n, D)$, *podem ser prolongados (estendidos) analiticamente, ao longo de um caminho* $Im\psi$, *para alguma curva* $\psi : [a, b] \to \mathbb{C}$, $\psi \in C^1([a, b])$, *para* $(g_1, E), (g_2, E), ..., (g_n, E)$, *respectivamente, significando que, cada função* $g_k, 1 \leq k \leq n$, *é holomorfa em* $E \supseteq D$, *e por restrição,* $g_k|_D = f_k$.

Então, para cada $z \in \mathbb{C}$,

$$G[z, g_1(z), g_2(z), ..., g_n(z)] = 0.$$

Em termos da importância desse teorema para a teoria das EDOCs, destacamos o seguinte: Como toda equação diferencial impõe uma relação funcional em qualquer solução e em algumas de suas derivadas, se pudermos obter uma solução por série de potências válida em um disco, sua extensão analítica fornecerá uma solução válidas em regiões mais amplas. A função $G = G(z, z_1, z_2, ..., z_n)$, *presente nas hipóteses do teorema, pode ser interpretada como sendo a função que dá origem a uma equação funcional envolvendo a função (bem como suas derivadas) na dada EDOC*

Existe, ainda, uma versão mais geral desse resultado, a saber, denominado "Teorema da Conservação", o qual é estudado na Teoria de Conjuntos. A versão a qual vamos enunciar aqui pode ser encontrada no texto "Basic Set Theory" do autor Azriel Levy, publicado pelas editoras Springer em 1979 e pela editora Dover em 1992. Segue um enunciado "simplificado".

Teorema 2.2. *(Teorema da Conservação: Comparação do poder dedutivo de um correspondente sistema de axiomas na linguagem básica e na linguagem estendida). Se* T^* *é uma teoria obtida por extensão da Teoria* T *(i.e, o conjunto de axiomas de* T *está contido propriamente no conjunto de axiomas de* T^**), então toda "fórmula" válida em* T *(i.e, no sentido da axiomática de* T*) é válida, também, em* T^* *(i.e, no sentido da axiomática de* T^**). Em outras palavras, a teoria estendida* T^* *"preserva" as fórmulas da teoria original* T.

Neste sentido, fazemos uma distinção entre os métodos utilizados nas referências, a saber: No primeiro caso, trata-se de um método lógico, pois não faz uso da Teoria Axiomática de Conjuntos de Z-F. Já a segunda é um método puramente axiomático.

Uma aplicação simples e imediata da versão axiomática do PCPF é dada a seguir.

Exemplo 2.1. *Sabemos que*

$$\lim_{x\to 0} \frac{sen(x)}{x} = 1,$$

então, como $\lim_{x\to 0} \frac{sen(x^2)}{x^2} = 1$ *também, sabemos que,*

$$\lim_{\|(x,y)\|\to 0} = \frac{sen(x^2+y^2)}{x^2+y^2} = 1,$$

e mais geralmente,

$$\lim_{\|(x)\|\to 0} \frac{sen(\|x\|^2)}{\|x\|^2} = 1, x = (x_1, ..., x_n) \in \mathbb{R}^n.$$

Por fim, valerá que

$$\lim_{\|(z)\|\to 0} \frac{sen(\|z\|^2)}{\|z\|^2} = 1, z = (z_1, ..., z_n) \in \mathbb{C}^n.$$

A seguir, veremos alguns exemplos de aplicação do teorema do PCPF (em sua versão lógica), incluindo a forma de aplicá-lo para garantirmos os resultados obtidos nos dois exemplos de EDOs anteriores.

Exemplo 2.2. *(1) O exemplo da EDO* $(x-1)y'(x) + y(x) = 0$*, com a condição inicial* $y(0) = 1$*, é um caso particular do PCPF para o caso em que* $n = 2$*, i.e, temos duas funções a considerar,* $f_1(z) = y(z)$*,* $f_2(z) = y'(z)$*,* $D = D(0;1) := \{z \in \mathbb{C}; |z| < 1\}$*, e* $G = G(z, z_1, z_2) = (z-1)z_2 + z_1$.

(2) Como um corolário do PCPF (no sentido de que não vamos fazer manipulaçõs algébricas com séries de potências, mas, sim apenas usar fatos conhecidos do caso real), podemos afirmar que a solução geral da EDOC com valor inicial, dada por

$$f' = kf, f(z_0) = f_0,$$

é igual a $f = f(z) := f_0 e^{k(z-z_0)}, \forall z \in \mathbb{C}$*, pois valem as seguintes condições:*

(a) O caso real é formalmente análogo, i.e, a EDO com condição inicial dada por

$$x' = kx, x(t_0) = x_0,$$

tem solução como sendo $x = x(t) := x_0 e^{k(t-t_0)}, \forall t \in \mathbb{R}$.

(b) A função exponencial real é analítica em toda reta $\mathbb{R}$ *e, portanto, possui expansão em série de Taylor em torno de qualquer ponto* $x_0 \in \mathbb{R}$*, com raio de convergência igual a infinito. Em torno do ponto* $x_0 = 0$*, obtemos a expansão*

$$e^x = \sum_{n=0}^{\infty} \frac{x^n}{n!}, \forall x \in \mathbb{R},$$

e ela satisfaz a equação funcional dada por $f(x+y) = f(x).f(y), \forall x, y \in \mathbb{R}$.

(c) *Toda função analítica real é a restrição a* $\mathbb{R}$ *de uma função holomorfa (ver desenho). Ainda, toda função inteira (i.e, holomorfa em todo* $\mathbb{C}$*) é a restrição a* $\mathbb{R}$ *a uma função analítica em toda reta. No caso, a função exponencial complexa é uma função inteira e sua restrição a* $\mathbb{R}$ *é a função exponencial real. Como formalmente as duas séries que representam as funções exponencial real e complexa são iguais, então a segunda também vai satisfazer a relação funcional* $f(z+w) = f(z).f(w), \forall z, w \in \mathbb{C}$.

(3) *Queremos resolver a EDOC com condição inicial*

$$w' = \sqrt{1-w^2}, w(i) = 0,$$

onde $w = w(z)$, *sem ter que recorrer as dificuldades geradas pelas funções plurívocas e seus ramos (no caso a função raiz quadrada complexa). Para isso, novamente vamos usar o PCPF, necessitanto para tal fim resolver explicitamente a EDO* $x' = \sqrt{1-x^2}$. *Seja* $x = x(t) := sen(t) + k$, *definida para todo valor real de* t. *Então, segue que* $x' = x'(t) = \cos(t), \forall t \in \mathbb{R}$. *Pela relação fundamental da trigonometria, que diz que* $sen^2(t) + \cos^2(t) = 1, \forall t \in \mathbb{R}$, *obtemos* $x' = x'(t) = \cos(t) = \pm\sqrt{1 - sen^2(t)} = \pm\sqrt{1 - x^2(t)} = \pm\sqrt{1-x^2}$. *Logo, a solução geral é a função* $x = x(t) = sen(t) + k$, *definida anteriormente para todo valor real de* t. *Lembramos que a função seno real é analítica em toda reta real* $\mathbb{R}$, *e sua expansão em série de Taylor (em torno da origem* $x_0 = 0$*) é dada por*

$$sen(x) = \sum_{n=0}^{\infty} \frac{(-1)^n x^{2n+1}}{(2n+1)!}, \forall x \in \mathbb{R}.$$

Agora, usamos o PCPF (assim como no exemplo anterior) lembrando que as funções seno e cosseno complexos são dadas por

$$sen(z) := \frac{e^{iz} - e^{-iz}}{2i}, \cos(z) := \frac{e^{iz} + e^{iz}}{2},$$

definidas para todos os valores complexos $z \in \mathbb{C}$. *Elas são funções inteiras, suas séries de Taylor formalmente são as mesmas que as do caso real e, em particular, também satisfazem a relação fundamental* $sen^2(z) + \cos^2(z) = 1, \forall z \in \mathbb{C}$. *Na verdade, a única diferença significativa para o caso real é que elas não são limitadas (seus zeros e sua periodicidade são mantidos intactos). Logo,* $w = w(z) := sen(z) + k$, *definida para todo complexo* $z \in \mathbb{C}$, *é a solução geral da EDOC* $w' = \sqrt{1-w^2}$. *Mas, como queremos que* $w(i) = 0$, *então devemos resolver a equação transcendente dada por* $sen(i) + k = 0$. *Mas, sendo* $sen(i) = \frac{e^{-1} - e^{1}}{2i} = \frac{-1}{i}\frac{e^{1} - e^{-1}}{2} = i\sinh(1)$ *e, portanto,*

$k = -i\sinh(1) \Rightarrow w = w(z) = sen(z) - i\sinh(1), \forall z \in \mathbb{C}.$

(4) Neste último exemplo, veremos uma ferramenta importante para se generalizar o que vimos sobre EDOC de primeira ordem para casos de ordem mais alta, a saber, o Wronskiano complexo. Sejam f_1, f_2, *funções analíticas reais definidas em um intervalo (aberto)* $I \subseteq \mathbb{R}$. *Vai valer que* f_1, f_2, *são linearmente independentes (em I) se, e só se, existir pelo menos um ponto* $t_0 \in I$, *tal que o determinante wronskiano (que será uma função analítica em I da variável real t) dado por*

$$w(f_1, f_2)(t_0) = \begin{vmatrix} f_1(t_0) & f_2(t_0) \\ f_1'(t_0) & f_2'(t_0) \end{vmatrix} = f_1(t_0)f_2'(t_0) - f_2(t_0)f_1'(t_0) \neq 0.$$

Em particular, vai valer que a derivada do wronskiano em um ponto qualquer $t \in I, (w(f_1, f_2))'(t)$, *será dado por*

$$(f_1f_2 - f_1'f_2')'(t) = (f_1'f_2' + f_1f_2'' - f_2'f_1' - f_2f_1'')(t) = (f_1f_2'' - f_1''f_2)(t) = \begin{vmatrix} f_1(t) & f_2(t) \\ f_1''(t) & f_2''(t) \end{vmatrix}$$

Logo, o PCPF pode ser usado para garantir que se $g_1, g_2 = g_1(z), g_2(z)$, *são extensões holomorfas de* f_1, f_2, *a um disco (aberto)* $D \subseteq \mathbb{C}$, *então vai valer que elas são linearmente independentes em D, ou seja, existe pelo menos um número complexo* $z_0 \in D$, *de tal forma que o determinante wronskiano complexo (que será uma função holomorfa em D da variável complexa z) dado por*

$$w(g_1, g_2)(z_0) = \begin{vmatrix} g_1(z_0) & g_2(z_0) \\ g_1'(z_0) & f_2'(t_0) \end{vmatrix} = g_1(t_0)g_2'(t_0) - g_2(z_0)g_1'(z_0) \neq 0.$$

Em particular, vale, formalmente, a mesma fórmula para a derivada do wronskiano complexo em um ponto $z \in D$ *qualquer, a saber*

$$(w(g_1, g_2))'(z) = \begin{vmatrix} g_1(z) & g_2(z) \\ g_1''(z) & g_2''(z) \end{vmatrix}.$$

Tudo que foi dito acima neste exemplo, pode (e deve) perfeitamente ser estendido para um conjunto qualquer de funções analíticas $f_1, f_2, ..., f_n$, *bem como para suas extensões holomorfas* $g_1, g_2, ..., g_n$. *Além disso, as fórmulas para as derivadas n-ésimas do wronskiano complexo são, formalmente, as mesmas que os do caso real. Desse modo, sabendo o comportamento das funções analíticas reais* $f_1, f_2, ..., f_n$, *em termos de dependência linear, automaticamente já sabemos para suas extensões holomorfas (independentemente de sua definição explícita) sem precisar fazer cálculo algum. Por exemplo:*

a) $\{1, x, x^2, ..., x^n\}$ *são l.i. em toda reta real* $\mathbb{R} \Rightarrow \{1, z, z^2, ..., z^n\}$ *são l.i. em todo plano complexo* $\mathbb{C}$.

b) $\{e^{\lambda_1 t}, e^{\lambda_2 t}, ..., e^{\lambda_n t}\}$, $\lambda_k \in \mathbb{R}, \forall 1 \leq k \leq n$, *são l.i. em toda reta real* $\mathbb{R} \Rightarrow \{e^{\theta_1 z}, e^{\theta_2 z}, ..., e^{\theta_n z}\}$, $\theta_k \in \mathbb{C}, \forall 1 \leq k \leq n$, *são l.i. em todo plano complexo* $\mathbb{C}$.

c) $\{e^{\lambda t}, te^{\lambda t}, t^2 e^{\lambda t}, ..., t^n e^{\lambda t}\}, \lambda \in \mathbb{R}$, *é l.i em toda reta real* $\mathbb{R} \Rightarrow \{e^{\theta z}, \theta e^{\theta z}, \theta^2 e^{\theta z}, ..., \theta^n e^{\theta z}\}, \theta \in \mathbb{C}$, *é l.i. em todo plano complexo* $\mathbb{C}$.

d) $\{e^{at}\cos(bt), e^{at}\, sen(bt)\}, a, b \in \mathbb{R}/\{0\}$, *é l.i. em toda reta real* $\mathbb{R} \Rightarrow \{e^{sz}\cos(rz), e^{sz}\, sen(rz)\}, r, s$ $\mathbb{C}/\{0\}$, *é l.i. em todo plano complexo* $\mathbb{C}$.

e) O determinante Wronskiano da EDO real linear de ordem igual a n com coeficientes variáveis dada por

$$y^{(n)} + a_1(x)y^{n-1} + ... + a_n(x)y = 0$$

é dado por

$$W_{\mathbb{R}} = c\exp(-\int_0^x a_1(t))\, dt,$$

onde $c \in \mathbb{R}$ *é uma constante real, no sentido da exponencial real e, portanto, o determinante Wronskiano da EDO complexa linear de ordem igual a n com coeficientes variáveis dada por*

$$w^{(n)} + b_1(z)w^{n-1} + ... + b_n(z)w = 0$$

é dado por

$$W_{\mathbb{C}} = k\exp(-\int_0^z b_1(\theta))\, d\theta,$$

onde $k \in \mathbb{R}$ *é uma constante complexa, no sentido da exponencial complexa, onde* $\theta = t_1 + it_2$ *e entendemos por* $d\theta = dt_1 + idt_2$.

Uma sugestão de estudo que surge a partir de tudo o que foi visto acima é: dada uma EDOC linear de ordem igual a n, cujos coeficientes são funções inteiras que satisfazem um determinado tipo de condição de crescimento (crescimento exponencial, logarítmico, etc), digamos

$$w^{(n)} + a_{(n-1)}(z)w^{(n-1)} + ... + a_1 w' + w = 0,$$

o que podemos dizer a respeito do comportamento de suas soluções, como por exemplo, se são, ainda, inteiras e satisfazem a mesma condição de crescimento, bem como o seu comportamento geométrico e assintótico. Nesse sentido, trata-se de um estudo relativamente recente, onde alguns artigos foram publicados entre a metade dos anos 90 e início dos anos 2000.

APÊNDICE 3

O PCPF em Álgebra Linear e Análise Funcional

John von Neumann, em sua brilhante carreira, por intermédio do Princípio da Conservação das Propriedades Funcionais (PCPF), estabeleceu uma analogia entre alguns tipos especiais de operadores lineares e alguns tipos de conjuntos numéricos, também específicos. Relembremos suas definições.

DEFINIÇÃO 3.1. *Seja H um espaço de Hilbert, i.e, um espaço completo com relação à norma oriunda de seu produto interno. Um operador linear T: $domT \sqsubseteq H \to H$ é autoadjunto se $T = T^*$. Já um operador linear limitado $T : H_1 \to H_2$ é unitário se $T^* = T^{-1}$. Por fim, um operador linear limitado $T : H \to H$ é normal se $TT^* = T^*T$ (Pode-se mostrar que um operador linear limitado é normal se, e só se, $||Tx|| = ||T^*x||$).*

Observamos que sendo $z \in \mathbb{C}$ e I o operador identidade em H, então o operador zI é:

- *Normal para todo $z \in \mathbb{C}$.*
- *Autoadjunto se e somente se $z \in \mathbb{R}$.*
- *Unitário se, e só se, $|z| = 1$.*

Uma série de resultados em análise funcional nos permitem fazer uma analogia (via o Princípio da Conservação das Propriedades Funcionais - PCPF) entre operadores lineares e os números complexos de $\mathbb{C}$. Com base em tal analogia (via PCPF), os operadores lineares autoadjuntos se comportam como números reais, os operadores lineares unitários se comportam como números complexos no círculo unitário no plano complexo, i.e, se comportam como números complexos de módulo igual a 1 e os operadores lineares positivos se comportam como números reais não negativos, i.e, se comportam como números reais maiores ou iguais a zero, 0.

Um exemplo de aplicação do que foi escrito acima é o seguinte:

EXEMPLO 3.1. *Seja $\mathbf{D}(0,1) := \{z \in \mathbb{C}; |z| < 1\}$ o disco unitário de centro na origem e $\mathbb{H} = \{z \in \mathbb{C}; Im(z) > 0\}$ o semiplano superior. A função $f : \mathbb{H} \to D(0,1)$, $z \mapsto f(z) := \dfrac{z-i}{z+i}$ é uma bijeção (é um caso particular de transformação de Möbius) chamada de transformada de Cayley. Essa transformação leva conformalmente (i.e, preservando ângulos orientados entre intersecção de* *curvas) um número complexo de parte imaginária estritamente positiva em um número complexo de módulo igual a 1. Usamos o Princípio da Conservação das Propriedades Funcionais (PCPF) para o seguinte: Dado $\mathcal{H}$ um espaço de Hilbert e um operador hermitiano $T : dom(T) \sqsubseteq \mathcal{H} \to \mathcal{H}$, a transformada de Cayley do operador T (quando existir) é a aplicação (no caso, operador) $U(T) := (T - iI) \circ (T + iI)^{-1}$. Como "resultado" da "aplicação" do Princípio da Conservação das Propriedades uncionais (PCPF), segue que: A transformada de Cayley é uma isometria linear e também que a transformada de Cayley de um operador hermitiano é um operador unitário, i.e, um operador que satisfaz a condição $T^{-1} = T^{*}$, ou seja, seu operador inverso é o seu adjunto. Mais do que isso, um operador unitário tem norma igual a 1, já que o operador adjunto de um operador linear tem a mesma norma que o operador.*

APÊNDICE 4

Algumas Dicas e Diversidades

Aqui contém 50 *itens, em ordem relativamente aleatória, de diversidades, curiosidades, dicas e fatos importantes de matemática em geral para os leitores consultarem. A maioria dos itens está completa, porém deixamos algumas partes para os leitores completarem.*

(1) *Considere a função real de uma única variável real* $f : \mathbb{R} \to \mathbb{R}$, $x \mapsto f(x) := a\cos(x) + b\,sen(x)$, *onde* $a^2 + b^2 \neq 0$, *i.e, a,b são números reais não simultaneamente nulos. Logo, a função* f *é dada por uma combinação entre as funções trigonométricas reais* $sen(x)$ *e* $\cos(x)$. *Como*

$$a^2 + b^2 \neq 0 \Rightarrow \sqrt{a^2+b^2} \neq 0 \Rightarrow a\cos(x) + b\,sen(x) = \sqrt{a^2+b^2}\left(\frac{a}{\sqrt{a^2+b^2}}\cos(x) + \frac{b}{\sqrt{a^2+b^2}}\,sen(x)\right).$$

Notamos que

$$a^2 \leq a^2 + b^2,\ \forall a,b \in \mathbb{R} \Rightarrow \frac{a^2}{a^2+b^2} \leq \frac{a^2+b^2}{a^2+b^2} = 1,$$
$$a,b \in \mathbb{R}/\{0\} \Rightarrow -1 \leq \frac{a}{a^2+b^2} \leq \frac{|a|}{a^2+b^2} \leq 1,\ \forall a,b \in \mathbb{R}/\{0\}.$$

Analogamente, temos que

$$-1 \leq \frac{b}{a^2+b^2} \leq 1,\ \forall a,b \in \mathbb{R}/\{0\}.$$

Uma outra maneira de ver esse fato, é notar que $\frac{a}{\sqrt{a^2+b^2}}, \frac{b}{\sqrt{a^2+b^2}}$ *são números reais que satisfazem a condição*

$$\left(\frac{a}{\sqrt{a^2+b^2}}\right)^2 + \left(\frac{b}{\sqrt{a^2+b^2}}\right)^2 = \frac{a^2}{a^2+b^2} + \frac{b^2}{a^2+b^2} = \frac{a^2+b^2}{a^2+b^2} = 1$$

e, dessa forma, o ponto $\left(\frac{a}{\sqrt{a^2+b^2}}, \frac{b}{\sqrt{a^2+b^2}}\right) \in \mathbb{R}^2/\{(0,0)\}$ *é um ponto do disco unitário de centro na origem* $D(0,1) := \{(x,y) \in \mathbb{R}^2; x^2+y^2 = 1\} \subset \mathbb{R}^2$ *e, portanto,* $\frac{a}{\sqrt{a^2+b^2}}, \frac{b}{\sqrt{a^2+b^2}} \in [-1,1]$, $\forall a,b \in \mathbb{R}/\{0\}$. *Logo,* $\exists \alpha \in \mathbb{R}; \cos(\alpha) = \frac{a}{\sqrt{a^2+b^2}}$, $sen(\alpha) = \frac{b}{\sqrt{a^2+b^2}}$. *Portanto, usando a fórmula de adição de arcos para o cosseno da diferença que diz que*

$$\cos(k_1 - k_2) = \cos(k_1)\cos(k_2) + sen(k_1)\,sen(k_2),\ \forall k_1, k_2 \in \mathbb{R}$$

obtemos que

$$f(x) = a\cos(x) + b\,sen(x) = \sqrt{a^2+b^2}(\cos(\alpha)\cos(x) + sen(\alpha)\,sen(x)) = \sqrt{a^2+b^2}\cos(x-\alpha).$$

Como a função cosseno é uma função par, i.e, $\cos(-x) = \cos(x)$, $\forall x \in \mathbb{R}$ *também podemos escrever*

$$f(x) = a\cos(x) + b\,sen(x) = \sqrt{a^2 + b^2}\cos(\alpha - x),$$

já que $\alpha - x = -(x - \alpha)$. *Assim, podemos resumir: dada* $f(x) := a\cos(x) + b\,sen(x)$, $\exists\alpha = \arctan\left(\frac{b}{a}\right)$; $f(x) = \sqrt{a^2 + b^2}\cos(x - \alpha)$. *O período dessa função é* 2π *pois* $f(x + 2\pi) = a\cos(x + 2\pi) + b\,sen(x + 2\pi) = a\cos(x) + b\,sen(x) = f(x)$, $\forall x \in \mathbb{R}$, *já que as funções seno e cosseno são periódicas de período igual a* 2π. *Mais geralmente, temos que* $f(x + 2k\pi) = f(x)$, $\forall x \in \mathbb{R}$, $\forall k \in \mathbb{Z}$. *Além disso, como* $|\cos(x)| < 1$, $\forall x \in \mathbb{R}$ *segue que a imagem da função* f *é o intervalo fechado* $[-\sqrt{a^2 + b^2}, \sqrt{a^2 + b^2}]$. *Isso significa que o valor máximo assumido pela função* f *é dado por* $\sqrt{a^2 + b^2}$ *(quando* $x = \alpha$*) e o valor mínimo assumido pela função* f *é* $-\sqrt{a^2 + b^2}$ *(quando* $x = \alpha + \pi$*).*

(2) *Na grande maioria dos casos não conseguimos usar a definição de limite e de continuidade para funções reais de uma única variável real (ou mesmo no caso complexo e mais geralmente em* $\mathbb{R}^n$ *e* $\mathbb{C}^n$*). Porém, em alguns poucos casos conseguimos fazer isso explicitamente. Vamos mostrar, usando a definição de limite que* $\lim_{x\to 3} x^2 = 9$ *(isso também mostra que a função polinomial de grau 2* $p : \mathbb{R} \to \mathbb{R}$, $x \mapsto p(x) := x^2$ *é contínua no ponto* $x_0 = 3$, *pois* $9 = 3^2 = f(3)$*). Devemos mostrar então que* $\forall\epsilon > 0$, $\exists\delta = \delta(\epsilon, 3) > 0$; $\forall x \in \mathbb{R}$, $|x - 3| < \delta \Rightarrow |x^2 - 9| \le \epsilon$. *De fato, admitindo que* $|x - 3| < \delta \Rightarrow |x^2 - 9| = |x^2 - 3^2| = |(x - 3)(x + 3)| = |x - 3||x + 3| = |x - 3||x - 3 + 6| < |x - 3|(|x - 3| + 6) < \delta(\delta + 6)$. *Assim, devemos tomar* $\delta > 0$; $\delta(\delta + 6) < \epsilon$. *Para isso, notamos que* $\delta^2 + 6\delta - \epsilon = 0 \Leftrightarrow \delta = \frac{-6 \pm \sqrt{36 + 4\epsilon}}{2} = \frac{-6 \pm \sqrt{4(9 + \epsilon)}}{2} = \frac{-6 \pm 2\sqrt{9 + \epsilon}}{2} = -3 \pm \sqrt{9 + \epsilon}$. *Dessa forma,* $\delta(\delta + 6) < \epsilon \Leftrightarrow -3 - \sqrt{9 + \epsilon} < \delta < -3 + \sqrt{9 + \epsilon}$. *Notamos que* $-3 + \sqrt{9 + \epsilon} > 0$, *já que como* $\epsilon > 0 \Rightarrow \sqrt{9 + \epsilon} > \sqrt{9} = 3$, *e dessa forma* $-3 + \sqrt{9 + \epsilon} > 0$. *Como devemos ter* $\delta > 0$, *então se* $0 < \delta < -3 + \sqrt{9 + \epsilon}$ *segue que* $\delta(\delta + 6) < \epsilon$. *Podemos dessa forma resumir:* $\forall\epsilon > 0$, $\exists\delta = \delta(\epsilon, 3) \in (0, -3 + \sqrt{9 + \epsilon})$; $\forall x \in \mathbb{R}$, $|x - 3| < \delta \Rightarrow |x^2 - 9| < \epsilon$. *Logo, a função polinomial de grau 2* p *é contínua no ponto* $x_0 = 3$. *Podemos notar que nese caso o "*δ*" depende de* $\epsilon > 0$ *e do ponto* $x_0 = 3 \in \mathbb{R}$. *Podemos, mais geralmente, provar que* $\lim_{x\to x_0} x^2 = x_0^2$. *Para isso, devemos mostrar que* $\forall\epsilon > 0$, $\exists\delta = \delta(\epsilon, x_0) > 0$; $\forall x \in \mathbb{R}$, $|x - x_0| < \delta \Rightarrow |x - x_0^2| < \epsilon$. *Notamos que se* $|x - x_0| < \delta \Rightarrow |x^2 - x_0^2| = |(x - x_0)(x + x_0)| = |x - x_0||x + x_0| = |x - x_0||(x - x_0) + 2x_0| \le |x - x_0|(|x - x_0| + 2|x_0|) < \delta(\delta + 2|x_0|) < \epsilon \Leftrightarrow \delta^2 + 2|x_0|\delta - \epsilon < 0$. *Mas,* $\delta^2 + 2|x_0|\delta - \epsilon = 0 \Leftrightarrow \delta = \frac{-2|x_0| \pm \sqrt{4x_0^2 + 4\epsilon}}{2} = \frac{-2|x_0| \pm \sqrt{4(x_0^2 + \epsilon)}}{2} = \frac{-2|x_0| \pm 2\sqrt{x_0^2 + \epsilon}}{2} = -|x_0| \pm \sqrt{x_0^2 + \epsilon}$. *Logo,* $\delta^2 + 2|x_0|\delta - \epsilon < 0 \Leftrightarrow -|x_0| - \sqrt{x_0^2 + \epsilon} < \delta < -|x_0| + \sqrt{x_0^2 + \epsilon}$. *Notamos que*

$-|x_0| + \sqrt{x_0^2 + \epsilon} > 0$, *já que como* $x_0^2 + \epsilon > x_0^2$, *pois* $\epsilon > 0 \Rightarrow \sqrt{x_0^2 + \epsilon} \geq \sqrt{x_0^2} = |x_0|$. *Portanto, se* $\delta \in (0, -|x_0| + \sqrt{x_0^2 + \epsilon})$, $\epsilon > 0$, *então* $|x - x_0| < \delta \Rightarrow |x^2 - x_0^2| < \epsilon$. *Podemos resumir da seguinte forma:* $\forall \epsilon > 0$, $\exists \delta = \delta(\epsilon, x_0) \in \left(0, -|x_0| + \sqrt{x_0^2 + \epsilon}\right)$; $\forall x \in \mathbb{R}$, $|x - x_0| < \delta = \delta(\epsilon, x_0) \Rightarrow |x^2 - x_0^2| < \epsilon$. *Logo, a função polinomial de grau 2 p é contínua no ponto qualquer* $x_0 \in \mathbb{R}$, *logo contínua em toda reta real* $\mathbb{R}$. *Podemos notar também que o "*δ*" depende de* $\epsilon > 0$ *e do ponto qualquer* $x_0 \in \mathbb{R}$.

(3) *Podemos obter condições alternativas, porém equivalentes (e úteis em algumas aplicações), paras as definições de limite de uma sequência e limite de uma função em um ponto. Relembramos que uma sequência de números reais* $\{x_n\}_{n\in\mathbb{N}} \subset \mathbb{R}$ *é dita ser convergente com limite* $L \in \mathbb{R}$ *e escrevemos* $\lim_{n\to\infty} x_n = L$ *se:*

$$\lim_{n\to\infty} x_n = L \Leftrightarrow \exists L \in \mathbb{R};\ \forall \epsilon > 0,\ \exists n_0 = n_0(\epsilon) \in \mathbb{N};\ \forall n > n_0 \Rightarrow |x_n - L| < \epsilon.$$

Equivalentemente, podemos escrever

$$\lim_{n\to\infty} x_n = L \Leftrightarrow \forall n \in \mathbb{N} \text{ (que pode ser tomado tão grande quanto se queira)}, \\ \exists n_0 = n_0(N);\ \forall n \geq n_0 \Rightarrow |x_n - L| < \frac{1}{N}.$$

Vamos também relembrar agora que uma função real de uma única variável real $f : X \to \mathbb{R}$, $X \subset \mathbb{R}$, $x \mapsto f(x)$ *é dita ter limite* $L \in \mathbb{R}$ *no ponto* $x_0 \in X \subset \mathbb{R}$ *e escrevemos* $\lim_{x\to x_0} f(x) = L$ *se:*

$$\lim_{x\to x_0} f(x) = L \Leftrightarrow \forall \epsilon > 0,\ \exists \delta = \delta(\epsilon, x_0) > 0;\ \forall x \in X,\ |x - x_0| < \delta \Rightarrow |f(x) - L| < \epsilon.$$

De maneira equivalente, podemos escrever

$$\lim_{x\to x_0} f(x) = L \Leftrightarrow \forall N \in \mathbb{N} \text{ (que pode ser tomado tão grande quanto se queira)}, \\ \exists M = M(N) \in \mathbb{N};\ \forall x \in X,\ 0 < |x - x_0| < \frac{1}{M} \Rightarrow |f(x) - L| < \frac{1}{N}.$$

(4) *Seja* V *um espaço vetorial arbitrário. Podemos caracterizar as transformações lineares de domínio igual a reta real* $\mathbb{R}$ *e contradomínio* V. *De fato, seja* $w \in V$ *um elemento qualquer. A aplicação* $f_v : \mathbb{R} \to V$, $x \mapsto f_v(x) = xv$ *é uma aplicação linear. Reciprocamente, vamos supor que a aplicação qualquer* $f : \mathbb{R} \to V$, $x \mapsto f(x)$ *seja linear. Então, dado qualquer* $x \in \mathbb{R}$ *temos que* $f(x) = f(1.x) = xf(1)$. *Mas,* $f(1)$ *é um vetor do espaço vetorial* V. *Vamos denotar* $V \ni w_0 := f(1)$. *Assim, vemos que* $f = f_{w_0}$. *Desse modo, podemos perceber que descrevemos todas as aplicações lineares de* $\mathbb{R}$ *em* V *somente por elementos do espaço vetorial* V. *Isso significa que, para cada elemento de* V *corresponde uma transformação linear, e reciprocamente. O elemento qualquer* $w \in V$ *corresponde a aplicação linear* $f_w : \mathbb{R} \to V$ *dada por* $f_w(x) := xw$, *e, reciprocamente, qualquer aplicação*

$f : \mathbb{R} \longrightarrow V$, dada por $f(x) := xw$, onde w é um vetor de V é uma aplicação linear.

(5) *(Coordenadas Polares). Considere a função (que podemos pensar como um campo vetorial em $\mathbb{R}^2$) $f : \mathbb{R}^2 \longrightarrow \mathbb{R}^2$ dada por $(x, y) \mapsto f(x, y) := (x, y)$. As coordenadas polares de x, y são dadas, respectivamente, por $x = r\cos\theta, y = r\,sen\theta$. A matriz jacobiana de f em um ponto (r, θ) é dada por*

$$J_f(r,\theta) = \begin{pmatrix} \cos\theta & -r\,sen\theta \\ sen\theta & r\cos\theta \end{pmatrix}$$

e seu determinante $|J_f(r, \theta)| = r$ e, portanto, positivo se $r > 0$. Logo, a matriz jacobiana de f em um ponto qualquer $(x, y) \in \mathbb{R}^2$ é inversível e, portanto, a função f é localmente inversível em torno de qualquer ponto $(x, y) \in \mathbb{R}^2$. Um subconjunto no qual f é globalmente inversível é $U := \{(r, \theta); r > 0, \theta \in (0, 2\pi)\}$. Nesse caso, a matriz jacobiana de f^{-1} é dada por

$$J_f^{-1}(r,\theta) = \begin{pmatrix} \cos\theta & sen\theta \\ -\,sen\theta/r & \cos\theta/r \end{pmatrix}.$$

Neste caso, $f(U) = \mathbb{R}^2/A$, $A = \{(x, y) \in \mathbb{R}^2; y = 0, x > 0\}$, isto é, o plano deletado o semieixo real positivo.

Dado o conjunto $V := \{(x, y) \in \mathbb{R}^2; x > 0, y > 0\} \subset \mathbb{R}^2$, podemos determinar explcitamente a inversa de f, f^{-1} nesse conjunto. As condições que descrevem a inversa são dadas por: $r = \sqrt{x^2 + y^2}$ e $\theta = \arctan\left(\frac{y}{x}\right)$.

(6) *Uma vez estabelecido que $0,999... = \frac{9}{10} + \frac{9}{10^2} + \frac{9}{10^3} + ...\frac{9}{10^n} + ... = 1$ resulta (dividindo as condições anteriores por 9) que $0,111... = \frac{1}{10} + \frac{1}{10^2} + \frac{1}{10^3} + ...\frac{1}{10^n} + ... = \frac{1}{9}$. Consequentemente, para todo dígito a, multiplicando a última condição dada anteriormente, segue que $0,aaa... = \frac{a}{10} + \frac{a}{10^2} + \frac{a}{10^3} + ... + \frac{a}{10^n} + ... = \frac{a}{9}$. Por exemplo, $0,777... = \frac{7}{9} \in \mathbb{Q}$.*

(7) *Vale que $\left(\frac{a+b}{2}\right)^2 < \frac{a^2+b^2}{2}$, $\mathbb{R} \ni \forall a, b \geq 0$. (Deixamos para os leitores verificarem esse fato.)*

(8) *Sejam $f : \mathbb{R}^2 \longrightarrow \mathbb{R}$, $(x, y) \mapsto f(x, y) := g_1(x) + g_2(y)$ e $s : \mathbb{R}^2 \longrightarrow \mathbb{R}$, $(x, y) \mapsto s(x, y) := g_1(x).g_2(y)$ funções reais de duas variáveis independentes reais onde $g_1 : \mathbb{R} \longrightarrow \mathbb{R}$, $x \mapsto g_1(x)$ e $g_2 : \mathbb{R} \longrightarrow \mathbb{R}$, $x \mapsto g_2(y)$ são funções reais de uma única variável real (as variáveis das funções g_1 e g_2 são diferentes.) Assim, as funções f, s são funções de variáveis separadas (ou também chamadas de funções de variáveis desacopladas). Temos que:*

$f, g \in C^1(\mathbb{R}^2) \Leftrightarrow g_1, g_2 \in C^1(\mathbb{R})$, i.e, as funções reais de duas variáveis independentes reais f, s são deriváreis com derivada contínua no plano real $\mathbb{R}^2$ se, e só se, as funções reais de uma única variável real são deriváveis com derivada contínua na reta real $\mathbb{R}$. Vamos supor que $g_1, g_2 \in C^1(\mathbb{R})$. Logo, pelo equivalência acima, $f, s \in C^1(\mathbb{R}^2)$. Dessa forma, existem as derivadas parciais de primeira ordem das funções f, s e todas essas (quatro) derivadas parciais de primeira ordem são contínuas. Vamos determiná-las:

$$\frac{\partial f}{\partial x}(x, y) = g_1'(x) \quad , \quad \frac{\partial f}{\partial y}(x, y) = g_2'(y)$$

e

$$\frac{\partial s}{\partial x}(x, y) = g_1'(x).g_2(y) \quad , \quad \frac{\partial s}{\partial y}(x, y) = g_1(x).g_2'(y)$$

Vamos agora considerar a função real de duas variáveis reais $V_{ab} = af + bs : \mathbb{R}^2 \to \mathbb{R}$, $(x, y) \mapsto V_{ab}(x, y) := af(x, y) + bs(x, y)$, onde $a^2 + b^2 \neq 0$, i.e, V_{ab} é uma combinação linear das funções f, s onde as constantes reais a, b são não simultaneamente nulas. Como $f, s \in C^1(\mathbb{R}^2)$, então $V_{ab} \in C^1(\mathbb{R}^2)$. Vamos determinar as (duas) derivadas parciais da função V_{ab} (usando o fato de que o operador derivada parcial é um operador linear):

$$\frac{\partial V_{ab}}{\partial x}(x, y) = a\frac{\partial f}{\partial x}(x, y) + b\frac{\partial s}{\partial x}(x, y) = ag_1'(x) + bg_1'(x).g_2(y) = g_1'(x)(a + bg_2(y))$$

e

$$\frac{\partial V_{ab}}{\partial y}(x, y) = a\frac{\partial f}{\partial y}(x, y) + b\frac{\partial s}{\partial y}(x, y) = ag_2'(y) + bg_1(x).g_2'(y) = g_2'(y)(a + bg_1(x))$$

A partir disso, podemos generalizar o que foi feito acima para o caso em $\mathbb{R}^n$ (i.e, para funções reais de n variáveis independentes desacopladas reais) observando que, algumas vezes, (pelo menos) em matemática, um caso particular nos dá "condições" de entender um caso mais geral.

(9) *Existem algumas técnicas para se efetuar determinadas operações e contas em geral, como as seguintes: Como $(a + b)^2 = a^2 + 2ab + b^2$, $\forall a, b \in \mathbb{R} \Rightarrow (6,6)^2 = (6 + 0,6)^2 = 6^2+2.6.0,6+(0,6)^2 = 36+12.0,6+0,36 = 36+7,2+0,36 = 36+4+3,2+0,36 = 40+3,56 = 43,56$. Analogamente, $(7,7)^2 = (7 + 0,7)^2 = 7^2 + 2.7.0,7 + (0,7)^2 = 49 + 14.0,7 + 0,49 = 49+9,8+0,49 = 49+1+8,8+0,49 = 50+9,29 = 59,29$. Para casos mais extensos, repetimos a técnica a cada etapa, como a seguir: $(1,11)^2 = (1+0,11)^2 = 1^2+2.1.0,11+(0,11)^2 = 1+0,22+(0,1+0,01)^2 = 1,22+(0,1)^2+2.0,1.0,01+(0,01)^2 = 1,22+0,01+0,002+0,0001 = 1,23+0,002+0,0001 = 1,232+0,0001 = 1,2321$. Assim, podemos repetir a técnica quantas vezes for necessário.*

(10) *Vamos mostrar que* $\sum_{n=1}^{\infty} nx^{n-1} = 1 + 2x + 3x^2 + 4x^3 + ... + nx^{n-1} + ... = \frac{1}{(1-x)^2}$, $\forall |x| < 1$. *Para isso, vamos o usar o fato de que as séries de potências* $\sum_{n=0}^{\infty} a_n x^n = a_0 + a_1 x + a_2 x^2 + a_3 x^3 + ... + a_n x^n + ...$, $\left(\sum_{n=0}^{\infty} a_n x^n\right)' = \sum_{n=0}^{\infty} (a_n x^n)' = \sum_{n=1}^{\infty} n a_n x^{n-1} = a_1 + a_2 x + a_3 x^2 + a_4 x^3 + ... + a_n x^{n-1} + ...$, *quando convergentes, têm o mesmo raio de convergência. Sabemos que a série geométrica* $\sum_{n=0}^{\infty} x^n = 1 + x + x^2 + x^3 + ... x^n + ... = f(x) := \frac{1}{1-x}$, $\forall |x| < 1$. *Consideramos a função* $f(x) := \frac{1}{1-x}$, *cuja derivada, de acordo com a regra do quociente para derivadas, é dada por* $f'(x) = \frac{1}{(1-x)^2}$. *Dessa forma, derivando termo a termo da série geométrica, obtemos a série que converge para a função* f', *onde a convergência ocorre* $\forall |x| < 1$. *Portanto, temos que:* $f'(x) = \frac{1}{(1-x)^2} = \left(\sum_{n=0}^{\infty} x^n\right)' = \sum_{n=0}^{\infty} (x^n)' = \sum_{n=1}^{\infty} nx^{n-1} = 1+2x+3x^2+4x^3+...+nx^{n-1}+...$, $\forall |x| < 1$.

(11) *Pode-se mostrar que a função seno real,* $f : \mathbb{R} \to \mathbb{R}$, $x \mapsto f(x) := sen(x)$ *não é uma função polinomial, i.e, a função* f *não é da forma* $f(x) = \sum_{n=0}^{\infty} a_n x^n = a_0 + a_1 x + a_2 x^2 + ... + a_+ n x^n$, $a_k \in \mathbb{R}$, $\forall 0 \leq k \leq n$, *constantes reais. Para isso, vamos exibir uma propriedade que toda função polinomial possui, mas que não é propriedade da função seno real, logo a função seno real não pode ser uma função polinomial. Uma função polinomial de grau igual a* n *possui no máximo* n *raízes complexas (contadas suas multiplicidades algébricas) e a função seno real possui uma quantidade infinito enumerável de zeros na reta real* $\mathbb{R}$. *De fato,*

$$sen(x) = 0 = sen(0) = sen(\pi) \Leftrightarrow x = k\pi, k \in \mathbb{Z}.$$

E assim, exibimos uma propriedade das funções polinomiais que não é propriedade da função seno real. Logo, a função seno real não é uma função polinomial.

Observação 4.1. *Podemos também, no caso acima, exibir uma propriedade da função seno real que não é propriedade de função polinomial alguma. De fato, a função seno real é uma função periódica de período igual a* 2π, *i.e,* $sen(x + 2k\pi) = sen(x)$, $\forall x \in \mathbb{R}$, $\forall k \in \mathbb{Z}$. *Porém, as funções polinomiais não são periódicas. Assim, exibimos uma propriedade da função seno real que não é propriedade das funções polinomiais. Logo, a função seno real não é uma função polinomial. Analogamente, podemos provar que função trigonométrica alguma é uma função polinomial. Observamos também que a função seno real é limitada em toda reta, i.e,* $|sen(x)| \leq 1$, $\forall x \in \mathbb{R}$, *mas função polinomial alguma é limitada na reta real* $\mathbb{R}$, *pois se o coeficiente do termo de maior potência da função polinomial* p *for positivo* $\Rightarrow \lim_{x \to +\infty} p(x) = +\infty$, *e se o coeficiente do termo de maior potência da função polinomial p for negativo* $\Rightarrow \lim_{x\to+\infty} p(x) = -\infty$. *Assim, exibimos mais uma propriedade da função seno real que não é propriedade das funções polinomiais. Existem outras propriedades que poderíamos usar, a saber: a função seno real é uniformemente contínua em toda a reta real* $\mathbb{R}$, *ao passo de que as funções polinomiais que são uniformemente contínuas em toda a reta são apenas de dois tipos: as constantes e as de grau* 1. *Mais do que isso, uma função polinomial de grau maior que* 1 *é uniformemente contínua se, e só se, está definida em um intervalo limitado da reta (não precisa ser fechado para o caso de funções polinomiais).*

(12) *Vamos provar que*

$$\sum_{n=1}^{\infty} nx^n = x + 2x^2 + 3x^3 + \ldots + nx^n + \ldots = \frac{x}{(1-x)^2}, \ \forall |x| < 1.$$

Temos que:

$$S_n = x + 2x^2 + 3x^3 + \ldots + nx^n \Rightarrow (1-x)S_n = (1-x)(x + 2x^2 + 3x^3 + \ldots + nx^n) =$$

$$x + 2x^2 + 3x^3 + \ldots + nx^n - x^2 - 2x^3 - 3x^4 - \ldots - (n-1)x^n - nx^{n+1} =$$

$$x + x^2 + x^3 + \ldots + x^n - nx^{n+1} = x\underbrace{(1 + x + x^2 + \ldots + x^{n-1})}_{=\frac{1-x^n}{1-x}, \forall n\in\mathbb{N}} - nx^{n+1} = x\left(\frac{1-x^n}{1-x} - nx^{n+1}\right),$$

$$\forall n \in \mathbb{N} \Rightarrow S_n = \frac{x}{1-x}\left(\frac{(1-x^n)}{1-x} - nx^{n+1}\right),$$

$$\forall n \in \mathbb{N} \Rightarrow x + 2x^2 + 3x^3 + \ldots + nx^n = \frac{x}{1-x}\left(\frac{(1-x^n)}{1-x} - nx^{n+1}\right),$$

$$\forall n \in \mathbb{N} \Rightarrow \lim_{n\to\infty, |x|<1} S_n = \sum_{n=1, |x|<1}^{\infty} nx^n = \frac{x}{(1-x)}\frac{1}{(1-x)} = \frac{x}{(1-x)^2}, \ \forall |x| < 1.$$

Em particular, por exemplo, se $x = \frac{1}{7} \Rightarrow |x| = \frac{1}{7} < 1 \Rightarrow \sum_{n=1}^{\infty} n\left(\frac{1}{7}\right)^n = \sum_{n=1}^{\infty} \frac{n}{7^n} = \frac{1}{7} + \frac{2}{7^2} + \frac{3}{7^3} + \ldots + \frac{n}{7^n} + \ldots = \frac{(1/7)}{(1-(1/7))^2} = \frac{(1/7)}{(6/7)^2} = \frac{1}{7}.\frac{7^2}{6^2} = \frac{7}{36} = 0,19444444\ldots.$

(13) *Seja V um espaço vetorial. Uma função* $||.|| : V \longrightarrow \mathbb{R}$ *que satisfaz os axiomas seguintes é chamada de uma norma em V.*

(Não negatividade.) $||x|| \geq 0, \forall x \in V$.

(Não degenerada.)

$$||x|| = 0 \Leftrightarrow x = 0_V.$$

(Não negatividade homogênea.)

$$||\lambda x|| = |\lambda|||x||, \forall \lambda \in \mathbb{C}, \forall x \in V.$$

(Primeira desigualdade de triângulo).

$$||x+y|| \leq ||x|| + ||y||, \forall x, y \in V.$$

Entretanto, essa lista de axiomas pode ser reduzida da seguinte forma:

$||x|| = 0 \Rightarrow x = 0.$

$||\lambda x|| = |\lambda| ||x||, \forall \lambda \in \mathbb{C}, \forall x \in V.$

$||x+y|| \leq ||x|| + ||y||, \forall x, y \in V.$

De fato, as condições $||0_V|| = 0$ *e* $||x|| \geq 0, \forall x \in V$ *podem ser derivadas dessas, pois* $||0_V|| = ||2.0_V|| = |2|.||0_V|| \Rightarrow 0 = ||0_V|| - ||0_V|| = 2||0_V|| - ||0_V|| = ||0_V|| \Rightarrow ||0_V|| = 0$ *e, além disso,* $0 = ||0_V|| = ||x - x|| \leq ||x|| + || - x|| = ||x|| + || - 1.x|| = ||x|| + | - 1|.||x|| = ||x|| + 1.||x|| = ||x|| + ||x|| = 2||x||, \forall x \in V \Rightarrow 2||x|| \geq 0, \forall x \in V \Rightarrow ||x|| \geq 0, \forall x \in V.$ *Ocorre, entretanto, que esse conjunto de axiomas não é bom na prática, pois o que é feito é se usar a positividade para provar a desigualdade triangular e não o contrário, já que, tipicamente, ao se tentar provar a desigualdade triangular em diversas situações práticas chegamos em* $||x+y||^2 \leq (||x|| + ||y||)^2, \forall x, y \in V$, *e só podemos extrair a raiz quadrada positiva em ambos os membros de modo a se obter a desigualdade triangular se soubermos a positividade não degenerada da função. Logo, é melhor se usar os cinco axiomas propostos como usual. Mas, notamos que com três axiomas conseguimos, pelo menos teoricamente, chegar aos dois demais faltantes (mas na prática, em geral, não).*

(14) Sabemos que o conjunto dos números racionais é denso no conjunto dos números reais, i.e, todo número irracional é limite de uma sequência de números reais, ou seja, o fecho do conjunto dos racionais na retal real é a própria reta real, i.e, o menor subconjunto fechado da reta real que contém o conjunto dos números racionais é a própria reta real, onde o menor subconjunto fechado, o qual nos referimos, consiste em considerar a intersecção de todos os subconjuntos fechados da reta que contém o referido conjunto (no caso o conjunto dos números racionais). Podemos nos perguntar se vale a recíproca, i.e: Todo número racional é limite de uma sequência de números irracionais? A resposta para essa pergunta é verdadeira, como vamos provar adiante, mas ela não se dá verdadeira argumentando, como no caso dos números racionais serem densos no conjunto dos números reais, pois se assim o fosse, o fecho do conjunto dos números

irracionais na reta real seria o conjunto dos números racionais, mas isso não é verdade, pois o fecho do conjunto dos números irracionais na reta real é, novamente, a própria reta real (mais do que isso, o conjunto dos números irracionais sequer é subconjunto dos racionais, já que são, por definição, disjuntos). Vamos, então, mostrar que: $\forall r \in \mathbb{Q}, \exists \{x_n\}_{n\in\mathbb{N}} \subseteq \mathcal{I} := \mathbb{R}/\mathbb{Q}; \lim_{n\to\infty} x_n = r$. *De fato, seja* $x \in \mathcal{I}$ *um número irracional qualquer, porém fixo, e* $r \in \mathbb{Q}$ *um número racional qualquer, porém fixo. Afirmamos que a sequência* $\{x_n\}_{n\in\mathbb{N}}, x_n := r + \frac{x}{n}$ *é uma sequência de números irracionais. De fato, como* x *é irracional e* n *é natural, então seu quociente é irracional, digamos,* $\frac{x}{n} = y$*, pois se não o fosse, i.e, se* $\frac{x}{n} = y$ *fosse racional, então* $x = ny$ *seria racional, já que o produto de racionais é, ainda, racional, contrariando o fato de que* x *é irracional, por hipótese. Ainda, a soma* $r + \frac{x}{n}$ *é irracional, pois a soma de um racional com um irracional é um número irracional. De fato, se não o fosse, digamos* $r + \frac{x}{n} = q$ *um número racional, então* $\frac{x}{n} = q - r$ *seria racional, pois a diferença de números racionais é, ainda, um racional, contrariando o fato de que, como vimos logo atrás,* $\frac{x}{n}$ *é um irracional. Por fim,* $\lim_{n\to+\infty} x_n = \lim_{n\to+\infty} r + \frac{x}{n} = r \in \mathcal{I}$. *Logo, todo número racional pode ser escrito como limite de uma sequência de números irracionais.*

(15) *Seja* $z \in \mathbb{C}$ *um número complexo qualquer. Seja também* $0 = 0 + i0 \in \mathbb{C}$*, o número zero visto como elemento de* $\mathbb{C}$. *Vamos provar que* $z.0 = 0.z = 0, \forall z \in \mathbb{C}$ *e que* $\sqrt{0} = 0$. *De fato, sendo* $0 + 0 = 2.0 = 0$*, então* $0.z = (0 + 0).z = 0.z + 0.z \Rightarrow 0 = 0.z - 0.z = 2.0.z - 0.z = 0.z, \forall z \in \mathbb{C}$. *Ainda, seja* $z = \sqrt{0} = \sqrt{0+0} = \sqrt{2.0} = \sqrt{2}.\sqrt{0} \Rightarrow \sqrt{2}.\sqrt{0} - \sqrt{0} = 0 \Rightarrow \sqrt{0}(\sqrt{2} - 1) = 0 \Rightarrow \sqrt{0} = 0$*, já que* $\sqrt{2} - 1 \neq 0$.

(16) *A "função"* $f : \mathbb{Q} \to \mathbb{Z}, \mathbb{Q} \ni \frac{p}{q} \mapsto f\left(\frac{p}{q}\right)$ *" := "*$p \in \mathbb{Z}$ *não está bem definida, i.e, por algum motivo, ela não é uma função. De fato sendo* $\frac{1}{2} = \frac{2}{4} \Rightarrow f(1/2) = 1 \neq f(2/4) = 2$*, ou seja, o mesmo ponto tem duas imagens distintas (na verdade, uma quantidade enumerável de imagens distintas).*

(17) *O limite de uma sequência de funções polinomiais não precisa ser uma função polinomial. De fato, vamos considerar a sequência de funções polinomiais complexas de uma única variável complexa* $\{p_n(z)\}_{n\in\mathbb{N}}, p_n(z) := 1 + z + \frac{z^2}{2!} + \frac{z^3}{3!} + ... + \frac{z^n}{n!}$. *Essa sequência converge para a exponencial complexa, que não é um polinômio, já que a exponencial complexa*

não tem zeros.

(18) *Deixamos a cargo dos leitores mostrar que* $\sum_{n=1}^{\infty} \frac{2n-1}{2^{2n}} = \frac{5}{9}$. *(Sugestão: Veja uma série numérica demonstrada de forma geral no texto, bem como o exemplo prático que a segue).*

(19) *(Pergunta para os leitores.) Dado um espaço vetorial* V *sobre um corpo* K*, tal que dim* V *sobre* K *é* n*, então existe um corpo* K_0 *tal que dim* V *sobre* K_0 *é* m*, com* m *prefixado? Conseguimos isso com corpos finitos?*

(20) *O inverso de um operador linear pode ser calculado da seguinte maneira: inverter a matriz do operador na base canônica e "voltar" para o operador inverso. Sugerimos aos leitores efetuarem seus próprios exemplos.*

(21) *Uma função de* $\mathbb{R}$ *em* $\mathbb{R}$ *que é homogênea de grau 1 é linear e, portanto, aditiva, porém, uma função de* $\mathbb{R}$ *em* $\mathbb{R}$ *que é aditiva não precisa ser linear, i.e, não precisa ser homogênea de grau 1. Mas, se uma função de* $\mathbb{R}$ *em* $\mathbb{R}$ *é aditiva e contínua, isso implica que ela é homogênea, i.e, abre para qualquer escalar real. (Deixamos para os leitores verificarem esse fato.)*

(22) *(Sequência das médias de Cesàro). Seja* $\{z_n\}_{n\in\mathbb{N}} \subseteq \mathbb{C}$ *uma sequência de números complexos (ou também pode ser de números reais estritamente falando). A sequência das médias de Cesàro associada à sequência* $\{z_n\}_{n\in\mathbb{N}} \subseteq \mathbb{C}$ *é também uma sequência de números complexos* $\{\sigma\}_{n\in\mathbb{N}} \subseteq \mathbb{C}$ *definida como* $\sigma_n := \frac{z_1 + z_2 + \ldots + z_n}{n}$*, i.e, é a sequência cujos elementos são médias aritméticas dos* n *primeiros termos da sequência* $\{z_n\}_{n\in\mathbb{N}} \subseteq \mathbb{C}$*. É possível mostrar que as sequências de Cesàro "melhoram" as sequências, no sentido de que, as médias de Cesàros têm mais "chances" de convergirem do que as sequências originais. De fato, uma grande classe de sequências divergentes possuem médias de Cesàro convergentes. Ainda, se a sequência converge, então também converge sua média de Cesàro. Resumindo o que dissemos anteriormente e fornecendo um exemplo:*

(a) $\{z_n\}_{n\in\mathbb{N}} \subseteq \mathbb{C}$; $\exists \lim_{n\to\infty} z_n = z \in \mathbb{C} \Rightarrow \exists \lim_{n\to\infty} \sigma_n = z \in \mathbb{C}$.

(b) *Mesmo que se uma sequência de números complexos for divergente, sua sequência das médias de Cesàro pode ser convergente. De fato,* $\{x_n\}_{n\in\mathbb{N}} := \{1, 0, 1, 0\ldots\} \subsetneq \mathbb{R} \Rightarrow \nexists \lim_{n\to\infty} x_n$*, mas* $\{\sigma\}_{n\in\mathbb{N}} \subseteq \mathbb{R}$*,* $\{\sigma\}_{n\in\mathbb{N}} = \left\{1, \frac{1}{2}, \frac{2}{3}, \frac{1}{2}, \frac{3}{5}, \ldots\right\} \Rightarrow \lim_{n\to\infty} \sigma_n = \frac{1}{2}$*. Podemos perceber que, de certa forma, as médias de Cesàro de uma sequência de números* *complexos "suaviza" essa mesma sequência de números complexos.*

(23) *Vamos provar de duas maneiras (distintas) que vale a seguinte desigualdade:* $sen(\theta) \leq \theta$, $\forall \mathbb{R} \ni \theta \geq 0$. *De fato, a primeira maneira é a seguinte: seja a função real de uma única variável real dada por* $k(\theta) := \theta - sen(\theta)$. *Pelo Teorema do Valor Médio (de Lagrange) - T.V.M.(.L), vale que* $\exists \xi \in [0, \theta] \subsetneq \mathbb{R}$; $k(\theta) - k(0) = (\theta - 0).k'(\xi) \Rightarrow \theta - sen(\theta) = \theta(1 - \cos(\xi)) \geq 0$, $\forall \xi \in \mathbb{R}, \forall \mathbb{R} \ni \theta \geq 0$ *pois, por hipótese,* $\theta \geq 0$ *e, ainda, como* $-1 \leq \cos(\xi) \leq 1$, $\forall \xi \in \mathbb{R} \Rightarrow 0 \leq 1 - \cos(\xi) \leq 2$, $\forall \xi \in \mathbb{R} \Rightarrow \theta(1 - \cos(\xi)) = \theta - sen(\theta) \geq 0$, $\forall \xi \in \mathbb{R}, \forall \mathbb{R} \ni \theta \geq 0 \Rightarrow sen(\theta) \leq \theta$, $\forall \mathbb{R} \ni \theta \geq 0$. *A segunda maneira consiste em se estudar o sinal da função* $k(\theta) := \theta - sen(\theta)$ *e, para isso, vamos determinar explicitamente sua derivada que é dada por... (a partir daqui vamos deixar a cargo dos leitores terminarem esse item.)*

(24) *A função* $f : \mathbb{R}^2 \to \mathbb{R}$, $(x, y) \mapsto f(x, y) := \ln(x^2 + y^2 + 1)$ *é "quase" uma métrica, i.e, ela "quase" pode ser usada para medir distâncias. Deixamos a cargo dos leitores verificarem quais propriedades ela satisfaz ou não nas condições de métrica.*

(25) *Se conseguimos medir comprimentos, então conseguimos medir distâncias. A recíproca pode ser falsa. De fato, toda norma gera uma métrica, mas nem toda métrica é oriunda de uma norma. Se conseguimos medir ângulos, então conseguimos medir comprimentos e, portanto, medir distâncias. De fato, todo produto interno gera uma norma que gera uma métrica, mas nem toda norma é oriunda de um produto interno. Isso ocorre se, e só se, a norma satisfaz a lei do paralelogramo.*

(26) *Conjectura de João Francisco: Uma função real de uma única variável real e contínua em todos os pontos do seu domínio e não derivável em ponto algum do seu domínio se, e só se, seu gráfico é um fractal no plano, ou seja, todos os pontos do seu gráfico são um "bico", como a origem* $(0, 0)$ *do gráfico da função* $x \mapsto |x|$.

(27) *Deixamos a cargo dos leitores provar que* $\sqrt{2 + \sqrt{2 + \sqrt{2 + \sqrt{2...}}}} = 2$; *deve ser provado a convergência da sequência, i.e, que ela é monótona (crescente) e limitada e, depois, ser calculado seu limite (isso pode ser feito também, primeiramente, para encontrarmos o "candidato natural" a limite dessa sequência e, de fato, depois de provar que ela é convergente, i.e, que é monótona crescente e limitada, afirmar que este é, de fato, o limite*

da sequência). Mais geralmente, $\sqrt{x+\sqrt{x+\sqrt{x+\sqrt{x+\sqrt{x\ldots}}}}} = \frac{1+\sqrt{1+4x}}{2}, \forall x \in$ $[0,+\infty)$. *Por exemplo, considerando* $x = 77 \Rightarrow \sqrt{77+\sqrt{77+\sqrt{77+\sqrt{77+\sqrt{77\ldots}}}}} =$ $\frac{\sqrt{1+4.77}}{2} = \frac{\sqrt{309}}{2}$; *103 é número primo e é suficiente (por meio de um teorema da Teoria de Números) testar a divisibilidade para o primeiro número natural (no caso, estritamente) menor do que* $\sqrt{103}$ *que é* 10, *já que* $10 < \sqrt{103} < 11$, *pois* $100 = 10^2 < \sqrt{103} < 11^2 = 121$. *Como uma aplicação, vamos, agora, encontrar* $x \geq 0$ *real tal que* $\sqrt{x+\sqrt{x+\sqrt{x+\ldots}}} = 55$. *Temos que* $\sqrt{x+\sqrt{x+\sqrt{x+\ldots}}} = y \geq 0 \Rightarrow$ $x + \underbrace{\sqrt{x+\sqrt{x+\sqrt{x+\ldots}}}}_{=y} = y^2 \Rightarrow y^2 - y - x = 0 \Leftrightarrow y = \frac{1 \pm \sqrt{1+4x}}{2} \underbrace{\Rightarrow}_{y\geq 0} y = \frac{1+\sqrt{1+4x}}{2}$.

Logo, $\sqrt{x+\sqrt{x+\sqrt{x+\ldots}}} = 55 \Leftrightarrow \frac{1+\sqrt{1+4x}}{2} = 55 \Leftrightarrow \sqrt{1+4x} = 109 \Leftrightarrow 1+4x =$ $109^2 \Leftrightarrow x = \frac{1}{4}(109^2 - 1^2) = \frac{1}{4}([109-1].[109+1] = \frac{1}{2}.\frac{1}{2}.108.110 = \frac{1}{\not 2}.\frac{1}{\not 2}.54.\not 2.55.\not 2 =$ $54.55 = (55-1).55 = (55)^2 - 55 = (50+5)^2 - 55 = 2500+500+25-55 = 3000-30 = 2970$. *Assim, concluímos que* $\sqrt{x+\sqrt{x+\sqrt{x+\ldots}}} = 55 \Leftrightarrow x = 2970$.

(28) A recíproca do Teorema de Pitágoras é verdadeira? Resposta: Sim! Deixamos a cargo dos leitores fazerem a demonstração.

(29) Toda função polinomial complexa de uma única variável complexa é sobrejetiva pelo Teorema Fundamental da Álgebra (TFA). Toda função polinomial real de uma única variável real cujo grau é um número ímpar é sobrejetiva. Deixamos para os leitores verificarem essas propriedades.

(30) Vamos provar que os números irracionais algébricos $\sqrt{3+2\sqrt{2}} \in \mathcal{I}$ *e* $1+\sqrt{2} \in \mathcal{I}$ *são iguais. De fato, denotemos por* $y = 1+\sqrt{2} \Rightarrow y^2 = (1+\sqrt{2})^2 = 1^2 + 2.1.\sqrt{2} + \sqrt{2}^2 =$ $1 + 2\sqrt{2} + 2 = 3 + 2\sqrt{2} \Rightarrow y = \sqrt{3+2\sqrt{2}} = 1+\sqrt{2}$. *Um outro modo (porém equivalente) de ver isso, é o seguinte: para provar que dois números reais positivos são iguais, basta provar que eles possuem o mesmo quadrado. Então, denotemos por* $y_1 = 1+\sqrt{2}$ *e* $y_2 = \sqrt{3+2\sqrt{2}} \Rightarrow y_1^2 = y_2^2 = 3+2\sqrt{2}$. *Como* $y_1, y_2 > 0 \Rightarrow y_1 = y_2$, *i.e,* $\sqrt{3+2\sqrt{2}} = 1+\sqrt{2}$.

(31) *Vamos mostrar que o número irracional* $7 + \sqrt[3]{77} \in \mathcal{I}$ *é um número irracional algébrico, i.e,* $7 + \sqrt[3]{77} \in \mathcal{I}_a$, *ou seja,* $\exists\ p(x) := a_n x^n + ... + a_0 = \sum_{k=0}^{n} a_k x^k$, $a_k \in \mathbb{Q}$, $\forall 0 \le k \le n$; $p(7 + \sqrt[3]{77}) = 0$, *i.e, existe um polinômio de coeficientes racionais (na verdade os coeficientes do polinômio podem ser considerados inteiros, i.e,* $a_k \in \mathbb{Z}, \forall 0 \le k \le n$, *já que, multiplicando o polinômio por um número inteiro conveniente, que vem a ser o mínimo múltiplo em comum com os denominadores dos coeficientes do polinômio, então não mudaremos suas raizes) que possui o número* $7 + \sqrt[3]{77}$ *como uma de suas raizes. Na verdade, o polinômio de menor grau que satisfaz essa condição possui grau igual a* 3. *Vamos usar a seguinte técnica para determinar um possível polinômio (existe mais de um e, na verdade, existem infinitos polinômios que satisfazem essa condição). Temos que, denominando* $x := 7 + \sqrt[3]{77} \Rightarrow x - 7 = \sqrt[3]{77} \Rightarrow (x-7)^3 = 77 \Rightarrow x^3 - 3.x^2.7 - 3.x.7^2 + 7^3 = 77 \Rightarrow x^3 - 21x^2 - 147x + 343 = 77 \Rightarrow x^3 - 21x^2 - 147x + 343 - 77 = 0 \Rightarrow x^3 - 21x^2 - 147x + 266 = 0$. *Portanto, os coeficientes do polinômio* $p(x) := x^3 - 21x^2 - 147x + 266 = 1.x^3 - 21x^2 - 147x + 266$ *são todos inteiros, pois* $1, -21, -147, 266 \in \mathbb{Z}$ *e, por construção,* $p(7 + \sqrt[3]{77}) = 0$, *i.e, o número irracional* $7 + \sqrt[3]{77} \in \mathcal{I}$ *é uma das raízes da equação polinomial de grau igual a* 3 *a coeficientes inteiros* $x^3 - 21x^2 - 147x + 266 = 0$ *e, portanto,* $7 + \sqrt[3]{77} \in \mathcal{I}_a$, *ou seja,* $7 + \sqrt[3]{77}$ *é um número irracional algébrico. É intuitivo notar que, por exemplo, o número irracional algébrico* $\sqrt[6]{77} \in \mathcal{I}_a$ *não pode ser raiz de polinômio algum a coeficientes inteiros (na verdade racionais) de grau* ≤ 5. *Mas, pode perfeitamente ser raiz de um polinômio a coeficientes inteiros de grau* ≥ 6. *De fato,* $x = \sqrt[6]{77} \Rightarrow x^6 = 77 \Rightarrow x^6 - 77 = 0$, *e* $grau(x^6 - 77) = 6$.

(32) *Em geral, a intersecção entre duas subestruturas algébricas é, ainda, uma subestrutura algébrica. A união, também em geral, será uma subestrutura se, e só se, uma estiver contida dentro da outra. Convidamos os leitores a verificarem esses fatos para espaços vetoriais e grupos.*

(33) *Temos que* $tg(x) - sen(x) = tg(x)(1 - \cos(x)) = tg(x) 2\, sen^2\left(\frac{x}{2}\right) = 2\, tg(x)\, sen^2\left(\frac{x}{2}\right)$, $\forall x \in \mathbb{R}$. *Por vezes, no cálculo numérico, dependendo do tipo de problema o qual queremos resolver, é conveniente trabalhar com algum dos tipos de expressão a saber: ou a forma de subtração dada por "*$tg(x) - sen(x)$*" ou a forma em produto "*$2\, tg(x)\, sen^2\left(\frac{x}{2}\right)$*". Por exemplo, em um problema envolvendo aproximações a forma em produto pode funcionar melhor.*

(34) *(Forma polar.)* $z = 20 + 7i \Rightarrow z = \sqrt{449}(\cos(\arctan\left(\frac{7}{20}\right)) + i(\,sen(\arctan\left(\frac{7}{20}\right))$.

(35) *(Cálculo com potências complexas.)* $(1+i)^{2-3i} = \exp[(2-3i)\ln(1+i)] = \exp[(2-3i)\left(\ln\sqrt{2} + i\frac{\pi}{4}\right)] = \exp\left[2\ln\sqrt{2} + \frac{3\pi}{4} + i\left(\frac{\pi}{2} - 3\ln\sqrt{2}\right)\right] = \exp\left[\ln 2 + \frac{3\pi}{4} + i\left(\frac{\pi}{2} - \frac{1}{2}\ln 8\right)\right] = \exp\left(\ln 2 + \frac{3\pi}{4}\right) cis\left(\frac{\pi}{2} - \frac{1}{2}\ln 8\right)$.

(36) *O conjunto dos números* $x \in \mathbb{R};\ x^2 \leq 10$ *é equivalente ao conjunto dos números* $x \in \mathbb{R};\ -\sqrt{10} \leq x \leq \sqrt{10}$, *i.e,* $\{x \in \mathbb{R}; x^2 \leq 10\}$ *é o intervalo fechado e limitado da reta real dado por* $[-\sqrt{10}, \sqrt{10}] \subsetneq \mathbb{R}$. *Surge então uma questão: dado* $[a,b] \subsetneq \mathbb{R}$. $\exists m$ $c, d, e \in \mathbb{R}$; *o conjunto dos números* $x \in \mathbb{R};\ (cx+d)^2 \leq e \Leftrightarrow x \in [a,b]$? *Por exemplo,* $(x+3)^2 \leq 11 \Leftrightarrow -\sqrt{11} \leq x+3 \leq \sqrt{11} \Leftrightarrow -(\sqrt{11}+3) \leq x \leq \sqrt{11}-3 \Leftrightarrow x \in [-(\sqrt{11}+3), \sqrt{11}-3]$. *Um outro exemplo,* $(x+7)^2 \leq 16 \Leftrightarrow -4 \leq x+7 \leq 4 \Leftrightarrow -11 \leq x \leq -3 \Leftrightarrow x \in [-11,-3] \subsetneq \mathbb{R}$. *Ainda, um outro exemplo,* $(2x+1)^2 \leq 49 \Leftrightarrow -7 \leq 2x+1 \leq 7 \Leftrightarrow -8 \leq 2x \leq 6 \Leftrightarrow -4 \leq x \leq 3 \Leftrightarrow x \in [-4,3] \subsetneq \mathbb{R}$.

(37) *Vamos mostrar como se pode construir uma sequência convergente de números complexos com a seguinte propriedade: o k-ésimo termo da sequência é o próprio limite da sequência. Em símbolos, fixado um número complexo arbitrário* $\widetilde{z} \in \mathbb{C}$, $\exists\ \{z_n\}_{n\in\mathbb{N}} \subsetneq \mathbb{C}$; $z_k = \widetilde{z}$, *para algum* $k \in \mathbb{N}$ *e* $\lim_{n\to\infty} z_n = \widetilde{z}$. *De fato, vamos inicialmente considerar o caso em que o limite da sequência é* $1 \in \mathbb{R}$ *e o seu primeiro termo,* $z_1 = 1$. *Para isso, notamos que a sequência* $\{z_n\}_{n\in\mathbb{N}} \subsetneq \mathbb{C}$, *dada por* $z_n := 1 + \frac{1}{n} - \frac{1}{n^2}$ *satisfaz as seguintes condições:* $\lim_{n\to\infty} z_n = \lim_{n\to\infty} 1 + \frac{1}{n} - \frac{1}{n^2} = 1 + \lim_{n\to\infty}\frac{1}{n} - \lim_{n\to\infty}\frac{1}{n^2} = 1+0+0 = 1$ *e, ainda,* $z_1 = 1 + \frac{1}{1} - \frac{1}{1^2} = 1 + 1 - \frac{1}{1} = 1+1-1 = 1+0 = 1 \Rightarrow \lim_{n\to\infty} z_n = z_1$. *Observamos agora, que se trocarmos o número* $1 \in \mathbb{R}$ *por qualquer número complexo fixado* $\widetilde{z} \in \mathbb{C}$, *vai ocorrer que a sequência* $\{z_n\}_{n\in\mathbb{N}} \subsetneq \mathbb{C}$, *dada por* $z_n := \widetilde{z} + \frac{1}{n} - \frac{1}{n^2}$ *é tal que* $\lim_{n\to\infty} z_n = \widetilde{z}$ *e* $\lim_{n\to\infty} z_n = z_1 = \widetilde{z}$. *Continuando, considerando a sequência* $\{z_n\}_{n\in\mathbb{N}} \subsetneq \mathbb{C}$, *dada por* $z_n := \widetilde{z} + \frac{7}{n} - \frac{49}{n^2} = \widetilde{z} + \frac{7}{n} - \left(\frac{7}{k}\right)^2$, *satisfaz as seguintes condições:* $\lim_{n\to\infty} z_n = \lim_{n\to\infty} \widetilde{z} + \frac{7}{n} - \frac{49}{n^2} = \widetilde{z} + 7.\lim_{n\to\infty}\frac{1}{n} - 49.\lim_{n\to\infty}\frac{1}{2} = \widetilde{z} + 7.0 - 49.0 = \widetilde{z} + 0 - 0 = \widetilde{z} + 0 = \widetilde{z}$ *e* $z_7 = \widetilde{z} + \frac{7}{7} - \left(\frac{7}{7}\right)^2 = \widetilde{z} + 1 - 1^2 = \widetilde{z} + 1 - 1 = \widetilde{z} + 0 = \widetilde{z} \Rightarrow \lim_{n\to\infty} z_n = z_7$. *Finalmente, fixado um número complexo* $\widetilde{z} \in \mathbb{C}$ *qualquer e sendo* $k \in \mathbb{N}$ *um número natural fixado qualquer, obtemos que a sequência* $\{z_n\}_{n\in\mathbb{N}} \subsetneq \mathbb{C}$, *dada por* $z_n := \widetilde{z} + \frac{k}{n} - \left(\frac{k}{n}\right)^2$ *satisfaz as*

seguintes condições: $\lim_{n\to\infty} z_n = \overline{z}$ e $z_k = \overline{z} + \frac{k}{k} - \left(\frac{k}{k}\right)^2 = \overline{z} + 1 - 1^2 = \overline{z} + 1 - 1 = \overline{z} + 0 = \overline{z}$, *i.e,* $\lim_{n\to\infty} z_n = z_k$, *ou seja, a sequência é convergente e o seu limite é exatamente o seu k-ésimo termo.*

Observação 4.2. *Às vezes, quando temos um problema de matemática para se resolver, como o que foi feito acima, devemos começar com alguns casos particulares e gradativamente retirando essas particularidades, solucionamos o caso mais geral.*

(38) *É "razoável" esperar que o logaritmo complexo não seja holomorfo em todo o plano complexo* $\mathbb{C}$, *pois a função logaritmo real não está definida em um contínuo de pontos da reta real* $\mathbb{R}$ *(o semieixo negativo mais a origem) e o logaritmo complexo é a generalização da exponencial real ao plano complexo* $\mathbb{C}$. *Pelo princípio da conservação das propriedades funcionais suas expansões em série de Taylor (séries de potências) devem ter o mesmo raio de convergência, e sabemos que independente do ponto* $x_0 \in (0 + \infty) \subsetneq \mathbb{R}$ *ao qual expandimos a função logaritmo real em torno, essa série nunca terá raio de convergência igual a* $+\infty$ *(i.e, o intervalo de convergência nunca será toda a reta real* $\mathbb{R}$*) e, portanto, o logaritmo complexo não é inteiro (sequer pode ser definido em todo o plano complexo* $\mathbb{C}$*), mas é holomorfo em toda região do plano complexo onde o argumento é função contínua (i.e, removendo a origem e a semireta negativa real do plano). Como todas as outras funções elementares de variável real são analíticas em toda a reta, então suas generalizações ao plano complexo são sempre funções inteiras. Na verdade, toda função real de uma única variável real que é analítica em toda a reta é a restrição de uma função inteira à reta (um fato muito importante para a teoria da Análise Matemática em geral.)*

(39) *O operador integral é monotônico (deixamos para os leitores verificarem esse fato). O operador derivada não o é. De fato, sejam* $f, g : \mathbb{R} \to \mathbb{R}$ *dadas por* $f(x) := x^2, g(x) := x^2+1$. *Então* $f < g$ *mas* $f' = g'$.

(40) *A função singular (na origem)* $f : \mathbb{R}^2 \to \mathbb{R}$, *dada por* $f(x,y) := \sqrt{x^2+y^2}$. *De fato, o gradiente de* f *em um ponto arbitrário* $(x,y) \in \mathbb{R}^2 \setminus \{0\}$ *é dado por*

$$\nabla(f(x,y)) = (f_x(x,y), f_y(x,y)) = \left(\frac{x}{\sqrt{x^2+y^2}}, \frac{y}{\sqrt{x^2+y^2}}\right).$$

Introduzimos, agora, o sistema de coordenadas polares

$$\begin{cases} x = x(r,\theta) := r\cos(\theta) \\ y = y(r,\theta) := r\,sen(\theta) \end{cases}$$

onde $r \in (0,+\infty), \theta \in [0,\pi/2]$, *e obtemos que vale o seguinte:*

$$\begin{cases} r = r(x,y) = \sqrt{x^2+y^2} \\ \theta = \arctan(y/x) \end{cases}$$

Dessa forma, em coordenadas polares, a função f *se escreve como* $f(r,\theta) = r \neq 0, \forall (r,\theta) \in \mathbb{R}^2)$, *e seu gradiente é dado por*

$$\nabla(f(r,\theta)) = (f_r(r,\theta), \tfrac{1}{r} f_\theta(r,\theta)) = (1,0) \neq (0,0), \forall (r,\theta) \in \mathbb{R}^2.$$

Assim, podemos notar que, em coordenadas polares, ambos f *e seu grandiente,* $\nabla(f)$, *são não nulos em todos os pontos (em particular, o gradiente de* f *é constante) e, portanto, a introdução de coordenadas polares "removeu" a singularidade de* f *na origem.*

(41) Utilizando o Teorema dos Cossenos e dos Senos, deixamos para os leitores determinarem o raio (e também a área) da circunferência circunscrita ao triângulo de lados medindo $4, 7, 10$ *u.m. (unidades de medida). De acordo com o que foi dito logo atrás, podemos encontrar a área da circunferência circunscrita a um triângulo por itermédio de uma fórmula que envolva apenas elemento do próprio triângulo (i.e, comprimento dos lados e magnitude dos ângulos), como se segue. Seja* θ *um ângulo interno do triângulo (de preferência, o maior ângulo, i.e, o que se opõe ao maior lado) e* a *a medida do lado que se opõe a esse ângulo. Sendo* R *o raio da circunferência circunscrita a esse triângulo, sabemos pelo Teorema dos Senos que a razão* $\frac{a}{sen(\theta)} = 2R =$ *diâmetro da circunferência. Como a área da circunferência em função de seu raio é dada por* πR^2, *então*

$$\frac{a}{sen(\theta)} = 2R \Rightarrow \frac{a}{2\,sen(\theta)} = R \Rightarrow \frac{a^2}{4\,sen^2(\theta)} = R^2 \Rightarrow \frac{\pi a^2}{4\,sen^2(\theta)} = \pi R^2 = \text{área da circunferência circunscrita} = A \Rightarrow A = \pi\left(\frac{a}{2\,sen(\theta)}\right)^2 = \pi\left(\frac{a\csc(\theta)}{2}\right)^2,$$

onde $\csc(\theta) = \dfrac{1}{sen(\theta)}$, *é a cossecante do ângulo (interno)* θ. *Logo, podemos determinar a área da circunferência circunscrita a um triângulo, apenas conhecendo a medida de um de seus lados e o valor de qualquer função trigonométrica do ângulo oposto a esse lado (de fato, se não conhecemos a cossecante deste ângulo, porém conhecemos qualquer outra função trigonométrica desse ângulo, podemos chegar a essa primeira por intermédio das fórmulas clássicas da Trigonometria Circular Plana. Resumindo: Dada qualquer função trigonométrica de um ângulo qualquer, podemos construir e/ou encontrar as demais).*

(42) *Vamos apresentar agora uma técnica para se determinar todas as funções trigonométricas do ângulo não notável de* $\frac{\pi}{5} = 36°$, *e consequentemente, do ângulo de* $\frac{2\pi}{5} = 72°$ *(e mostremos sua relação com o número de ouro). Para isso, seja* $\theta = \frac{2\pi}{5}$ *e denotemos por* $\cos(2\theta) = \cos\left(\frac{4\pi}{5}\right) = x$. *Então, temos que*

$$0 = sen(0) = sen(2\pi) = sen(5\theta) = sen(\theta + 4\theta) = sen(\theta)\cos(4\theta) + \cos(\theta)\,sen(4\theta) =$$
$$sen(\theta)(2\cos^2(2\theta)-1)+\cos(\theta).2\,sen(2\theta)\cos(2\theta) = sen(\theta)(2x^2-1)+\cos(\theta).2.2\,sen(\theta)\cos(\theta).x =$$
$$sen(\theta)(2x^2-1) + 4\,sen(\theta)\cos^2(\theta).x = sen(\theta)(2x^2-1) + 4x\,sen(\theta)\left(\frac{\cos(2\theta)+1}{2}\right) =$$
$$sen(\theta)(2x^2-1) + 2x\,sen(\theta)(x+1) = sen(\theta)(2x^2-1) + sen(\theta)(2x^2+2x) =$$
$$sen(\theta)(2x^2-1) + sen(\theta)(2x^2-1+2x^2+2x) = \underbrace{sen(\theta)}_{\neq 0}(4x^2+2x-1) \Rightarrow 4x^2+2x-1 = 0,$$

pois $sen(\beta) = 0 \Leftrightarrow \beta = k\pi, k \in \mathbb{Z}$ *e* $\nexists k \in \mathbb{Z}; k\pi = \frac{2\pi}{5}$, *pois isso acarretaria em* $k = \frac{1}{5} \notin \mathbb{Z}$ *e, portanto,* $sen\left(\frac{2\pi}{5}\right) \neq 0 \Rightarrow x = \frac{-2 \pm \sqrt{4+16}}{2.4} = \frac{-2 \pm \sqrt{20}}{2.4} = \frac{-2 \pm \sqrt{4.5}}{2.4} = \frac{-2 \pm \sqrt{2^2.5}}{2.4} =$

$$\frac{-2 \pm 2\sqrt{5}}{2.4} = \frac{\not 2(-1 \pm \sqrt{5})}{\not 2.4} = \frac{-1 \pm \sqrt{5}}{4} \underbrace{\Rightarrow}_{\frac{2\pi}{5} \in (\pi/2,\pi)} \cos\left(\frac{4\pi}{5}\right) = \text{raiz negativa da equação}$$

$4x^2 + 2x - 1 = 0 = \frac{-1-\sqrt{5}}{4} < 0$, *pois* $\frac{4\pi}{5} = \pi - \frac{\pi}{5} \in (\pi/2, \pi)$ *é um ângulo do segundo quadrante do ciclo trigonométrico, e o cosseno é negativo para esses ângulos (observando também que* $\frac{-1+\sqrt{5}}{4} > 0$*). Reduzindo ao ângulo do primeiro quadrante (cujo ângulo, como vimos anteriormente, é dado por* $\frac{\pi}{5}$*) vamos obter que*

$$\cos\left(\frac{\pi}{5}\right) = |\cos\left(\frac{4\pi}{5}\right)| = \frac{1+\sqrt{5}}{4} = \frac{\phi}{2}, \text{ onde } \phi = \frac{1+\sqrt{5}}{2} \in \mathcal{I}_a \text{ é o número de ouro.}$$

Determinemos, agora, os valores de $sen\left(\frac{\pi}{5}\right)$ *e* $tg\left(\frac{\pi}{5}\right)$, *sendo as demais, como secante, cossecante e cotangente, os inversos dos valores obtidos tomados de maneira pertinente. Pela relação fundamental da trigonometria circular plana vale que* $sen^2(\pi/5) + \cos^2(\pi/5) = 1 \Rightarrow sen^2(\pi/5) = 1 - \left(\frac{1+\sqrt{5}}{4}\right)^2 = \frac{16-(1+\sqrt{5})^2}{16} = \frac{4^2-(1+\sqrt{5})^2}{16} =$

$$\frac{(4+1+\sqrt{5}).(4-1-\sqrt{5})}{16} = \frac{(5+\sqrt{5}).(3-\sqrt{5})}{16} = \frac{15-5\sqrt{5}+3\sqrt{5}-5}{16} = \frac{10-2\sqrt{5}}{16} =$$
$$\frac{\not 2.(5-\sqrt{5})}{\not 2.8} = \frac{5-\sqrt{5}}{8} \Rightarrow sen\left(\frac{\pi}{5}\right) = \frac{\sqrt{5-\sqrt{5}}}{2\sqrt{2}} = \frac{\sqrt{2.(5-\sqrt{5})}}{4} \Rightarrow tg\left(\frac{\pi}{5}\right) = \frac{sen(\pi/5)}{\cos(\pi/5)} =$$

$\frac{\sqrt{2.(5-\sqrt{5})}}{\not{4}}.\frac{\not{4}}{1+\sqrt{5}} = \frac{\sqrt{2.(5-\sqrt{5})}}{1+\sqrt{5}}$. *Além disso,* $\cos\left(\frac{2\pi}{5}\right) = 2\cos^2(\pi/5) - 1 = \frac{2}{16}.(6 + 2\sqrt{5}) - 1 = \frac{1}{\not{2}.4}.\not{2}.(3+\sqrt{5}) - \frac{4}{4} = \frac{3+\sqrt{5}-4}{4} = \frac{\sqrt{5}-1}{4} \Rightarrow \cos\left(\frac{\pi}{5}\right) = \frac{\sqrt{5}+1}{4}$ *e* $\cos\left(\frac{2\pi}{5}\right) = \frac{\sqrt{5}-1}{4}$ *são números irracionais (algébricos) conjugados. A determinação das demais funções trigonométricas do ângulo não notável* $2\pi/5$ *podem ser realizadas como feito acima para o ângulo de* $\pi/5$ *e são deixadas como exercícios a cargo dos leitores.*

(43) Se uma matriz quadrada triangular superior (inferior) for inversível, i.e, se elemento algum de sua diagonal principal for igual a zero, 0 *então sua matriz inversa é, ainda, uma matriz triangular superior (inferior).*

(44) A aplicação $\varphi : I \longrightarrow \mathbb{R}^2, \varphi(t) := (\,tg(t), \sec(t))$ *onde* I *é qualquer intervalo da reta que não contenha ponto algum da forma* $\frac{\pi}{2} + k\pi, k \in \mathbb{Z}$ *é uma parametrização analítica da hipérbole cuja equação cartesiana é dada por* $x^2 - y^2 = 1$. *De maneira "similar", a aplicação* $\varphi : I \longrightarrow \mathbb{R}^2, \varphi(t) := (\cot(t), \csc(t))$, *onde* I *é qualquer intervalo da reta que não contenha ponto algum da forma* $k\pi, k \in \mathbb{Z}$ *é uma "outra" parametrização analítica da hipérbole de mesma equação dada acima.*

(45) Seja um intervalo da reta $I \not\ni \pi/2 + k\pi, k \in \mathbb{Z}$. *A aplicação* $\varphi : I \longrightarrow \mathbb{R}^2, \varphi(t) := (\,tg(t),\ sen(t))$ *é uma parametrização analítica da curva cuja equação cartesiana é dada por* $(xy)^2 + y^2 - x^2 = 0$. *De fato, denotando por* $tg(t) = x = x(t),\ sen(t) = y = y(t)$, *então* $tg(t) = \frac{sen(t)}{\cos(t)} = x \Rightarrow sen(t) = x\cos(t) \Rightarrow sen^2(t) = x^2\cos^2(t) = x^2(1 - sen^2(t)) \Rightarrow y^2 = x^2(1-y^2) = x^2 - x^2y^2 = x^2 - (xy)^2 \Rightarrow (xy)^2 + y^2 - x^2 = 0$. *De modo "similar", sendo um intervalo da reta* $I \not\ni \pi/2 + k\pi, k \in \mathbb{Z}$, *então a aplicação* $\varphi : I \longrightarrow \mathbb{R}^2, \varphi(t) := (\,tg(t), \cos(t))$ *é uma parametrização analítica da curva cuja equação cartesiana é dada por* $(xy)^2 + y^2 - 1 = 0$. *De fato, denotando por* $tg(t) = x = x(t), \cos(t) = y = y(t)$, *então* $tg(t) = \frac{sen(t)}{\cos(t)} = x \Rightarrow sen(t) = x\cos(t) \Rightarrow sen^2(t) = x^2\cos^2(t) \Longrightarrow 1 - \cos^2(t) = x^2\cos^2(t) \Rightarrow 1 - y^2 = x^2y^2 \Rightarrow (xy)^2 + y^2 - 1 = 0$.

(46) Seja I *um intervalo "positivo" da reta real* $\mathbb{R}$, *i.e, um intervalo que só contenha números* > 0. *Então a aplicação* $\varphi : I \longrightarrow \mathbb{R}^2, \varphi(t) := (e^t, \ln(t))$ *é uma parametrização analítica da curva cuja equação cartesiana é dada por* $y = \ln(\ln(x))$, *definida para os pontos* x *da reta que satisfazem a condição de que* $\ln(x) > 0 = \ln(1) \Rightarrow x > 1$. *De fato, denotando por*

$e^t = x = x(t), \ln(t) = y = y(t)$, *então* $e^t = x \Rightarrow \ln(e^t) = t = \ln(x) \Rightarrow \ln(t) = y = \ln(\ln(x)), \forall x \in (1, +\infty)$.

(47) *(Energia da parametrização racional do círculo.) A energia da parametrização racional do círculo é igual a* 2π. *De fato, relembremos as identidades trigonométricas dadas por*

$$\cos(s) = \frac{tg^2(s/2) - 1}{tg^2(s/2) + 1},\ sen(s) = \frac{2\,tg(s/2)}{1 + tg^2(s/2)}, \forall s \neq \frac{\pi}{4} + k\frac{k\pi}{2}, k \in \mathbb{Z}.$$

Sabemos que a função $\frac{\pi}{2} + k\pi \neq s \mapsto tg(s) \in \mathbb{R}$ *é sobrejetiva, e denotemos por* $tg(s/2) = t \in \mathbb{R}$. *A aplicação* $\varphi : (-\infty, +\infty) \to \mathbb{R}^2, \varphi(t) := \left(\frac{t^2-1}{1+t^2}, \frac{2t}{1+t^2}\right)$ *é chamada de parametrização racional do círculo. De fato, ela tem como imagem o círculo de centro na origem e raio igual a* 1, *já que* $\left(\frac{t^2-1}{1+t^2}\right)^2 + \left(\frac{2t}{1+t^2}\right)^2 = \frac{1}{(1+t^2)^2}(t^4 - 2t^2 + 1 + 4t^2) = \frac{1}{1+t^2}(t^4 + 2t^2 + 1) = \frac{1}{(1+t^2)^2}(1+t^2)^2 = 1, \forall t \in \mathbb{R}$. *Devemos, agora, determinar explicitamente a norma da derivada de* φ, $||\varphi'(t)||$, *e para isso, vamos determinar as derivadas ordinárias de suas funções componentes. Temos que*

$$\left(\frac{t^2-1}{t^2+1}\right)' = \frac{4t}{(t^2+1)^2}, \left(\frac{2t}{1+t^2}\right)' = \frac{2(1-t^2)}{(1+t^2)^2}, \forall t \in \mathbb{R}.$$

Dessa forma, segue que $||\varphi'(t)||^2 = \frac{1}{(1+t^2)^4}(16t^2 + 4(1-t^2)^2) = \frac{4}{t^2+1}, \forall t \in \mathbb{R}$. *Por sua vez, a energia dessa parametrização será dada pela integral imprópria* $4\int_{-\infty}^{+\infty} \frac{1}{(1+t^2)^2}dt = 4\lim_{\epsilon\to+\infty}\int_{-\epsilon}^{\epsilon} \frac{1}{(1+t^2)^2}dt$. *A primitiva da função* $f : \mathbb{R} \to \mathbb{R}$ *dada por* $f(t) := \frac{1}{(1+t^2)^2}$ *é a função* $F : \mathbb{R} \to \mathbb{R}$ *dada por* $F(t) := \frac{1}{2}\left(\arctan(t) + \frac{t}{1+t^2}\right) + k$. *Logo, para calcular a energia dessa parametrização, devemos calcular o seguinte limite:*

$$\frac{4}{2}\lim_{\epsilon\to+\infty}\left(\arctan(t) + \frac{t}{1+t^2}\right)\Big|_{-\epsilon}^{+\epsilon} = 2\lim_{\epsilon\to+\infty}\left(\arctan(\epsilon) + \frac{\epsilon}{\epsilon^2+1} - \left(\arctan(-\epsilon) - \frac{\epsilon}{\epsilon^2+1}\right)\right) =$$
$$2\lim_{\epsilon\to+\infty}\left(2\arctan(\epsilon) + \frac{2\epsilon}{\epsilon^2+1}\right) = 2.2.\arctan(+\infty) = 4.\frac{\pi}{2} = 2\pi.$$

(48) *(Natureza de triângulos.) Para saber se três números reais positivos podem ser lados de um triangulo basta conferir se o maior número é estritamente menor do que a soma dos outros dois. De fato, em primeiro lugar, como vimos no texto, a primeira desigualdade de triangulo implica na segunda. Além disso, em um triângulo o maior lado sempre se opõe ao maior lado e se o maior número já é menor do que a soma dos outros dois números com "maior" razão, ainda cada um dos outros dois números são menores do que a soma do maior número com o outro número correspondente. Como um exemplo, vamos verificar se existe um triângulo de lados medindo* 5, 6, 7. *Para isso, basta*

verificar se o número 7 é menor do que a soma dos números $5, 6$, *pois todas as outras propriedades, como vimos, saem como consequência dessa. Mas de fato,* $7 < 5 + 6 = 11$ *e, portanto, existe um triângulo com esses lados. Para verificar se esse triângulo é agudo, reto ou obtuso usamos o teorema dos cossenos. Seja* θ *o maior ângulo desse triângulo, i.e, o ângulo que se opõe ao maior lado, i.e, o lado que mede 7. Temos que* $7^2 = 5^2 + 6^2 - 2.5.6.\cos(\theta) \Rightarrow 49 = 25 + 36 - 60\cos(\theta) \Rightarrow 49 = 61 - 60\cos(\theta) \Rightarrow 49 - 61 = -60\cos(\theta) \Rightarrow -12 = -60\cos(\theta) \Rightarrow \cos(\theta) = \dfrac{-12}{-60} = \dfrac{1}{5} > 0$. *Como o cosseno do maior ângulo é positivo, então ele está no primeiro quadrante do círculo trigonométrico, pois um ângulo interno de um triângulo é sempre maior que* 0 *e menor do que* π. *No primeiro quadrante o cosseno é positivo e no segundo quadrante é negativo. Como o maior ângulo desse triângulo é agudo, então segue que esse triângulo é agudo ou acutângulo.*

(49) Não precisamos usar a fórmula via determinante para se averiguar se três pontos são colineares ou não no plano. De fato, basta escolher dois dos três pontos e encontrar a equação da (única) reta que os contém e depois verificar se o terceiro ponto satisfaz ou não a equação dessa reta. Se ele satisfaz a equação, então os três pontos estão alinhados. Se ele não satisfaz a equação, então eles não estão alinhados. Recomendado aos leitores fazerem seus próprios exemplos.

(50) Não precisamos da fórmula de Heron para se calcular a área de um triângulo conhecidas as medidas dos seus três lados. De fato, escolhemos um dos ângulos internos desse triângulo e determinamos o seu cosseno via Teorema dos Cossenos. Depois, usando a relação fundamental da trigonometria podemos encontrar o seno desse mesmo ângulo. Assim, lembramos que a área pode ser calculada pela metade do valor entre o produto dos comprimentos de dois lados adjacentes pelo seno do ângulo entre eles. Recomendamos aos leitores desenvolverem seus próprios exemplos.

APÊNDICE 5

Trigonometria Hiperbólica

Vamos listar apenas algumas definições e propriedades das funções hiperbólicas e deixar um exercício para os leitores resolverem.

Definição 5.1. *(Definição das funções trigonométricas hiperbólicas planas).*

(1) (Seno hiperbólico plano). $\sinh : \mathbb{R} \to \mathbb{R}, \mathbb{R} \ni x \mapsto \sinh(x) := \dfrac{e^x - e^{-x}}{2} \in \mathbb{R}.$

(2) (Cosseno hiperbólico plano). $\cosh : \mathbb{R} \to \mathbb{R}, \mathbb{R} \ni x \mapsto \cosh(x) := \dfrac{e^x + e^{-x}}{2} \in \mathbb{R}.$

(3) (Tangente hiperbólica plana). $\tanh : \mathbb{R} \to \mathbb{R}, \mathbb{R} \ni x \mapsto \tanh(x) := \dfrac{\sinh(x)}{\cosh(x)} = \dfrac{e^x - e^{-x}}{e^x + e^{-x}} \in \mathbb{R}.$

Teorema 5.1. *(Algumas propriedades das funções trigonométricas hiperbólicas planas).*

(1) $\tanh(x) = \dfrac{e^x - 1}{e^x + 1}, \forall x \in \mathbb{R}.$

(2) (Relação fundamental da trigonometria hiperbólica plana).

$$\cosh^2(x) - \sinh^2(x) = 1, \forall x \in \mathbb{R}.$$

Esta relação é sugerida pela equação da hipérbole $x^2 - y^2 = 1$ *no plano.*

(3) $\sinh(x + y) = \sinh(x)\cosh(y) + \sinh(y)\cosh(x), \forall x, y \in \mathbb{R}.$

(4) $\cosh(x + y) = \cosh(x)\cosh(y) + \sinh(x)\sinh(y), \forall x, y \in \mathbb{R}.$

(5) $\sinh(2x) = 2\sinh(x)\cosh(x), \forall x \in \mathbb{R}.$

(6) $\cosh(2x) = \cosh^2(x) + \sinh^2(x), \forall x \in \mathbb{R}.$

(7) $(\sinh(x))' = \cosh(x) \quad , \quad (\cosh(x))' = \sinh(x).$

Exercício: Se $\sinh(x) = 2$ *mostre que* $\cosh(x) = \sqrt{5}, \tanh(x) = \dfrac{2\sqrt{5}}{5}$. *Calcule também os valores de* $\cosh(2x)$ *e* $\sinh(2x)$ *usando as fórmulas anteriores.*

Observação 5.1. *No caso complexo basta, formalmente, trocar x real por z complexo. Não tratamos no livro as hiperbólicas inversas, mas essas, no caso complexo, dependem do ramo do logaritmo.*

Referências Bibliográficas

A seguir, apresentamos uma lista de textos sobre alguns dos tópicos que foram apresentados neste livro ou mesmo para aprofundamento e estudos posteriores. Ao todo são 26 itens.

Referência Bibliográfica de Matemática para o Ensino Médio

[1] Lang, Serge., Basic Mathematics., Editora Springer (1988).

Referências Bibliográficas de Cálculo Numérico

[2] Cohen, Harold., Numerical Approximation Methods., Editora Springer (2011).

[3] Lang, Serge., Real Analysis., Editora Addison-Wesley (1969).

[4] S.S., Sastry., Introductory Methods of Numerical Analysis., Editora Phi Learning (2005).

[5] J. Davis, Philip., Rabinowitz, Philip., Methods of Numerical Integration., Editora Dover Books (2007).

[6] Hosking, R.J., Joe, S., Joyce, D.C., Turner, J.C., First Steps in Numerical Analysis., Second Edition., Editora Arnold (1996).

[7] Fernandes Costa, M.A., Cálculo Numérico com Pascal., Editora Escolar (1993).

[8] Bradie, Brian., A Friendly Introduction to Numerical Analysis., Editora Pearson Prentice Hall (2006).

Referências Bibliográficas de Variáveis Complexas

[9] Lang, Serge., Complex Analysis., Editora Addison-Wesley (1977).

[10] *Deshpande, J.V., Complex Analysis., Editora McGgraw-Hill International Editions (1986).*

[11] *Pinto Lucas, João Francisco., Gomes, Leandro Gustavo., A Projeção Canônica entre Estruturas Riemaniannas e Complexas em Superfícies., Editora Atena (2021).*

[12] *Shokranian, Salahoddin., Uma Introdução à Variável Complexa., Editora Ciência Moderna (2011).*

[13] *Wunsch, David., Complex Variables with Applications., Third Edition., Editora Pearson Addison-Wesley (2005).*

[14] *Garling, D.J.H., A Course in Mathematical Analysis - Volume 3 - Complex Analysis, Measure and Integration - Cambridge University Press - (2014).*

[15] *Colwell and Mathews., Introdução às Variáveis Complexas., Supervisão de Elza Gomide., Editora Edgar Blücher e editora da Universidade de São Paulo (1977).*

[16] *Thompson, Mark., Sauter, Esequia., Variáveis Complexas., Clube de Autores (2013).*

Referências Bibliográficas de Teoria de Grupos

[17] *Lang, Serge., Algebraic Structures., Editora Addison-Wesley (1966).*

[18] *Shokranian, Salahoddin., Geometria Hiperbólica e Teoria dos Números., Editora UNB (2004).*

[19] *Shokranian, Salahoddin., Álgebra 1., Editora Ciência Moderna (2010).*

Referência Bibliográfica de Teoria dos Conjuntos

[20] *Levy, Azriel., Basic Set Theory., Editoras Springer (1979) e Dover (1992).*

Referências Bibliográficas de Teoria da Aproximação

[21] *J.Rivlin, Theodore., An Introduction to the Approximation of Functions., Editora Dover Books (2018).*

[22] *J. Davis, Philip., Interpolation and Approximation., Editora Dover (1975).*

Referências Bibliográficas de Equações Diferenciais Ordinárias

[23] Hochstadt, Harry., Differential Equations - A Modern Approach., Editora Dover (1975).

Sugestão de Leitura

[24] von Neumann, John., The Computer and the Brain - Siliman Milestones in Science., Editora Yale University Press (1986).

[25] E. Frankl, Viktor., O Sofrimento de uma Vida sem Sentido Caminhos para Encontrar a Razão de Viver., Editora É Realizações (2015).

[26] De Maio, Waldemar., Fundamentos de Matemática - Geometrias - Geometria Diferencial., Editora LTC (2007).

Glossário

Impressão e acabamento
Gráfica da Editora Ciência Moderna Ltda.
Tel: (21) 2201 - 6662